"101 计划"核心教材
计算机领域

"101计划"核心教材

数据库管理系统原理与实现

杜小勇 陈红 卢卫 主编

清华大学出版社

北京

内 容 简 介

本书是教育部"101计划"数据库系统课程建设配套教材,面向数据库零基础的读者,系统讲授数据库的基本概念、SQL、数据库管理系统基本原理与实现技术。全书分为4篇共12章。第一篇为基础篇(第1～4章),主要介绍数据库系统的基本概念和基础知识,内容包括概述、关系数据模型、关系数据库标准语言SQL、高级SQL;第二篇为数据存取篇(第5～6章),主要介绍数据库管理系统的数据存取管理,内容包括存储管理、索引;第三篇为查询处理篇(第7～9章),主要介绍查询处理的过程和两个核心步骤,内容包括查询处理、查询优化、查询执行;第四篇为事务处理篇(第10～12章),主要介绍事务处理技术,内容包括事务处理概述、并发控制、故障恢复。

本书重点讲授如何"造数据库",视角新颖,内容全面系统,实现原理与实现算法取舍合理,并提供配套实验平台,可作为高等学校计算机大类相关专业数据库系统课程的教材,也可供从事数据库系统开发与应用的科研人员、工程技术人员以及其他有关人员参考。

图书在版编目(CIP)数据

数据库管理系统原理与实现/杜小勇,陈红,卢卫主编. —北京:清华大学出版社,2024.4(2024.9重印)
"101计划"核心教材
ISBN 978-7-302-65756-9

Ⅰ. ①数… Ⅱ. ①杜… ②陈… ③卢… Ⅲ. ①数据库系统-高等学校-教材 Ⅳ. ①TP311.13

中国国家版本馆CIP数据核字(2024)第045293号

责任编辑:龙启铭　　王玉梅
封面设计:刘　键
责任校对:王勤勤
责任印制:杨　艳

出版发行:清华大学出版社
　　　网　　　址:https://www.tup.com.cn,https://www.wqxuetang.com
　　　地　　　址:北京清华大学学研大厦A座　　　　邮　　　编:100084
　　　社 总 机:010-83470000　　　　　　　　　　邮　　　购:010-62786544
　　　投稿与读者服务:010-62776969,c-service@tup.tsinghua.edu.cn
　　　质量反馈:010-62772015,zhiliang@tup.tsinghua.edu.cn
　　　课件下载:https://www.tup.com.cn,010-83470236
印 装 者:三河市龙大印装有限公司
经　　销:全国新华书店
开　　本:185mm×260mm　　　　印　　张:16.25　　　　字　　数:370千字
版　　次:2024年4月第1版　　　　　　　　　　　印　　次:2024年9月第2次印刷
定　　价:49.00元

产品编号:105656-01

出版说明

为深入实施新时代人才强国战略,加快建设世界重要人才中心和创新高地,教育部在 2021 年底正式启动实施计算机领域本科教育教学改革试点工作(简称"101 计划")。"101 计划"以计算机专业教育教学改革为突破口与试验区,从教学教育的基本规律和基础要素着手,充分借鉴国际先进资源和经验,首批改革试点工作以 33 所计算机类基础学科拔尖学生培养基地建设高校为主,探索建立核心课程体系和核心教材体系,提高课堂教学质量和效果,引领带动高校人才培养质量的整体提升。

核心教材体系建设是"101 计划"的重要组成部分。"101 计划"系列教材基于核心课程体系的建设成果,以计算概论(计算机科学导论)、数据结构、算法设计与分析、离散数学、计算机系统导论、操作系统、计算机组成与系统结构、编译原理、计算机网络、数据库系统、软件工程、人工智能引论等 12 门核心课程的知识点体系为基础,充分调研国际先进课程和教材建设资源和经验,汇聚国内具有丰富教学经验与学术水平的教师,成立本土化"核心课程建设及教材写作"团队,由 12 门核心课程负责人牵头,组织教材调研、确定教材编写方向以及把关教材内容,工作组成员高校教师协同分工、一体化建设教材内容、课程教学资源和实践教学内容,打造一批具有"中国特色、世界一流、101 风格"的精品教材。

在教材内容上,"101 计划"系列教材确立了如下的建设思路和特色:坚持思政元素的原创性,积极贯彻《习近平新时代中国特色社会主义思想进课程教材指南》;坚持知识体系的系统性,构建专业课程体系知识图谱;坚持融合出版的创新性,规划"新形态教材+网络资源+实践平台+案例库"等多种出版形态;坚持能力提升的导向性,以提升专业教师教学能力为导向,借助"虚拟教研室"组织形式、"导教班"培训方式等多渠道开展师资培训;坚持产学协同的实践性,遴选一批领军企业参与,为教材的实践环节及平台建设提供技术支持。总体而言,"101 计划"系列教材将探索适应专业知识快速更新的融合教材,在体现爱国精神、科学精神和创新精神的同时,推进教学理念、教学内容和教学手段方面的有效提升,为构建高质量教材体系提供建设经验。

本系列教材是在教育部高等教育司的精心指导下,由高等教育出版社牵头,联合清华大学出版社、机械工业出版社、北京大学出版社等共同完成系列教材出版任务。"101 计划"工作组从项目启动实施至今,联合参与高校、教材编写组、参与出版社,经过多次协调研讨,确定了教材出版规划和出版方案。同时,为保障教材质量,工作组邀请 23 所高校的 33 位院士和资深专家完成了规划教材的编写方案评审工作,并由 21 位院士、专家组成了教材主审专家组,对每本教材的撰写质量进行把关。

感谢"101 计划"工作组 33 所成员高校的大力支持,感谢教育部高等教育司的悉心指导,感谢北京大学郝平书记、龚旗煌校长和学校教师教学发展中心、教务部等相关部门对"101 计划"从酝酿、启动到建设全过程中给予的悉心指导和大力支持。感谢各参与出版社在教材申报、立项、评审、撰写、试用整个出版流程中的大力投入与支持。也特别感谢 12 位课程建设负责人和各位教材编写教师的辛勤付出。

　　"101 计划"是一个起点,其目标是探索适合中国本科教育教学的新理念、新体系和新方法。"101 计划"系列教材将作为计算机专业 12 门核心课程建设的一个里程碑,与"101 计划"建设中的课程体系、知识点教案、课堂提升、师资培训等环节相辅相成,有力推动我国计算机领域本科教育教学改革,全面促进课堂教学效果的进一步提升。

"101 计划"工作组

前　言

数据库是信息技术领域的核心技术之一，是最重要的基础软件之一，在信息技术的发展中具有举足轻重的地位。本书重点讨论数据库管理系统的基础知识、基本原理和关键实现技术。

1. 编写缘由

2022年年初，我们针对国内本科生数据库教学、国外顶尖高校本科生数据库教学、企业对数据库人才满意度等进行了一系列调研，调查对象包括国内98所高校的170个数据库课堂，CS Ranking数据库排名前50的26所海外高校的37个课堂，以及部分用人企业。调查结果显示，国内数据库教学内容主要集中在数据库及数据库管理系统基本概念、SQL、数据库设计等内容上。海外70%以上的被调查高校提供了数据库管理系统内核实现的课程。国内用人企业对高校输送的数据库人才也不满意，认为难以找到了解数据库内核实现的人才，需要进行较长时间的再培训。究其原因，近年来随着中美关系的变化，国内企业越来越重视研发具有自主知识产权的系统软件，而国内高校的课堂教学内容未能及时进行调整。

中国人民大学信息学院从20世纪90年代开始，在研究生中开设数据库管理系统原理与实现的课程，但这个课不是针对零基础的学生，其先修课是数据库系统概论。从2020年开始，我们对图灵实验班(计算机拔尖班)进行数据库教学改革，针对零基础的学生讲授数据库内核实现技术，并研发了相应的实验平台RucBase。四年的实践证明，这种改革是可行的、成功的。但在教学中我们也发现，国内数据库概论类教材百花齐放，而数据库管理系统实现类教材凤毛麟角。

2022年，中国人民大学牵头了教育部"101计划"数据库系统课程建设以及教育部"101计划"数据库系统课程虚拟教研室，参与单位包括清华大学、北京大学、浙江大学、西北工业大学、哈尔滨工业大学、山东大学、武汉大学、西安电子科技大学、中国科技大学、华东师范大学、中山大学、东南大学、北京交通大学。在此平台上，大家合力完成了海外高校数据库教学调研，绘制了知识图谱，撰写了知识点教案。同时"101计划"也给我们提供了契机，让我们终于下决心结合多年的授课经验，撰写了本书。

2. 内容与特色

本书面向数据库零基础的学生，系统讲授数据库的基本概念、SQL、数据库管理系统基本原理与实现技术。全书分为4篇共12章。

第一篇为基础篇，包括概述、关系数据模型、关系数据库标准语言SQL、高级SQL，共4章。

第二篇为数据存取篇，包括存储管理、索引，共2章。

第三篇为查询处理篇，包括查询处理、查询优化、查询执行，共3章。

第四篇为事务处理篇，包括事务处理概述、并发控制、故障恢复，共3章。

本书具有如下特色：

（1）视角新颖。有别于传统数据库教材教学生如何"用数据库"，本书重点教学生如何"造数据库"，从基本概念与基本原理，到数据库核心组件的实现技术，由浅入深，脉络清晰。

（2）内容全面系统。面向数据库零基础的学生，在知识点选取上秉承"更基础、更核心"的理念，首先从数据库基本概念入手，讲解数据模型、数据库的模式结构、关系模型、SQL、SQL 编程等内容，然后在此基础上，系统地介绍关系数据库的存储管理、查询处理、事务管理等知识点。

（3）实现原理与实现算法合理取舍。本书以开源数据库系统为基础，系统讲解数据库内核实现原理的同时，配合部分实现算法，在易于理解与深度之间取得平衡。

（4）提供配套实验平台。面向零基础学生讲授数据库管理系统内核实现的最大难点是如何做实验，为此我们研制了实验平台并在 GitHub 上开源。该实验平台为学生搭建好数据库管理系统的整体框架，配合本书的知识点设计了若干任务，每项任务又细化为多项子任务，供学生以"完形填空"的方式进行实践，包括按照要求设计数据结构、设计算法等。实验平台可以自动完成对学生实验的评估。

对于本书的使用建议如下：

（1）对于数据库零基础的学生，可以完整地使用本书进行教学。

（2）对于已经掌握数据库基础知识，想进一步了解数据库管理系统实现原理与技术的学生，可以学习本书的第二、三、四篇。

3. 编写过程与分工

本书编写过程历时一年零八个月，其中经历了大纲编写和审定、书稿撰写和修改、龙岩导教班试用和反馈，再次修改交审稿组审稿，根据审稿意见修改和定稿。主要编写过程如下：

2022 年 3 月，完成编写大纲，提交"101 计划"秘书处。

2022 年 12 月 1 日，"101 计划"秘书处组织了对大纲以及样章的评审，评审组长为西北工业大学李战怀教授，评审专家包括中国人民大学王珊教授、清华大学周立柱教授、哈尔滨工业大学高宏教授、东北大学杨晓春教授、山东大学彭朝晖教授。会后，我们按照专家组的意见对大纲进行了修订，并于 2023 年 6 月 30 日完成了教材初稿。

2023 年 7 月 18 日至 22 日，我们在龙岩召开了"数据库管理系统原理与实现"导教班，来自全国 24 所高校的 34 位教师参加了此次导教班。在导教班上我们印发了初稿，请老师们分组审阅并提出修改意见。

2023 年 8 月至 9 月，我们按照导教班提出的修改意见，对书稿进行了修改和完善。

2023 年 10 月，编写组内部交换互审，并进行再次修改。

2023 年 10 月底，将书稿提交给评审委员会审稿。评审委员会由西北工业大学李战怀教授任组长，评审委员包括武汉大学彭志勇教授、华东师范大学王晓玲教授、宁夏大学杜方教授。评审专家认真审阅了书稿，并召开评审会进行讨论和意见反馈。会后，我们按照专家组的意见再次进行了认真修改，最终定稿，并提交出版社。

4. 致谢

本书的完成凝集了很多人的心血。焦敏老师帮助完成了本书的排版工作，博士生刘宇涵帮助完成了本书的图片修改工作。

由西北工业大学李战怀教授、武汉大学彭志勇教授、华东师范大学王晓玲教授、宁夏大学杜方教授组成的教材评审委员会,由西北工业大学李战怀教授、中国人民大学王珊教授、清华大学周立柱教授、哈尔滨工业大学高宏教授、东北大学杨晓春教授、山东大学彭朝晖教授组成的教材大纲和样章评审委员会对本书的编写提出了宝贵的修改意见。

在龙岩导教班上,山东大学彭朝晖、华东师范大学王晓玲、宁夏大学杜方、哈尔滨工业大学邹兆年、西北工业大学李宁、赵晓南、东北大学聂铁铮、刘思宇、内蒙古大学王少鹏、扬州大学陈才扣、厦门理工学院王琰、天津工业大学荣垂田、北京信息科技大学车蕾、王晓波、华中科技大学瞿彬彬、杨茂林、北京邮电大学郭迎、西安电子科技大学夏小芳、西安电子科技大学李翠敏、王小兵、大连海事大学张俊、张德珍、北京化工大学尚颖、吉林大学王新颖、康辉、昆明理工大学游进国、贾连印、华中师范大学罗昌银、山西农业大学樊建军、李小凡、西南科技大学张世铃、成都理工大学李红军、广东理工学院陈伟莲、梁玉英等审阅了本书初稿,并提出了中肯的建议。

在书稿的撰写和评审过程中,清华大学出版社龙启铭编辑提供了诸多帮助。

在此,一并向上述人员表示衷心的感谢。

本书编写分工情况如下:第一篇由杜小勇、陈晋川完成;第二篇由陈红、冯玉完成;第三篇由冯玉、张孝完成;第四篇由卢卫完成。杜小勇和陈红审定了全书。

在编写过程中,编者参考了国外相关教材、专著、论文和网上资料,努力跟踪数据库管理系统的新发展和新技术,并有选择地将其纳入本书。由于作者水平有限,书中难免有不足之处,敬请读者不吝赐教。

杜小勇

2023 年 10 月于北京

目　录

第一篇　基　础　篇

第1章　概述　3

1.1　数据库系统概述　3
  1.1.1　数据库系统的基本概念　3
  1.1.2　为什么使用数据库系统　5
1.2　数据库技术的发展　5
  1.2.1　数据模型推动数据库技术发展　6
  1.2.2　应用需求推动数据库技术发展　9
  1.2.3　计算平台推动数据库技术发展　13
1.3　数据库管理系统组成　17
  1.3.1　数据库管理系统的功能结构　17
  1.3.2　数据库管理系统的模式结构　19
  1.3.3　数据库管理系统的体系结构　20
  1.3.4　数据库管理系统的执行过程　21
1.4　我国数据库的发展历程　23
1.5　本章小结　25
习题　25

第2章　关系数据模型　27

2.1　关系模型的数据结构及形式化定义　27
  2.1.1　关系概述　27
  2.1.2　关系模式　30
  2.1.3　关系数据库　30
  2.1.4　关系模型的存储结构　31
2.2　关系代数　31
  2.2.1　传统的集合运算　31
  2.2.2　专门的关系运算　32
2.3　关系的完整性　34
  2.3.1　实体完整性　34
  2.3.2　参照完整性　35
  2.3.3　用户定义的完整性　36
2.4　本章小结　36

习题   36

第 3 章   关系数据库标准语言 SQL   37

3.1   SQL 概述   37
3.2   数据定义   37
    3.2.1   模式的定义与删除   37
    3.2.2   基本表的定义、修改与删除   38
    3.2.3   索引的创建   41
3.3   基本 SQL 查询   41
    3.3.1   单表查询   41
    3.3.2   连接查询   43
    3.3.3   集合查询   45
    3.3.4   空值查询   46
    3.3.5   聚集查询   46
3.4   数据更新   47
    3.4.1   插入数据   47
    3.4.2   修改数据   48
    3.4.3   删除数据   48
3.5   视图   49
    3.5.1   定义视图   49
    3.5.2   查询视图   50
    3.5.3   更新视图   50
3.6   本章小结   50
习题   51
实验   51

第 4 章   高级 SQL   53

4.1   复杂 SQL 查询   53
    4.1.1   嵌套查询   53
    4.1.2   递归查询   55
    4.1.3   基于派生表的查询   56
4.2   数据库完整性   57
    4.2.1   实体完整性   57
    4.2.2   参照完整性   57
    4.2.3   用户定义的完整性   58
4.3   数据库安全性   58
    4.3.1   数据库安全性等级   58
    4.3.2   自主存取控制   60
    4.3.3   强制存取控制   61
4.4   数据库编程   62

4.4.1　过程化 SQL　62

4.4.2　存储过程与函数　65

4.4.3　触发器　65

4.5　本章小结　66

习题　67

实验　67

第二篇　数据存取篇

第 5 章　存储管理　71

5.1　物理存储系统　71

5.1.1　存储介质概述　71

5.1.2　常用存储介质　72

5.1.3　磁盘 I/O 性能的提升策略　75

5.2　数据组织　76

5.2.1　数据库的逻辑与物理组织方式　76

5.2.2　记录表示　77

5.2.3　块的组织　78

5.2.4　关系表的组织　81

5.3　元数据存储　84

5.4　缓冲区　85

5.4.1　缓冲区管理　85

5.4.2　页面置换策略　86

5.5　本章小结　88

习题　89

实验　89

第 6 章　索引　91

6.1　顺序表的索引　92

6.1.1　稠密索引　92

6.1.2　稀疏索引　93

6.1.3　多级索引　94

6.2　辅助索引　95

6.3　B$^+$ 树索引　96

6.3.1　B$^+$ 树索引的结构　96

6.3.2　B$^+$ 树索引的查询　97

6.3.3　B$^+$ 树索引的维护　98

6.4　哈希索引　100

6.4.1　静态哈希索引　100

　　　　6.4.2　动态哈希索引　102
　　6.5　Bitmap 索引　106
　　　　6.5.1　Bitmap 索引概述　106
　　　　6.5.2　编码 Bitmap 索引　107
　　6.6　本章小结　109
　　习题　109
　　实验　110

第三篇　查询处理篇

第 7 章　查询处理　113

　　7.1　查询处理概述　113
　　7.2　查询编译　114
　　　　7.2.1　查询编译概述　114
　　　　7.2.2　词法与语法分析　115
　　　　7.2.3　语义分析　118
　　　　7.2.4　查询优化　119
　　7.3　物理操作符　121
　　　　7.3.1　物理操作符的代价模型　121
　　　　7.3.2　扫描操作　122
　　　　7.3.3　排序操作　124
　　　　7.3.4　连接操作　126
　　　　7.3.5　去除重复值　132
　　　　7.3.6　分组聚集　132
　　　　7.3.7　集合操作　133
　　7.4　本章小结　133
　　习题　134
　　实验　134

第 8 章　查询优化　135

　　8.1　查询优化概述　135
　　　　8.1.1　查询优化的意义　135
　　　　8.1.2　查询优化的方法　136
　　　　8.1.3　查询优化器的结构　137
　　8.2　关系代数表达式等价变换规则　138
　　　　8.2.1　选择运算的相关规则　138
　　　　8.2.2　投影运算的相关规则　139
　　　　8.2.3　连接运算的相关规则　140
　　　　8.2.4　去重运算的相关规则　143

8.2.5 聚集运算的相关规则   144

8.2.6 集合运算的相关规则   147

8.3 统计信息   147

8.4 基数估算   148

8.4.1 选择运算结果集的估算   149

8.4.2 连接运算结果集的估算   152

8.4.3 其他运算结果集的估算   153

8.5 多表连接的优化   154

8.5.1 多表连接的查询计划树   154

8.5.2 多表连接顺序的搜索空间   155

8.5.3 动态规划   157

8.5.4 贪心算法   160

8.6 本章小结   161

习题   161

实验   162

第9章 查询执行   163

9.1 查询执行概述   163

9.1.1 物化   164

9.1.2 流水线   165

9.1.3 查询计划的执行   166

9.2 查询执行模型   167

9.2.1 火山模型   167

9.2.2 向量执行模型   168

9.3 查询并行执行   169

9.3.1 并行执行概述   169

9.3.2 并行执行模型   170

9.3.3 并行执行算法   172

9.4 查询编译执行   173

9.5 本章小结   174

习题   175

实验   175

第四篇 事务处理篇

第10章 事务处理概述   179

10.1 事务基本概念   179

10.1.1 事务的定义   179

10.1.2 事务的 ACID 特性   181

10.2　数据异常与隔离级别　182

　　10.2.1　事务的执行模型　182

　　10.2.2　数据异常　183

　　10.2.3　隔离级别　186

10.3　正确的调度　187

　　10.3.1　调度与串行调度　187

　　10.3.2　可串行化调度　189

　　10.3.3　冲突可串行化调度　190

　　10.3.4　基于优先图的冲突可串行化验证　191

10.4　本章小结　192

习题　192

实验　193

第 11 章　并发控制　195

11.1　两阶段封锁协议　196

　　11.1.1　基本实现技术　196

　　11.1.2　严格与强严格两阶段封锁协议　198

　　11.1.3　死锁预防实现技术　200

　　11.1.4　小结　202

11.2　时间戳排序协议　203

　　11.2.1　基本实现技术　203

　　11.2.2　避免级联回滚　205

　　11.2.3　小结　207

11.3　乐观并发控制协议　208

　　11.3.1　基本实现技术　208

　　11.3.2　小结　210

11.4　三级封锁协议　210

*11.5　多版本并发控制技术　212

　　11.5.1　基本实现技术　212

　　11.5.2　快照隔离　214

　　11.5.3　写偏序　214

　　11.5.4　版本管理　215

11.6　本章小结　217

习题　217

实验　218

第 12 章　故障恢复　219

12.1　故障恢复概述　219

　　12.1.1　故障的分类　219

　　12.1.2　事务读写的访问模式　220

　　　　12.1.3　故障下数据一致性的破坏　222
　　12.2　恢复的基本实现技术　225
　　　　12.2.1　日志文件　225
　　　　12.2.2　WAL 日志　226
　　　　12.2.3　备份　227
　　12.3　恢复的基本原理　229
　　　　12.3.1　事务故障的恢复　229
　　　　12.3.2　系统故障的恢复　230
　　　　12.3.3　介质故障的恢复　232
　　12.4　ARIES 算法　233
　　　　12.4.1　系统正常运行时的日志记录　233
　　　　12.4.2　WAL 算法的实现　234
　　　　12.4.3　模糊检查点　235
　　　　12.4.4　系统故障恢复　236
　　12.5　本章小结　238
　　习题　238
　　实验　240

参考文献　241

第一篇

基　础　篇

本篇介绍数据库系统的基本概念和基础知识,是读者进一步学习后面各个章节以及数据库系统其他课程的基础。

基础篇包括 4 章。

第 1 章概述,初步讲解数据库管理系统的基础知识、基本原理和关键实现技术。此外也对我国数据库的发展历程做概要性的介绍。

第 2 章关系数据模型,系统讲解关系模型的重要概念、关系代数和关系的完整性。

第 3 章关系数据库标准语言 SQL,系统而详尽地讲解 SQL 的数据定义、数据查询和数据更新等主要功能。

第 4 章高级 SQL,包括复杂 SQL 查询、数据库完整性、数据库安全性和数据库编程。重点讲解 3 类复杂的 SQL 查询,包括嵌套查询、递归查询和基于派生表的查询。讲解实现数据库系统完整性和安全性的技术和方法。介绍过程化 SQL、存储过程与函数以及触发器这 3 类重要的数据库编程方法。

第 1 章

概　述

在数字时代的今天,数据是数字经济的重要资源,已经成为继土地、劳动力、资本、技术之后的第五生产要素。数据要发挥作用,需要强有力的数据管理软件的支撑。数据库就是实施数据管理的软件,是信息系统的基础和核心,几乎所有的信息系统都需要将其数据组织为数据库进行有效的管理。数据库是信息技术领域的核心技术之一,是最重要的基础软件之一,在信息技术的发展中具有举足轻重的地位。数据库也是现代计算机学科中最活跃的重要分支之一。

本书重点讨论数据库管理系统的基础知识、基本原理和关键实现技术。本章的目的是概要性地介绍数据库是什么,其发展历史,以及数据库的组成。1.1 节介绍数据库系统的一些基本概念,使读者对什么是数据库系统有一个初步的理解。1.2 节从 3 个维度介绍数据库技术的发展。第一个是数据模型的维度,即数据在数据库中的组织结构,数据模型很大程度上决定了数据库的语言和功能。第二个是应用的维度,数据库在支持不同类型的应用中,不断地丰富功能,发展为一个庞大的家族。第三个是计算平台的维度,计算机系统体系结构和新硬件的发展,也深度影响了数据库系统的走向,形成了各种各样的数据库技术。1.3 节从多个视角对数据库管理系统的组成做了介绍,使读者对数据库管理系统有一个宏观的理解,产生对数据库实现技术的兴趣。1.4 节为扩展阅读,对我国数据库的发展历程做概要性的介绍,让读者对我国从"用"数据库到"研"数据库的时代变化有所了解,增强时代责任感。1.5 节为本章小结。

1.1　数据库系统概述

1.1.1　数据库系统的基本概念

数据、数据库、数据库管理系统和数据库系统是与数据库技术密切相关的 4 个基本概念。

1. 数据

描述事物的符号记录称为数据(data)。描述事物的符号可以是数字,也可以是文字、图形、图像、音频、视频等,数据有多种表现形式,它们都可以经过数字化后存入计算机。与数据相关的概念还有信息和知识。简单而言,数据是用来描述事物的性质或状态的,信息是对数据的解释,知识是通过数据和信息对客观世界的描述而形成的。举个例子,数字型数据"190"可以用来描述学生的某种状态,如果明确这个"190"是关于某学生的身高,那么就获得了一条信息:某学生的身高为 190cm。如果还知道其他学生的身高信息,并了解到仅有不到 10% 的学生身高能超过 190cm,那么就获得了一条"知识":身高为 190cm 的学生是高个子。

2. 数据库

数据库(DataBase,DB)是在计算机中长期存储的、被精心组织的、可共享的、安全可靠的、大型数据的集合。本书只关注存储在计算机中的数据集合,不包括那些记录在个人笔记本或者其他载体中的数据集合。在这个定义中有几个定语需要进一步地解释。第一,长期存储。数据库通常应存储在外存储器中,即使计算机掉电也不能丢失。第二,数据库中的数据通常要按一定的数据模型进行组织、描述和存储。本书后面还会介绍数据模型,数据模型的作用就是描述数据之间的关系,解释数据库中的数据。第三,数据库是可共享的。不同的应用程序或者不同的用户可以共享同一个数据库。第四,数据库是安全可靠的。数据库的数据不被非法获取,也不会由于计算机系统或者人为的错误而遭受损坏。第五,数据库是大型数据的集合,需要特定的软件系统进行有效管理。

操作系统中的文件(file)也可以用来长期保存数据。从某种意义上讲,也具有数据库的上述特征。那么与文件相比,数据库有什么特殊的地方呢?简单地理解,文件是操作系统自带的,数据管理功能简单,而数据库通常是由专门的软件来进行管理的,有更丰富的数据管理功能。更深入地理解,有以下几方面的差异。第一,数据库具有较小的数据冗余(redundancy)。由于数据库是面向多个应用系统统一设计的,因此可以最大程度上避免数据在不同文件中的重复存储,较小的数据冗余不仅可以减小占用的存储空间,还可以减小冗余数据的维护代价。第二,数据库具有较高的数据独立性(data independency)。数据独立性是指数据库中存储的数据相对稳定,不会因为应用程序处理逻辑的变化而改变,甚至不会因为数据的逻辑结构(称为数据模式)的改变而改变。数据独立性可以最大程度上减小数据库的维护代价,这对于大型数据库而言非常重要,否则频繁地重新组织和存储数据库不仅耗费时间,也无法支撑不可间断的业务系统的运行。第三,数据库由专业的软件(数据库管理系统)进行管理。该软件具有更加强大的功能,更加高效和安全的数据访问,以及更加丰富的工具等。一些共性的功能不断集成到数据库管理系统中,提高了应用程序开发的效率。

3. 数据库管理系统

数据库管理系统(DataBase Management System,DBMS)是专门负责管理数据库的软件。数据库管理系统的功能涵盖数据的全生命周期,包括科学地组织和存储数据、高效地获取和更新数据、安全地控制和保护数据等。数据库管理系统的功能主要包括数据定义、数据操纵、数据查询、数据存储组织、事务管理以及数据库的建立和运行维护等。

4. 数据库系统

数据库系统(DataBase System,DBS)是指在计算机系统中引入数据库后的系统构成,一般是由数据库、数据库管理系统(及外围的应用开发工具)、应用系统和数据库管理员(DataBase Administrator,DBA)组成的存储、管理、处理和维护数据的系统。在不引起混淆的情况下,人们常常把数据库系统简称为数据库。

1.1.2 为什么使用数据库系统

在数据库诞生之前,数据管理和数据存储已经存在了相当长的时间。20 世纪 50 年代,随着计算机的诞生和成熟,计算机开始用于数据管理,出现了专门的数据管理软件,即文件系统。随着计算机的广泛应用,传统的文件系统难以应对数据增长的挑战,也无法满足多用户、多应用共享数据和快速检索数据的需求,数据库技术便应运而生,出现了统一管理数据的专门软件系统,即数据库管理系统。

用数据库系统来管理数据具有如下特点。

1. 数据结构化

数据库的数据可以统一用一个模型来描述,包括数据的组成和相互之间的关系,依据这个模型,可以方便地存取数据库中的数据。

2. 数据高共享

数据可以被多个用户、多个应用使用不同的接口、不同的编程语言共享使用。数据共享可以大大减少数据冗余,节约存储空间。数据共享还能够避免数据之间的不相容与不一致。

3. 数据独立性高

数据独立性是指应用程序与数据相分离,包括数据的物理独立性和数据的逻辑独立性。物理独立性是指用户的应用程序不需要了解数据在数据库中怎样存储和管理,当数据的物理存储改变时应用程序不用改变。逻辑独立性是指数据的逻辑结构改变时用户程序也可以不变。数据与程序的独立性简化了应用程序的编写,大大减小了应用程序的维护和修改代价。

4. 数据由数据库管理系统统一管理和控制

数据库管理系统在数据库建立、运维时对数据库进行统一控制,以保证数据的完整性和安全性,并在多用户同时使用数据库时进行并发控制,在发生故障后对数据库进行恢复,保障数据库的数据总是处于正确的状态。

数据库系统的出现使信息系统从以软件为中心向以数据为中心进行迁移。这样既方便于数据的集中管理,又能简化应用系统的研制和维护,极大地提高了信息系统的效率和可靠性。

1.2 数据库技术的发展

数据库技术产生于 20 世纪 60 年代中期,在这 60 多年间,数据库管理系统软件蓬勃发展,造就了 C.W.Bachman、E.F.Codd、J.Gray、M.Stonebraker 和 J.Ullman 等五位图灵奖得主,并带动了一个巨大的软件产业。数据库技术是计算机领域中发展最快的领域之一,也是应用最广泛的技术之一,它已成为计算机信息系统与智能应用系统的核心技术和重要基础。

数据模型、应用需求和计算平台的发展是推动数据库发展的 3 个重要因素。下面分别从这 3 个维度介绍数据库技术的发展。

1.2.1   数据模型推动数据库技术发展

数据模型是指对现实世界中实体和实体之间的联系等的抽象和表示。数据库系统都是基于某种数据模型实现的,因此,数据模型贯穿了数据库技术的整个发展过程,数据模型的发展历史一定程度上也是数据库系统的发展历史。层次模型、网状模型、关系模型、面向对象数据模型、对象关系数据模型等被先后提出。随着大数据的发展,出现了众多需要管理的不同类型的数据,如文档数据、图数据、时空数据、流数据、多媒体数据等,相应地也出现了多种新型数据模型,例如键值对数据模型、XML 数据模型、图数据模型、时间序列数据模型等。本小节简要地介绍其中的一些重要数据模型。

1. 网状数据库和层次数据库

1964 年通用电气公司的 C.W.Bachman 主持开发了世界上第一个数据库系统 IDS(Integrated Data Storage,集成数据存储),它是第一个将数据从应用程序中独立出来并进行集中管理,多个应用可同时访问的数据库产品,得到广泛的应用。IDS 是网状数据库,是基于网状数据模型建立数据之间的联系。网状数据模型是指所有数据之间的联系都表达为一种父与子的关系,这些父子关系形成一个有向图(即网状),以反映现实世界中信息的关联。IDS 的设计思想和实现技术被后来的许多数据库产品所仿效。C.W.Bachman 也被公认为"网状数据库之父"。C.W.Bachman 还领导美国数据系统语言研究会(CODASYL)下属的数据库任务组(DBTG),基于网状数据库发布了 DBTG 报告,定义了数据库管理系统的一些基础概念,提出了数据库系统三级模式结构,确定了数据库应用系统的基本结构。由于上述成就,C.W.Bachman 于 1973 年获得图灵奖。

1969 年 IBM 公司研制了基于层次数据模型的数据库系统 IMS(Information Management System,信息管理系统),它使用树结构描述实体和实体之间的关系。IMS 是世界上第一个大型商用的数据库系统。

网状数据库和层次数据库在数据库发展的早期比较流行,但它们在数据查询和数据操纵方面都采用的是一次一个记录的导航式过程化语言,需要用户明确数据的存储结构,预设数据访问路径,编程烦琐,应用程序的可移植性较差。因此,很快就被后来的关系数据库所淘汰。

2. 关系数据库

1970 年,IBM 公司 San Jose 研究室的研究员 E.F.Codd 首次提出关系数据模型的概念,开创了数据库关系方法和关系数据理论的研究,奠定了关系数据库的理论基础,这是数据库发展史上具有划时代意义的里程碑。E.F.Codd 也被称为"关系数据库之父",并获得 1981 年的图灵奖。

关系模型基于谓词逻辑和集合论,有着严格的数学基础,并提供了高级别的数据抽象层次。关系模型概念简单、结构灵活、数据独立性高,一经提出,立即引起学术界和产业界的广泛重视和响应,以 IBM System R 和 Berkeley INGRES 为代表的关系数据库管理系统原型被研制了出来。SQL 将数据定义、操纵、查询和控制功能以简单的关键字语法表现出来,用户只需要在高层数据结构上表达数据处理的需求,无须了解数据存储方式和存取路径,使用户从繁重的数据操作细节中解脱出来。SQL 一体化、非过程化和简单易用的特点使其成为关系数据库的共同语言和标准接口。使用 SQL 可以对不同的关系数据库进行数据操作,为数据库的产业化和广泛使用打下基础,Oracle、SQL Server、DB2、PostgreSQL 等一批家喻户晓的商业或开源关系数据库系统相继诞生。

关系数据库的基本理论已经成熟,但各大公司在关系数据库管理系统(RDBMS)的实现和产品开发中,都遇到了一系列技术问题:数据库的规模越来越大,数据库的结构越来越复杂,越来越多的用户需要共享数据库,如何保障数据的完整性(integrity)、安全性(security)、并发性(concurrency),一旦出现故障,数据库如何实现从故障中恢复(recovery)。保证数据库的完整性和一致性是 DBMS 的最基本要求。J.Gray 的事务处理理论(ACID)与实现技术对解决这些重大的技术问题发挥了十分关键的作用,使得 RDBMS 成熟并走向极致。J.Gray 在事务处理技术上的创造性思维和开拓性工作让他于 1998 年获得图灵奖。

关系理论研究和关系数据库管理系统研制的巨大成功进一步促进关系数据库的发展,使关系数据库在数据库家族成为具有统治地位的数据库类别。

3. 数据仓库

当一个大型组织拥有众多的数据库以后,公司决策者常常需要访问来自多个数据库的信息,而且可能还需要访问历史信息。数据仓库的概念应运而生。数据仓库收集多个数据源的数据并以统一模式表达和存储,给用户提供一个单独的、统一的数据接口,易于编写决策支持查询。

数据仓库概念的创始人 W.H.Inmon 对数据仓库的定义:数据仓库是一个更好地支持企业(或组织)决策分析处理的、面向主题的、集成的、不可更新的、随时间不断变化的数据集合。源数据经过抽取、转换、装载(简称 ETL)进入数据仓库。

数据仓库中的数据是面向主题进行组织的。主题是一个抽象的概念,是在较高层次上将企业信息系统中的数据综合、归类并进行分析利用的抽象,在逻辑意义上,它对应企业中某一宏观分析领域所涉及的分析对象。例如对一家商场,分析主题应该包括供应商、商品、顾客等。

数据仓库最基本的数据模型是立方体模型(cube),也称星型模式(star schema)、多维(multi-dimension)数据模型。星型模式通常由一个事实表(fact table)和一组维表(dimension table)组成。事实表记录单个事件的信息,例如商品的销售信息。事实表的属性可以分为度量属性和维属性。度量属性(measure attribute)存储能够执行聚集操作(aggregate function)的量化信息,例如商品的销售额。维属性(dimension attribute)是对度量属性进行分组和查看的维度,例如,对于销售信息,维度可以是顾客、产品、供应商、时间等。

常用的多维分析操作有切片(slice)、切块(dice)、旋转(pivot)、向上综合(roll-up)和向下钻取(drill-down)等。通过这些操作,用户能从多角度和多侧面观察数据、剖析数据,从而深入地了解包含在数据中的信息和内涵。

星型模式还可以扩展为雪花模式(snowflake schema),也就是分析维度还可以进一步由多个子维度来刻画。

在大数据时代,数据类型更加丰富,仅仅包含关系数据的数据仓库已经不能满足需求,于是提出了数据湖(data lake)的概念。数据湖是一个以比较自然的方式存储企业原始数据的数据仓库或系统,包括结构化数据和非结构化数据,并且可以基于这些数据做处理和分析工作。与数据仓库不同,数据湖不需要预先处理数据,但做数据分析创建查询时需要做更多工作。由于数据可能以多种不同的格式存储,因此查询工具需要相当灵活,对结构化数据和非结构化数据都能支持。尽管提出数据湖概念的初衷很好,但也遇到了数据治理和元数据管理等难题,如何用好数据湖中的原始数据仍是值得研究的问题。

4. 面向对象数据库

数据库技术与程序设计语言、软件工程、信息系统设计等技术相互影响,这促进了数据库理论的持续深入。数据库研究人员借鉴和吸收面向对象的方法和技术,用面向对象的观点描述现实世界实体的逻辑组织、对象间的关系,提出面向对象的数据模型。

面向对象数据的研究始于 20 世纪 80 年代,有许多面向对象数据库产品问世,较著名的有 Object Store、O2、ONTOS 等。面向对象数据库操作语言过于复杂,没有得到广大用户的认可,面向对象数据库产品始终没有在市场上获得成功。但是,关系数据库与面向对象数据库技术结合形成的对象关系数据库(ORDB)系统获得了数据库厂商和用户的认可。ORDB 保持了关系数据库的非过程化数据存取方式和数据独立性,支持原来的关系数据管理,又能支持面向对象模型和对象管理。1999 年发布的 SQL 标准提供了面向对象的功能说明,一些关系数据库产品,例如 Oracle、PostgreSQL,在其原来的产品基础上增加了对对象模型支持的扩展。

5. NoSQL 数据库

随着互联网技术的发展和数据获取手段的自动化、多样化和智能化,数据量越来越大,从 TB 到 PB 到 ZB,数据类型也越来越多样和异构,从结构化数据扩展到 HTML、XML、JSON 等半结构化数据到图形图像、音频、视频等非结构化数据等,给数据管理、数据处理和数据分析带来了全面挑战。传统的关系数据库在系统的伸缩性、容错性和可扩展性等方面难以满足海量数据管理的需求,NoSQL 数据库应运而生。NoSQL 有两种解释:一种是 Non-Relational,即非关系数据库;另一种是 Not Only SQL,即数据管理技术不仅是 SQL,还需要一些扩展。第二种解释更容易被接受。

NoSQL 数据库支持的数据模型通常分为键值(Key-Value)模型、宽表(big table)模型、文档(document)模型和图(graph)模型 4 种类型。

键值数据库使用简单的键值模型存储数据。每个 Key 值都对应一个 Value 值,Key 作为唯一标识符,Value 可以是任意类型的数据值。可以按照 Key 值存储和提取 Value 值,Value 值是无结构的二进制码或纯字符串,通常需要在应用层去解析相应的结构。在不涉及过多数据关系业务的需求中,使用键值模型可以非常有效地减少磁盘 I/O 的次数,比关系数据库具有更多的性能和扩展性。常见的键值数据库包括 RocksDB、LevelDB、Redis 等。

采用宽表模型的数据库也称为列簇式数据库,其主要特点是按列存储,每一行数据的各项都存储在不同的列中,这些列的集合称为列簇。每一列的每个数据项都包含一个时间戳属性,以便保存同一个数据项的多个版本。传统的关系数据库有列不能再

分的限制,而宽表通过列簇的概念缓解了这一限制。典型的列簇式数据库包括
HBase、Cloudera 和 Cassandra 等。

文档数据库是用来管理文档数据的,与键值数据库不同,它的 Value 值支持复杂
的结构定义,可以是 XML 或 JSON 等半结构化数据,也可以是 PDF 或 Office 文档等
二进制格式。文档是处理信息的基本单位,支持数据库索引的定义,提供对文档的核
心操作,满足文档管理的需求。常见的文档数据库有 MongoDB、Apache CouchDB 以
及亚马逊的 DocumentDB 等。

图数据库采用图模型 $G(V,E)$ 存储数据,V 是结点的集合,每个结点具有若干属
性,E 是边的集合,也可以具有多个属性。该模型支持图的各种基本算法,可以直观
地表达和展示数据之间的联系。由于图数据库支撑了知识图谱、社交网络分析等新型
应用,各种各样的图数据库越来越受到产业界的重视。常见的图数据库有 Neo4j、
Orient DB、ArangoDB 等。

NoSQL 数据库系统采用简单的数据模型,忽略数据之间的关系,因此容易支持海
量数据存储和高并发读写;通过副本技术应对结点可能的失败,提高系统的可用性;通
过大量结点的并行处理获得高性能,具有很好的扩展性。NoSQL 数据库可以满足特
定场景下数据规模、灵活性、并发或性能的极致需求。但它通常不支持 SQL,只支持
简单的查询操作,而将复杂操作留给应用层实现,不保证数据事务处理的 ACID 特
性等。

6. 多模数据库

传统数据库都是针对单个特定数据模型设计和实现的,在大数据时代,企业面临
的数据呈现出多样化的趋势,目前很多领域都提出了多模态数据统一管理的问题,特
别是制造业领域。多模数据管理已成为世界前沿科技热点。

多模数据库是能够支持多种数据模型的数据库,包括结构化数据、半结构化数据
和非结构化数据,例如关系、键值、图、XML/JSON 等,将各种类型的数据进行集中存
储、查询和处理,可以同时满足应用程序对多种数据类型数据的统一访问需求。

目前已经出现一些多模数据库,例如 2017 年微软公司发布了全球分布式多模数
据库 Azure Cosmos DB,支持多种数据模型,保留多种 API 兼容各种应用。

多模数据库是数据库领域近年来兴起的主要技术方向之一,多模数据管理在统一
建模、统一存储、查询优化、并发控制等方面还存在着众多挑战性问题。

1.2.2　应用需求推动数据库技术发展

应用需求是推动数据库技术发展的直接动力。一方面,随着计算机软硬件的发
展,客户的应用需求也在不断地发生变化,例如,数据处理领域从以 OLTP 为代表的
事务处理扩展到 OLAP 分析处理;另一方面,在一些特定领域也提出了对数据库的需
求,它们都明显带有某一领域应用需求特征,难以使用通用的 DBMS 管理和处理这些
领域的数据对象。例如地理信息系统中对空间数据的管理,于是出现了空间数据库。
其他还有时序数据库、科学数据库等特定领域数据库。

1. OLTP 数据库

早期的数据库主要用于处理在线交易业务,称为联机事务处理(On-Line
Transaction Processing,OLTP)系统。例如,银行通存通兑系统、火车售票系统、税务

征收系统等,这些系统要求快速响应用户请求,对数据安全性、完整性和系统吞吐量要求很高。这些系统的特点是:每个事务(即为了完成一项业务对数据库实施的一组操作)涉及的数据量都不大,但其中的数据更新操作比较多;查询通常以点查询和范围查询为主;同时发生的事务数量巨大。

OLTP 数据库无疑是最为广泛应用的数据库系统,OLTP 数据库因此也是技术最为成熟的数据库系统。国际上有一个 TPCC 的组织,发布了针对 OLTP 数据库的性能评测榜单,用每分钟正确处理的事务数等指标评价 OLTP 数据库的优劣。

2. OLAP 数据库

随着关系数据库在信息系统的广泛应用,业务数据积累越来越多,如何利用数据支持商业决策,逐渐引起一些学者和技术人员的兴趣,这种对大规模数据进行分析查询的场景称为联机分析处理(On-Line Analytical Processing,OLAP)。OLTP 和OLAP 是两种不同的应用场景。

OLAP 数据库主要支持复杂的分析操作,侧重决策支持,并且提供直观易懂的查询结果,例如金融风险预测预警系统、证券股市违规分析系统等,其特点是查询频率较OLTP 系统更低,但通常会涉及非常复杂的聚合计算。它们的区别如表 1.1 所示。

表 1.1   OLTP 系统和 OLAP 系统的区别

比 较 项 目	OLTP 系统	OLAP 系统
面向的用户	面向客户,由职员或客户进行事务处理或者查询处理	面向经理、主管和分析人员进行数据分析和决策的群体
数据内容	面向业务系统,管理当前数据	面向分析系统,管理大量历史数据,提供汇总和聚集机制,并在不同的粒度级别上存储和管理信息
操作特点	高并发且数据量级不大的查询,DML 操作比较多	大部分是只读操作,主要是复杂查询
响应速度	优先级高,响应速度快	响应速度可以接受
并发访问量	大	小
事务资源消耗	小	大

从数据库实现技术角度看,OLTP 数据库数据通常采用行存储的方式,通过索引、缓冲区等技术来提高系统的性能,OLAP 数据库数据则通常采用列存储的方式,通过并行处理、向量计算、数据压缩等技术提高存储效率和复杂查询的性能。

3. HTAP 数据库

随着现代社会中各类大规模实时分析应用的出现,许多的业务场景需要我们既能处理高并发的事务请求,又能够对最新数据做实时分析。传统的数据处理流程是从OLTP 系统到数据 ETL(Extract-Transform-Load)过程,再到 OLAP 系统的数据处理流程,但这样的流程耗时耗力,并且分析的数据往往已经过时,不能及时挖掘出有用信息。针对这类客户需求,提出了混合事务与分析处理(Hybrid Transactional Analytical Processing,HTAP)的概念。

HTAP 数据库基于一站式架构混合处理 OLTP 和 OLAP 的负载,不再需要ETL 过程,企业可以在数据密集型应用中分析最新事务数据,从而作出及时且准确的决策。例如,在线电子商务企业可以实时地分析最新事务数据,识别出未来销售趋势后及时地采取对应的在线广告投放活动。大型银行和金融系统可以在处理高并发的交易事务的同时,检测出异常的欺诈交易,这既提供了高质量交易服务,又保障了交易安全。HTAP 技术在数据实时分析领域得到广泛采用。

HTAP 数据库技术目前是数据库领域的一个研究热点,引起工业界和学术界的广泛兴趣。许多 HTAP 数据库应运而生,其中有些传统数据库厂商通过扩展行存引擎或列存引擎实现,如 Oracle、SQL Server、DB2、SAP HANA 等,也有各种专门面向 HTAP 的数据库系统被提出,如 TiDB、F1 Lightning、MySQL Heatwave 等。这些 HTAP 数据库都以行列存储共存的方式高效处理混合负载。然而由于不同 HTAP 数据库面向不同的应用场景,这些系统的存储架构和处理方式也各有不同。

4. 特种数据库

随着人们对数据的价值的认识越来越深刻,围绕不同类型的数据库应用越来越丰富,出现了各种新形态的数据库。例如,智慧城市建设促进了空间数据库的发展,城市交通、城市治理等应用都需要有一个空间数据库(也称 GIS 数据库)作为底座。再如,为了支持跨不同信任主体的应用,需要用技术的手段构建不同主体之间的信任关系,区块链数据库应运而生。这类数据库统称为特种目的的数据库。下面选择几个给予介绍。

1)空间数据库

空间数据库系统(Spatial Database System,SDBS)是描述、存储和处理空间对象及其属性的数据库系统。空间数据用于表示空间物体的位置、形状、大小和分布等各方面信息的数据,适用于描述所有二维、三维和多维分析的数据。空间数据不仅包含物体本身的空间位置及状态信息,还包括物体的空间关系信息。空间数据库上层支持各种空间应用,例如 GIS 应用、CAD 应用等。

空间数据库的研究始于地图制图与遥感图像处理领域,其目的是有效利用卫星遥感资源迅速绘制出各种经济专题地图。地图数据通常是二维空间存储对象,由于传统数据库在空间数据的表示、存储、管理和检索上存在很多缺陷,从而形成空间数据库这种特定的数据库研究领域。

空间数据库的研究内容主要包括描述空间实体和空间实体关系的空间数据模型、空间数据库特有的位置查询、空间关系查询、针对空间数据的索引结构等。

空间数据库可以在传统的关系数据库基础上进行扩展实现,例如 Oracle Spatial、PostgreSQL PostGIS,也可以是专用的空间数据库,一些 GIS 平台也会自带存储空间信息的专用数据库。

近年来,随着手机等移动设备的普及,基于位置的服务成为新的研究热点,面向道路网络的空间对象管理和移动对象管理等方面的技术成为空间数据管理中的新内容。

2)时序数据库

时序数据库(Time Series Database)是用于存储和管理时间序列数据的专业数据库。时序数据库特别适用于物联网设备监控和互联网业务监控场景。

时序业务和普通业务在很多方面都有巨大的区别,归纳起来主要有如下几方面:

(1)持续产生海量数据,没有波峰波谷,例如类似哨兵的监控系统。假如系统需要监控一万台服务器的各类指标,每台服务器每秒采集 100 种指标数据,那么每秒将会有 100 万条数据需要处理。

（2）数据都是插入操作，基本没有更新或删除操作。

（3）近期的数据关注度更高，时间久远的数据极少被访问，甚至可以丢弃。例如，我们通常最关心监控系统最近一小时的数据，最多看看最近 3 天的数据，很少去看 3 天以前的数据。

（4）数据存在多个维度的标签，往往需要多维度联合查询以及统计查询。例如，业务需要统计最近一小时广告主发布在某个特定地区的广告点击率和总收入，这是一个典型的多维度聚合统计查询需求。

关系数据库并不适合处理海量时序数据，存在存储成本大、维护成本高、查询性能低等问题，特别是写入吞吐量低，很难满足时序数据千万级的写入压力。

目前比较常见的时序数据库产品包括 InfluxDB、TimescaleDB 以及 TDEngine 等。

3）区块链数据库

区块链数据库（Blockchain Database）是在多个主体间共享的并基于密码学技术实现可信记录的特殊分布式数据库。区块链数据库特别适用于跨不同信任域场景的数据共享和流通。

区块链数据库诞生于加密数字货币，最初是作为数字货币底层的记账系统。与传统银行不同，加密数字货币系统中不存在中心节点，所有参与的节点是平等的，且不能完全信任。借助于密码学技术和分布式共识协议，区块链数据库可以保证当网络中恶意节点数量不超过一定比例（如 1/2 或 1/3）时，数据记录就是可信的，并且几乎不能被篡改。由于这样的特点，区块链数据库被推广到物流溯源、司法存证、政务治理、数据跨域共享流通等很多场景中。

与传统分布式数据库相比，区块链数据库存在去中心、去信任和极难篡改三大技术特点。

（1）去中心：区块链数据库中不需要中心节点，所有节点地位是平等的，网络拓扑是扁平的。任何单个节点的退出或加入不会影响整个系统的运行。

（2）去信任：区块链数据库系统中可以容忍恶意节点的存在。恶意节点又被称为拜占庭节点，指可能呈现任何行为的节点，它们可能宕机，可能故意伪造消息，也可能串谋。借助分布式共识协议，区块链系统能够容忍一定比例的恶意节点。

（3）极难篡改：区块链数据库系统广泛采用了数字签名等密码学技术，并且通过共识协议保证所有上链的信息或对链上数据的操作都事先经过大多数节点认可。由此区块链数据库系统中的数据基本是不能被篡改的。

最后，由于智能合约的存在，区块链数据库系统还支持用户通过高级语言（如 Solidity 或 Go）定义对链上数据的操作。较之 SQL，高级语言更为灵活方便。

4）AI 数据库

近年来，随着大数据、机器学习算法、新型硬件技术的发展，AI 技术应用在实际场景中成为可能，几乎所有行业对 AI 的需求都在增长。AI 算法离不开数据，而数据库中存储着大量数据，AI 与数据库技术的结合，直接在 DBMS 内部实现 AI 操作，不需要从数据库中导出数据显然具有优势，AI 原生数据库就是解决这个需求的关键技术。AI 原生数据库一方面扩展 SQL 算子支持 AI 操作，实现库内的训练和推理（DB&AI），另一方面通过内置 AI 算法提升数据库的智能优化和智能运维（AI&DB）。

DBMS 和 AI 的融合方案根据其融合程度可以分为 3 类。

（1）DB 和 AI 的 Shared-Nothing 方案，DBMS 存储数据，分别使用 SQL 引擎和 AI 引擎进行 SQL 和 AI 操作，AI 所需要的数据从 DBMS 中导出。该方案 DB 和 AI 无融合，需要用户进行大量的 AI 编程和手动的性能调整。

（2）DB 和 AI 的 Shared-Data 方案，通过用户自定义函数在 DBMS 内部实现 AI 操作，不需要从 DBMS 中导出数据，实现库内计算。该方案被很多主流的 DBMS 厂商采用，可以方便灵活地实现 AI 操作，但是 DB 和 AI 仍由不同的引擎分别处理，优化少，AI 操作效率低。

（3）DB 和 AI 的 Shared-Everything 方案，即统一的 DB&AI 融合方案，使用统一的数据模型、数据操作模型和操作优化引擎实现 DB&AI 混合功能，该方案目前处于初始研究阶段，还有很多问题需要解决，例如如何设计和实现统一的数据模型、如何设计和实现统一的操作算子、如何设计和实现统一的优化引擎等。

目前主流的 DBMS 都是为 SQL 操作设计优化的，并不能高效地支持复杂的 AI 操作。需要从 AI 需求的角度重新思考和定义 DBMS，在数据模型、数据操作模型和操作优化引擎等层面全面推动数据管理的理论和实践创新。AI 数据库也是目前学术界和产业界的研究热点和发展方向。

1.2.3　计算平台推动数据库技术发展

数据库是运行在计算平台之上的。底层计算平台的变化，包括软硬件技术的发展都可能影响数据库系统技术的发展，从单机数据库系统，到并行数据库、分布式数据库、云数据库等。近年来，各类高性能处理器（例如多核 CPU、GPU、FPGA、AI 芯片等）、大容量内存、各种存储器（例如 SSD、NVM 等）以及支持 RDMA 的高速网络等新硬件技术取得了重大突破，也给数据库系统带来新的机遇与挑战。针对新硬件的特点，数据库需要在架构模式与关键技术层面进行创新，满足新型应用在高性能、高可用、可扩展等方面的需求。

1. 并行数据库

并行计算技术利用多处理机并行处理产生的规模效益来提高系统的整体性能，为数据库系统提供了一个良好的硬件平台。关系数据模型中，数据库是元组的集合，数据库操作是集合操作，许多情况下可分解为一系列对数据子集的操作（称为子操作），这些子操作之间不具有数据相关性，可以并行地处理。可见，关系数据库模型本身就有极大的并行可能性。因此，通过将数据库管理与并行处理技术结合，发挥多处理机结构的优势，可以提供比相应的大型机系统要高得多的性能价格比和可用性。

在数据库管理系统中，查询处理的主要任务是翻译用户所给出的查询语句并对若干可能有效的查询处理计划进行评价、比较，从中尽可能选出最优的执行方案。一个串行执行计划可以通过不同的并行化过程得到不同的并行执行计划。

有如下几种不同粒度的并行。

（1）事务间（inter-Transaction）并行性。事务间并行性是粒度最粗也是最易实现的并行性。由于这种并行性允许多个进程或线程同时处理多个用户的请求，因此可以显著增加系统吞吐量，支持更多的并发用户。

（2）事务内查询间（inter-Query）并行性。同一事务内可以包括多个查询，如果查询之间是不相关的,它们并行执行必将提高效率。但是,同一事务内的不同查询如果是相关的,它们并行执行比较复杂,系统必须进行相关性控制。

(3) 查询内操作间(inter-Operation)并行性。同一查询内的不同操作往往可以并行执行。例如,一条 SQL 查询语句可以分解成多个子操作,由多个处理机执行。前一操作的输出即下一操作的输入。如果后一操作等待前一操作产生一定量的输出后(而不必等待前一操作执行完毕)即可在另一处理机上开始执行,则这种并行方式称为垂直并行或流水线并行。

(4) 操作内(intra-Operation)并行性。操作内并行性的粒度最细,它将同一操作(如扫描操作、连接操作、排序操作等)分解成多个独立的子操作,由不同的处理机同时执行。例如,如果表被划分到 4 个不同的磁盘上,则扫描表的操作就可以分解成 4 个子操作同时执行,从而大大加快了全表扫描操作速度,这种并行方式称为水平并行。

从硬件结构来看,根据处理机与磁盘及内存的相互关系可以将并行硬件平台分为3 种基本的体系结构即共享内存结构(Shared_Memory,SM)、共享磁盘结构(Shared_Disk,SD)、无共享结构(Shared_Nothing,SN),以及混合结构,如图 1.1 所示。

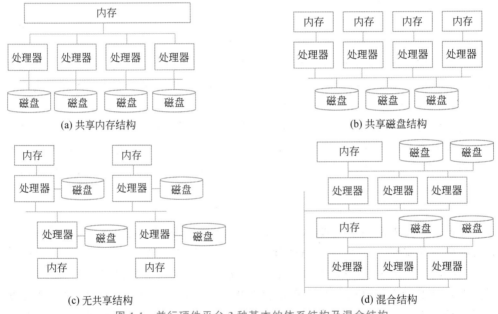

图 1.1   并行硬件平台 3 种基本的体系结构及混合结构

(1) 共享内存结构。共享内存结构中所有处理器共享一个公共的内存。现代的服务器通常都是多核多处理器共享内存的体系结构,单机上运行的数据库系统就可以采用并行机制,利用多核能力并行处理复杂查询,缩短复杂查询的响应时间。目前常用的 DBMS 基本上都提供了查询并行执行的特性。

(2) 共享磁盘结构。共享磁盘结构是指一组节点中,每个节点有自己的处理器和内存,所有节点通过互联网络可以直接访问一组公共的磁盘,共享磁盘系统有时又称为集群。

共享磁盘数据库系统可以提供更好的高可用性。因为数据库中数据存储在所有计算节点都可以访问的磁盘上,如果一个计算节点发生故障,则其他计算节点可以接管这个节点的工作。共享磁盘也可以采用 RAID 机制提供容错性,单个磁盘发生故障,系统仍可以正常工作,RAID 系统也提供了一定程度的 I/O 并行性。

共享磁盘数据库系统的一个限制是计算节点到共享磁盘系统的网络连接带宽小于访问本地存储器的可用带宽,这限制其可扩展性。

共享磁盘数据库系统的典型代表是 Oracle RAC,由于高性能和高可用性,它在一些关键任务系统中得到广泛应用。

(3)无共享结构。无共享结构系统中,每个节点有自己的处理器、内存和磁盘,这些节点通过高速互联网络进行通信,无共享的系统又称为分布式系统。

(4)混合结构。上述 3 种结构的混合。

2. 分布式数据库

分布式数据库系统有两大类,分别解决不同的问题。传统的分布式数据库系统主要解决在地理上分散的公司、团体和组织对数据管理的需求;现在的分布式数据库系统主要解决数据库性能问题,随着互联网的不断普及,数据规模爆炸式增长,单机数据库越来越难以满足用户需求,解决该问题的一个直观方法就是增加机器的数据,把数据库同时部署在多台机器上,即分布式数据库。

传统分布式数据库系统强调场地自治性以及自治场地之间的协作性,即每个场地是独立的数据库系统:它有自己的数据库、自己的用户、自己的 CPU,运行自己的 DBMS,执行局部应用,具有高度的自治性。同时各个场地的数据库系统又相互协作组成一个整体。对于用户来说,一个分布式数据库系统逻辑上看如同一个集中式数据库系统,用户可以在任何一个场地执行全局应用。各个场地的数据库系统通过广域网(WAN)进行通信,广域网具有更低的带宽、更高的延迟和更大的故障概率等,使得分布式数据库的管理更为困难。

现在的分布式数据库系统主要解决数据规模和性能问题,主要有以下几种类型。

(1)中间件模式,也是早期互联网应用应对高并发场景通常采用的模式,每个节点都是一个独立的单机数据库,通过分库分表的方式,把数据部署在各个节点上,通过中间件对这些节点统一管理,数据的访问和事务处理尽量对应用透明。典型的代表是阿里的 DRDS、腾讯的 DCDB 等。

(2)Shared-Nothing 架构的并行数据库,主要用于解决海量数据的复杂查询的性能问题,通过把数据分布到多台机器中,采用大规模并行处理(MPP)技术提高复杂查询的性能,有时也称为 MPP 数据库,典型的代表是 Teradata、GreenPlum 等商业或开源数据库产品。近来云环境下的多租户场景和物联网环境下数据采集的快速入库场景进一步拓展该类数据库的适用范围。这类场景的特点是数据库中数据天生可以分片部署在不同的机器上,通过并行计算提高系统的吞吐量。

(3)NoSQL 分布式数据库,主要解决大数据环境下数据规模膨胀,单机无法保存全部数据的问题。典型的代表有 HBase、Cassandra 和 MongoDB 等。

(4)NewSQL 分布式数据库,主要解决互联网应用高并发事务处理的性能、高可用和弹性伸缩问题,希望提供完整的 SQL 和事务处理能力,也是目前的研究热点。典型的代表有 Google 的 Spanner/F1 系统,开源的 TiDB、CockroachDB 和 OceanBase。

(5)云原生分布式数据库,主要解决在云环境下资源的充分利用问题,提出计算与存储分离,分别使用不同的资源,单独扩展,并采用"日志即数据库"(log is database)技术,减少计算节点和存储节点的通信,更适合云环境。典型的代表有 AWS Aurora 和阿里云的 PolarDB 系统。

进入大数据和移动互联网时代后,数据规模和应用场景的变化,使得分布式数据库成为当今数据库领域重要的研究热点,但是在分布式环境下,分布式事务处理与查询优化、数据安全、自动化的智能运维等技术问题还需要进一步突破。

3. 内存数据库

内存数据库(Main Memory Database,MMDB)是将内存作为主存储设备的数据库系统,其目的是充分利用内存的优势提高系统的性能。内存数据库的数据组织、存储访问模型和查询处理模型都是针对内存特性而优化设计的,内存数据被处理器直接访问,磁盘作为后备存储设备使用。与此相对的是磁盘数据库(Disk Resident Database,DRDB)是将磁盘作为主存储设备,将内存作为缓冲区使用。磁盘数据通过缓冲区被处理器间接访问,查询优化的核心是减少磁盘的 I/O。

内存数据库并不是简单地将磁盘数据全部缓冲到内存,而是数据的存储结构、访问算法以内存访问特性为基础进行设计优化,处理器直接访问数据,即使跟数据全部缓存到内存的磁盘数据库相比,内存数据库的性能仍高出数倍。

内存数据库一般应用于对实时响应性要求较高的领域,例如金融、电信等领域的 OLTP 系统。由于内存是易失性存储介质,事务持久性的满足需要借助特殊的硬件设备、系统设计和实现机制完成,例如日志技术、数据库复制技术等。将内存数据库运行在大内存、多级 cache 和多核硬件环境中,还可以有效解决计算密集型的 OLAP 应用的性能瓶颈。分析型内存数据库一般采用列存储技术和轻量数据压缩算法提高内存的存储效率和访问效率,在访问算法中优化内存带宽和 cache 性能。

事务型内存数据库的产品化程度比较高,在很多领域用作实时数据库,代表性的产品有 eXtremeDB、Oracle TimesTen、Altibase 等。分析型内存数据库随着大内存硬件平台的普及而迅速发展,为高端企业级用户提供高性能分析能力。代表性的产品有 HANA、Vectorwise 等。

随着企业 HTAP 应用需求的提出,传统的磁盘数据库都给自己的内核增加了内存数据库引擎,一站式架构混合处理 OLTP 和 OLAP 的负载,例如 Oracle 的 DB-InMemory、SQL Server 的 Hekaton。

4. 云数据库

云计算就是利用虚拟化、容器、编排调度和微服务等技术在多样化硬件上建立一个庞大的操作系统,使得用户不再需要关注硬件差异化、网络、负载均衡等细节,同时利用资源池化的能力,根据不同业务在不同时段对算力的不同需求,为云上用户提供一个弹性资源服务。

随着云基础设施的逐渐成熟以及企业用户对降低软硬件运维成本的需求推动,云数据库近 10 年也得到蓬勃发展。各大云厂商都提供了云数据库服务,大体可以分为云托管、云服务和云原生 3 种模式。

云托管是将原本部署于数据中心机房的物理服务器上的传统数据库部署在云主机上。在这种模式下,数据库用户仅仅使用的是云厂商提供的虚拟硬件资源,用户需要自己负责整个数据库系统的可用性、安全和性能,所有的数据库运维仍由客户来承担,云厂商实际上跟数据库没有关系。

云服务是指云厂商将传统数据库部署到云基础设施上，以云服务的模式给用户提供多种传统的数据库服务，例如，MySQL、SQL Server、PostgreSQL等，用户可以直接使用云厂商提供的数据库服务，不用关心数据库的安装、运维等问题。在这种模式下，只需要对原来的DBMS进行微改造，使它可以运行在云上，并提供对云上数据库的管理即可。

传统的数据库系统由于其架构的局限性，并不能完全发挥出云计算的优势，例如按需使用、快速弹性伸缩等，于是提出设计适合云计算环境的数据库，称为云原生数据库。云原生数据库最核心的挑战是如何实现弹性伸缩，让资源按需按量使用，发挥资源的最大效能。

目前的云原生数据库以 AWS Aurora 和阿里云的 PolarDB 为代表，采用计算存储分离、日志即数据、一写多读等技术实现数据库服务的弹性扩展，具有以下优点。

（1）计算和存储的解耦分离实现了独立的计算节点弹性伸缩和存储节点的弹性扩容，进而提升了数据的性价比。

（2）采用日志即数据技术，数据脏页面无须写回存储节点，存储节点通过日志回放获取最新数据，从而减少了计算节点和存储节点的通信量，降低了云基础设施的网络压力。

（3）一写多读，支持多个节点的一致性读。

目前的云数据库还有很多问题需要解决，例如，一写多读的特性使得数据库的扩展性和高可用性都受到限制，另外，云数据库的数据安全、访问性能、HTAP混合负载的支持等问题都需要解决。目前云数据库也是研究热点和发展方向。

1.3　数据库管理系统组成

本节从功能结构、模式结构、体系结构和执行过程等多个视角介绍数据库管理系统的组成。

1.3.1　数据库管理系统的功能结构

数据库管理系统包括数据库查询语言处理器、数据库事务管理器、数据库存储管理器等，各部分的关系如图1.2所示。各部分的功能如下。

1. 数据库查询语言处理器

用户用数据库查询语言表达的查询语句需要经过查询语言处理器进行解释，形成执行计划并执行。通常在经过语法解释、语义检查、安全性检查后，转变为内部的执行计划表达。必要的时候还可以对查询执行计划进行优化，以便提高查询处理的效率。

语法解释：对查询语句进行词法分析和语法检查，确保查询语句符合语法规则。

语义检查：包括数据类型的检查、约束条件的检查等，语义检查需要借助数据字典中保存的关于数据对象的定义信息。

安全性检查：也称访问权限检查，即发出查询的用户是否对要访问的数据对象拥有合适的访问权限，这些权限通常是事先明确定义好并存在数据字典中的。

查询优化：分为逻辑查询优化和物理查询优化。逻辑查询优化也称代数优化，即

图 1.2   数据库管理系统的功能结构图

通过查询代数表达式的等价变换将查询语句转换为执行效率更高的形式。物理查询优化也称基于代价的优化,需要对一些原子操作的执行代价进行估计,从而计算出不同执行计划的执行代价,从而选择最优的执行计划。物理查询优化需要借助一些保存在数据字典中的统计信息。

2. 数据库事务管理器

用户查询被执行的过程中,需要考虑到其他用户可能同时也在访问数据库。需要确保并发执行的多个查询之间不会相互干扰,查询结果正确。还要考虑到数据库系统出现故障的情况,确保即使系统出现故障,查询结果还是正确的。

为了做到这一点,数据库引入了事务(Transaction)这个概念,这是用户定义的一个操作序列,并满足以下 4 个特性:原子性(Atomicity)、一致性(Consistency)、隔离性(Isolation)和持久性(Durability),合称为 ACID 特性。数据库系统只要实现了事务管理,就能保证数据库始终处于正确和一致的状态。正确高效的事务管理系统是数据库的核心技术之一。

ACID 特性简单解释如下。原子性是指事务对数据库数据的修改要么全部执行,要么全部不执行。一致性是指事务执行的结果必须是使数据库从一个一致性状态变到另一个一致性状态。隔离性是指一个事务的执行不能被其他事务干扰,即一个事务内部的操作及使用的数据对其他并发事务是隔离的,并发执行的各个事务之间不能互相干扰。持久性是指一个事务一旦提交,它对数据库中数据的改变就应该是永久性的,接下来的其他操作或故障不应该对其执行结果有任何影响。

3. 数据库存储管理器

数据库的数据是存储在非易失存储器上的,这样即使计算机系统掉电,数据也不会丢失。数据在存储器上如何组织才能确保存储空间和存取时间的最优?更进一步,由于磁盘 I/O 的时间相较于 CPU 的处理时间要长得多,为了匹配,内存作为处理器和外存之间的缓存。这就需要对缓存进行管理。

1.3.2 数据库管理系统的模式结构

模式(Schema)是数据库中对数据逻辑结构的描述。类比于程序设计语言中的"型"(Type)和"值"(Value),模式是数据库的"型",模式的一个具体值称为模式的一个实例(Instance)。模式的实例可以动态变化。模式是相对稳定的,而实例是变动的。模式反映的是数据库的数据结构,而实例反映的是数据库某一时刻的状态。

DBTG 报告首先定义了数据库的三级模式结构并提供两级映像功能,这为数据库管理系统的研制提供了管理数据的标准参考结构,对数据库产品的发展发挥了重要的作用。在一个数据库中,数据存在 3 种相关但是不同的描述,3 种描述分别称为模式、内模式和外模式。在关系数据库中,3 种描述分别称为逻辑模式、物理模式和用户视图。用户通过三级模式组织数据,数据库管理系统软件依据模式管理数据。数据库系统的三级模式结构如图 1.3 所示。

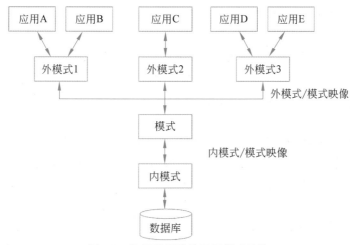

图 1.3　数据库系统的三级模式结构

1. 模式

在数据库三级模式结构中,模式处于核心地位,是对数据库中全体数据的逻辑结构和特征的描述,是所有用户的公共数据视图。它既不涉及数据的物理存储细节和硬件环境,又与具体的应用程序有所隔离,在关系数据库中称为逻辑模式。

数据库模式以某一种数据模型为基础,统一综合地考虑了所有用户的需求,并将这些需求有机地结合成一个逻辑整体。定义模式时不仅要定义数据的逻辑结构,例如数据记录由哪些数据项构成,数据项的名称、类型、取值范围等;而且要定义数据之间的联系,定义与数据有关的安全性、完整性要求。

数据库管理系统提供模式数据定义语言(模式 DDL)严格地定义模式。

2. 外模式

外模式(External Schema)也称子模式(Subschema)或用户视图,它是数据库用户(包括应用程序员和最终用户)能够看见和使用的局部数据的逻辑结构和特征的描述,是数据库用户的数据视图,是与某一应用有关的数据的逻辑表示。

一个数据库可以有多个外模式。由于它是各个用户的数据视图,如果不同的用户在应用需求、看待数据的方式、对数据保密的要求等方面存在差异,则其外模式描述就是不同的。即使对模式中同一数据,在外模式中的结构、类型、长度、保密级别等都可以不同。同时,同一外模式也可以为某一用户的多个应用程序所使用,但一个应用程序只能使用一个外模式。

外模式是保证数据库安全性的一个有力措施。每个用户只能看见和访问所对应的外模式中的数据,数据库中的其余数据是不可见的。

数据库管理系统提供外模式数据定义语言(外模式 DDL)严格地定义外模式。

3. 内模式

内模式(Internal Schema)也称存储模式(Storage Schema)或物理模式,一个数据库只有一个内模式。它是数据物理结构和存储方式的描述,是数据在数据库内部的组织方式。例如,记录的存储方式是堆存储还是按照某个(些)属性值的升(降)序存储,或按照属性值聚簇(Cluster)存储;索引按照什么方式组织,是 B^+ 树索引还是散列索引;数据是否压缩存储,是否加密;数据的存储记录结构有何规定,如定长结构或变长结构,一个记录能不能跨物理页存储;等等。

4. 外模式/模式映像与数据逻辑独立性

模式描述的是数据的全局逻辑结构,外模式描述的是数据的局部逻辑结构。对应于同一个模式可以有任意多个外模式。对于每个外模式,数据库系统都有一个外模式/模式映像,它定义了该外模式与模式之间的对应关系。这些映像定义通常包含在各自外模式的描述中。

当模式改变(例如增加新的关系、新的属性,改变属性的数据类型等)时,由数据库管理员对各个外模式/模式映像进行相应改变,可以使外模式保持不变。应用程序是依据数据的外模式编写的,从而应用程序不必修改,保证了数据与程序的逻辑独立性,简称数据逻辑独立性。

5. 内模式/模式映像与数据物理独立性

数据库只有一个模式,也只有一个内模式,所以内模式/模式映像是唯一的,它定义了数据全局逻辑结构与存储结构之间的对应关系。例如,说明逻辑记录和字段在内部是如何表示的。该映像定义通常包含在模式描述中。当数据库的存储结构改变(例如选用了另一种存储结构)时,由数据库管理员对内模式/模式映像进行相应改变,可以使模式保持不变,从而应用程序也不必改变,保证了数据与程序的物理独立性,简称数据物理独立性。

1.3.3 数据库管理系统的体系结构

数据库管理系统的体系结构与其所依赖的计算机系统架构直接相关。对于传统的单节点计算机系统,在上面运行数据库系统,即集中式体系结构;当网络出现后,可以将不同的计算节点相连接,在上面部署数据库系统,某台机器作为服务器节点,其他机器作为客户端节点,即客户机/服务器体系结构,或者浏览器/服务器体系结构;处理器单核时代结束,进入了多核时代,并行处理可以提高处理速度,出现了并行体系结构。随着大数据时代的来临,需要大量计算资源融合在一起构成运算能力更强的集群才能处理大规模负载,于是出现了分布式体系结构。随着云计算的出现,应用"上云"成了新的趋势,出现了云计算架构。本节介绍具有代表性的一些数据库系统架构。

1. 集中式数据库系统

在集中式数据库系统中,数据库管理系统、数据库和应用程序都在一台计算机上。在小型机和大型机上的集中式数据库系统一般是多用户系统,即多个用户通过各自的终端运行不同的应用系统,共享数据库。微型计算机上的数据库系统一般是单用户的。

2. 客户机/服务器数据库系统

在客户机/服务器数据库系统中,数据库管理系统和数据库驻留在服务器(称为数据库服务器)上,而应用程序放置在客户机(微型计算机或工作站)上,客户机和服务器通过网络进行通信。在这种结构中,数据库系统可以划分为前端和后端两部分,前端包括 SQL 的用户界面、报表界面、报告生成工具和数据挖掘与分析工具等,后端负责访问、查询对应的数据,维护并发控制和故障恢复等。前端和后端通过 SQL 或应用程序等相连接。当客户机要存取数据库中的数据时就向服务器发出请求,服务器接收客户机的请求后进行处理,并将客户要求的数据返回给客户机。

随着互联网技术的应用,客户机/服务器两层结构已经发展为三层或多层结构。三层结构一般是指浏览器/应用服务器/数据库服务器结构。用户界面采用统一的浏览器方式,应用服务器上安装应用系统或应用模块,数据库服务器上安装数据库管理系统和数据库。两层或多层结构将数据库管理系统的功能进行合理分配,减轻数据库服务器的负担,从而使服务器有更多的能力完成事务处理和数据访问控制任务,支持更多的用户,提高系统的性能。

3. 现代数据库系统

现代计算机系统出现了并行计算、分布式计算、云计算等新兴计算架构,数据库系统也相应地在架构上进行变化,适应新型计算架构的特点。

并行数据库系统是在并行计算机上运行的具有并行处理能力的数据库系统,是数据库技术与并行计算技术相结合的产物。并行计算机系统有共享内存型、共享磁盘型、非共享型以及混合型等。并行计算技术利用多处理机并行处理产生的规模效益提高系统的整体性能。并行数据库系统发挥了多处理机的优势,采用并行查询处理技术和并行数据分布与管理技术,具有高性能、高可用性、高扩展性等优点。

分布式数据库系统是指数据库中的数据在逻辑上是一个整体,但物理地分布在计算机网络的不同节点上。网络中的每个节点独立处理本地数据库中的数据(称为场地自治),执行局部应用,也可以执行全局应用,即通过网络通信系统同时存取和处理多个节点上数据库的数据。

云数据库系统将数据库部署或虚拟化在云计算环境下,通过计算机网络以服务的形式提供数据库的功能,包括数据存储、数据更新、查询处理、事务管理等。早期的云数据库主要运行在单个节点上,该节点可以具有大量的处理器、大内存和大磁盘容量。现在的云数据库是运行在机群上的数据库系统,能够较好地进行动态伸缩、按需分配计算资源和存储资源。但是,云数据库存储的安全可信、隐私保护等问题不可忽视,亟待研究解决。

1.3.4 数据库管理系统的执行过程

结构化查询语言(Structured Query Language,SQL)是关系数据库的标准语言。

一条 SQL 语句是如何在数据库管理系统中被执行的呢？粗略地说，要经历如下几步，语法分析与语义检查、访问权限检查、查询优化、查询执行、事务管理、数据存取、结果输出等。图 1.4 描述了这一过程。下面逐一介绍这些步骤。

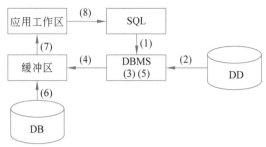

图 1.4   查询执行流程

假设有一个查询：SELECT * FROM Student WHERE Age ＜ 17（即查询"少年大学生"的情况）。我们看看数据库管理系统是如何处理并获得结果的。

1. 语法分析与语义检查

DBMS 接收到一条 SQL 语句［图 1.4(1)］后，先对 SQL 语句进行语法分析，即是否符合 SQL 的语法要求。比如，是否存在拼写错误，FROM 子句后面是否缺表名等。之后读取数据字典（图 1.4 中 DD）中关于表、字段、授权等的描述信息［图 1.4(2)］，进行语义检查、完整性检查和查询优化等操作［图 1.4(3)］。

语义检查又可以细分为词法检查和语法检查，SQL 有自己的词法和语法（可以用 BNF 范式进行表述），依据词法规则和语法规则，就可以检查一个 SQL 语句是否为语法正确的语句。如果不是，就需要反馈错误信息给用户。

语义检查和完整性检查需要依据 SQL 语法和数据字典进行。数据字典可以理解为系统表，记录的是关于数据对象的描述。比如，对"关系表"的描述，可以包括表名、表的创建者、表的属性个数、表的记录长度、表的记录个数等；对"属性"的描述，可以包括属性名、属性类型、数据长度、属性所属的表名等。例如，Age 是否是表 Student 的属性？ Age 和 17 是否是相容的数据类型？是否可以进行比较操作？这些都属于语义检查的范畴。

2. 访问权限检查

DBMS 还要检查用户的访问权限［图 1.4(3)］。由于数据库是共享的，不是独占的，不同用户的数据都放在一起，因此要明确用户可以访问哪些数据，不可以访问哪些数据。这就是访问控制，需要事前定义好，有关信息也放在数据字典里。这类检查有些是静态就可以完成的，有些还需要等到获得具体数据才能决定。例如，用户对 Student 表没有访问权限，这个时候就可以检查出来，并反馈错误信息。

3. 查询优化

SQL 语句是描述性的语句，并不像程序设计语言那样有明确的执行流程，因此并不能直接执行。DBMS 需要将 SQL 语句转换成可执行的代码［可称为查询执行计划，图 1.4(3)］，这个过程非常重要。为了做好这件事情，DBMS 需要预先实现一些"基本算子"，也就是最基础的一些操作，例如，关系的选择操作、投影操作、连接操作等。这些操作通常可以用多种不同的实现方法，比如选择操作，可以基于对表的顺序扫描实现,也可以依据选择属性上的索引实现,等等。在此基础上,DBMS需要将SQL语句转换成内部的表达,比如语法树结构,其中的树结点就是由一些基本算子或数据库对象构成的。依据这个内部表达以及一些原则,可以生成查询的执行计划,规定先做什么、后做什么等。

由于SQL语句的抽象性和数据库执行环境的复杂性,同一个SQL语句存在多个"结果等价但效率差异巨大"的执行计划,这就为查询优化提供了空间。如何为一个SQL语句找出执行效率最高的执行计划是DBMS的主要挑战之一。这方面的研究一直是数据库系统的长盛不衰的领域。最近人工智能的发展也对这个问题有深刻的影响,各种基于人工智能的查询优化技术不断出现。

4. 查询执行

DBMS按照查询执行计划逐一完成对基本算子的执行[图1.4(4)]。以选择算子为例,要从Student表中选择出年龄小于17岁的学生,需要顺序扫描Student表,并逐一检查每一个记录是否满足条件。这个过程如果更仔细地解释,还与数据在内存缓冲区中还是在外存磁盘上有关。数据库算法一般都要考虑外存,也就是不能假定数据都在内存缓冲区中。当发现数据不在内存缓冲区的时候,就需要向操作系统发出请求,从外存磁盘读取所需要的数据[图1.4(6)]。

基本算子执行的结果形成一个临时文件,即可以缓存在内存中,必要的时候也可以保存在外存磁盘上。这个临时文件将作为执行计划中下一个基本算子的输入,参与下一个基本算子的执行。

最后,整个查询的结果将输出到用户的工作区中[图1.4(7)],并以合适的方式反馈给用户[图1.4(8)]。

5. 事务管理

在执行基本算子,需要对数据进行读取的时候,还要考虑其他用户的干扰。DBMS不允许一个用户在对数据进行读写的时候,还有其他用户也同时在对该数据进行读写,确保数据库的数据是正确的、一致的。这部分的功能称为并发控制[图1.4(5)]。DBMS还要负责处理在查询执行的过程中,系统突然崩溃的异常情况,确保数据库不被破坏。

1.4　我国数据库的发展历程

国产数据库经历了20世纪70年代引进,80年代跟踪,90年代原型开发和应用,21世纪前10年的苦苦追赶,以及后10年的快速发展的过程。特别是在"十五"、"十一五"和"十二五"期间,国家设立重大科技专项,将数据库管理系统的产品化作为信息技术的基础软件产品加以支持,使得国产数据库进步显著,在许多关键领域获得广泛应用。

1. 起步期(1977—1999年)

我国的数据库研究和开发工作始于20世纪70年代。标志性的事件就是1977年在黄山召开的数据库学术交流会,这次会议后来被学术界"确认"为全国第一次数据库学术会议,虽然参加会议的人数不多,会议内容也是以介绍国外的数据库技术和动向为主,但是,这次会议标志着我国数据库的教学研究工作开始起步。

20 世纪 80 年代初期,是我国引进数据库产品并开始实施应用的时期。dBASE Ⅱ 在 80 年代初期就进入中国,就像 BASIC 语言对于中国普及计算机知识功不可没一样,dBASE Ⅱ 由于其易学易用的特点,为信息系统开发人员所喜爱,对于我国数据库的普及发挥了重要的作用,基于 dBASE Ⅱ 的数据库系统应用也开始在全国迅速展开。80 年代中期,Oracle 数据库开始进入中国,Oracle 第 4 版和第 5 版相继在中国市场推出,原来只有在教科书中学习到的关系数据库的一些功能,第一次可以在一个实际的商品化系统中看到。通过一段时间数据库应用的实践,人们也逐渐认识到了 dBASE Ⅱ 数据库的不足,在一些比较重要的信息系统中,开始放弃 dBASE Ⅱ 而采用 Oracle 系统。

基于对国外产品的了解,我国大学和研究机构也开始了自行开发数据库系统的尝试。这些原型系统的研究开发有助于我国大学和研究机构更加深刻地掌握数据库的核心实现技术,同时也为我国数据库研发和应用培养了宝贵的人才。

进入 20 世纪 90 年代后,有了 80 年代对国外数据库系统的了解,以及对数据库实现技术的掌握,我国科技工作者对国产数据库的研制充满了信心。"八五"计划期间由当时的电子工业部下达任务,中软总公司牵头,研制国产基础软件平台 COSA,其中包括 COBASE 数据库系统。COBASE 由北京大学、中国人民大学、中软总公司、华中科技大学等单位协作研制。COBASE 的研制从 1993 年开始,历时 4 年完成。但是,由于缺乏系统软件研制的经验,产品化程度不高,特别是缺乏应用考验等原因,系统软件包括数据库管理系统没有按照预期在市场上获得成功。

"九五"计划期间,虽然没有大规模的数据库研制活动,但是学术界仍然在艰苦地探索,国家 863 计划也继续支持国产数据库的产品研发,华中科技大学研制关系数据库系统,中国人民大学研制并行数据库系统,还有其他单位研制安全数据库等。

2. 追赶期(2000—2010 年)

进入 21 世纪,中国加入 WTO,市场更加国际化。尽管数据库的市场还是 Oracle 一家独霸,但是全球的数据库厂商也纷纷进入中国,其中包括 IBM 公司的 DB2、Sybase 公司的 Sybase、微软公司的 SQL Server 等,也包括开源数据库 PostgreSQL 和 MySQL 等。在这样的情况下,尽管反对声没有断过,但是人们又一次掀起了开发国产数据库的热潮。支持者的主要理由是:中国是一个大国,国家的信息安全是一直悬在我们头上的一把利剑;中国的信息化建设成本居高不下,严重影响了信息化的进程。这两个理由,让国家下决心再一次开发国产数据库。

2002 年,科技部在国家 863 计划中设立了"数据库管理系统及其应用"重大专项。2008 年,国家发布了"核心电子器件、高端通用芯片及基础软件产品"科技重大专项,安排了"大型通用数据库管理系统与套件研发及产业化"和"非结构化数据管理系统"两类课题。通过近 10 年的接续努力,我国数据管理软件核心技术和产品应用取得了重要进展。以金仓、达梦为代表的国内厂商在规模上均有较大发展,形成了一支有技术能力的研发队伍以及市场推广队伍,成为国产数据库的生力军。

3. 发展期(2010 年至今)

大数据和云计算的出现,给我国的数据库技术发展带来了前所未有的机会。中国政府发布了《促进大数据发展行动纲要》(国发〔2015〕50 号)等文件,积极推动大数据的发展和应用。中国在移动互联网、云计算与大数据的应用上无疑已经处于国际前沿。以前,我们和国外的信息化程度相比差距大,我们的应用需求都是国外几年前的需求,因此,技术上大多是"跟风",难以有创新。现在,信息技术的应用前沿就在中国,就在我们的身边。阿里巴巴、腾讯等大型互联网企业,以及华为等技术驱动型企业,紧紧抓住了这个机会,自主创新,实现跨越式发展。

1.5　本章小结

认识一个新事物、新概念,有时候难以从精确的数学定义去理解,更多的是采用"盲人摸象"的方法。也就是从多个视角去看同一个事物或概念,逐渐地建立起我们对这个事物或概念的更全面的认识。本章就是按照"盲人摸象"的思路,对数据库这个概念进行解读,帮助读者进行更全面的理解。首先,从相关的概念对比中去理解,本章介绍了数据、数据库、数据库管理系统和数据库系统 4 个概念,使读者可以更好地理解它们相互之间的区别和联系。其次,从数据模型演化、数据库应用发展和计算平台迭代 3 个维度介绍了数据库技术的发展过程,以及诸多数据库类型,展示了繁荣的数据库大家族盛况,激发读者的学习热情。再次,从多个视角介绍数据库内涵,包括数据库管理系统的组成、数据库三级模式结构、数据库体系结构、数据库管理系统的执行过程。最后,介绍了国产数据库的发展历程,读者可以从中感受到我国数据库工作者的不懈努力和取得的成果。

用这种方式介绍数据库,不可避免会涉及很多新概念,没有解释就使用这些概念,会给读者阅读和理解带来困难。我们的建议是要容忍自己"一知半解"的状态,并在后续的学习中不断回过头来再读一次,就会增加新的理解。

习题

1. 试述数据、数据库、数据库管理系统、数据库系统的概念以及这些概念间的关系。

2. 试述数据独立性的概念,以及数据库是如何实现数据独立性的。

3. 试述结构化数据与非结构化数据的主要区别。

4. 数据库管理系统的主要功能有哪些?

5. 试从数据库发展历史中体会"应用驱动创新"的意义。

6. 选择一个具体的数据库管理系统,分析其支持的数据模型、可运行的计算平台,以及最适合支持的应用类型。

第 2 章

关系数据模型

本章介绍关系数据模型,包括关系模型的数据结构及形式化定义,定义在关系模型上的运算——关系代数,最后在此基础上介绍关系的完整性。

2.1 关系模型的数据结构及形式化定义

由于关系模型是建立在集合代数基础上的,本节从集合论角度给出关系数据结构的形式化定义,以及关系模式的形式化表示,并简要介绍关系数据库和关系模型的存储结构。

2.1.1 关系概述

关系模型只包含单一的数据结构——关系。在用户看来,关系模型中数据的逻辑结构是一张二维表。关系模型的数据结构虽然简单却能够表达丰富的语义,描述现实世界的实体以及实体间的各种联系。在关系模型中,现实世界的实体以及实体间的各种联系均用单一的结构类型,即关系来表示。

1. 域

【定义 2.1】 域是一组具有相同数据类型的值的集合。

例如,自然数、整数、实数、总字符数小于 25 的变长字符串集合、{男,女}、0~100 的正整数等,都可以是域。

2. 笛卡儿积

笛卡儿积(Cartesian product)是域上的一种集合运算。

【定义 2.2】 给定一组域 $D_1, D_2, \cdots, D_n$,允许其中某些域是相同的,$D_1, D_2, \cdots, D_n$ 的笛卡儿积为

$$D_1 \times D_2 \times \cdots \times D_n = \{(d_1, d_2, \cdots, d_n) \mid d_i \in D_i, i = 1, 2, \cdots, n\}$$

其中,每个元素 $(d_1, d_2, \cdots, d_n)$ 叫作一个 n 元组(n-tuple),简称元组。元组中的每个值 d_i 叫作一个分量。

一个域允许的不同取值个数称为这个域的基数(cardinal number)。

若 $D_i(i = 1, 2, \cdots, n)$ 为有限集,其基数为

$m_i(i=1,2,\cdots,n)$，则 $D_1 \times D_2 \times \cdots \times D_n$ 的基数 M 为

$$M = \prod_{i=1}^{n} m_i$$

笛卡儿积可表示为一张二维表。表中的每一行对应一个元组，表中的每一列的值来自一个域。

例如，给出 3 个域：

$$D_1 = 顾客 \text{ID}(\text{Customer ID}) = \{1001, 1002, 1003\}$$
$$D_2 = 顾客姓名(\text{Customer Name}) = \{张三, 李四, 王五\}$$
$$D_3 = 城市(\text{City}) = \{北京, 上海, 广州\}$$

则它们的笛卡儿积如下：

$D_1 \times D_2 \times D_3 = \{$(1001,张三,北京),(1001,张三,上海),(1001,张三,广州)，(1001,李四,北京),(1001,李四,上海),(1001,李四,广州),(1001,王五,北京)，(1001,王五,上海),(1001,王五,广州),(1002,张三,北京),(1002,张三,上海)，(1002,张三,广州),(1002,李四,北京),(1002,李四,上海),(1002,李四,广州)，(1002,王五,北京),(1002,王五,上海),(1002,王五,广州),(1003,张三,北京)，(1003,张三,上海),(1003,张三,广州),(1003,李四,北京),(1003,李四,上海)，(1003,李四,广州),(1003,王五,北京),(1003,王五,上海),(1003,王五,广州)$\}$。

其中，(1001,张三,北京),(1001,张三,上海)等都是元组，"1001""张三""北京"等都是元组的分量。

该笛卡儿积的基数为 $3 \times 3 \times 3 = 27$，一共有 27 个元组，构成如表 2.1 所示的二维表(为节省篇幅，此处只展示前 10 行，读者可以根据上两段内容尝试补全)。

表 2.1　笛卡儿积示例

顾客 ID	顾 客 姓 名	城　　　市
1001	张三	北京
1001	张三	上海
1001	张三	广州
1001	李四	北京
1001	李四	上海
1001	李四	广州
1001	王五	北京
1001	王五	上海
1001	王五	广州
1002	张三	北京
⋮	⋮	⋮

3. 关系

一般来说，在关系模型中，$D_1, D_2, \cdots, D_n$ 的笛卡儿积是没有实际意义的，只有它的某个子集才有实际意义。

例如,表 2.1 中只有如下子集是有意义的,表明了顾客 ID 与顾客姓名和城市的关系。将该关系取名为 Customers,如表 2.2 所示。

表 2.2 Customers 关系

顾客 ID(CID)	顾客姓名(CName)	城市(City)
1001	张三	北京
1002	李四	广州
1003	王五	上海

【定义 2.3】 给定一组域 $D_1,D_2,\cdots,D_n$,允许其中某些域是相同的,$D_1,D_2,\cdots,D_n$ 的笛卡儿积 $D_1 \times D_2 \times \cdots \times D_n$ 的子集称为这组域上的关系,表示为

$$R(D_1,D_2,\cdots,D_n)$$

这里 R 表示关系名,n 是关系的目或度。

关系中的每个元素是关系中的元组,通常用 t 表示。关系是笛卡儿积的有限子集,所以关系是一张二维表,表的每一行对应一个元组,表的每一列对应一个域。由于域可以相同,为了加以区分,必须对每一列起一个名字,称为属性。n 目关系必有 n 个属性。

例如,Customers(CID,CName,City)有三个属性,是一个三目关系。

(1001,张三,北京),(1002,李四,广州),(1003,王五,上海)是 Customers 关系的三个元组。

关系可以有三种类型:基本关系(通常又称为基本表或基表)、查询结果和视图。其中,基本关系是实际存在的表,它是实际存储数据的逻辑表示;查询结果是查询执行产生的结果对应的临时表;视图是由基本表或其他视图导出的虚表,不存储实际数据。

当关系作为数据模型的数据结构时,需要对其进行必要的限定并增加属性名以便于记忆和使用。

(1) 无限关系在数据库系统中是无意义的。因此,限定关系模型中的关系必须是有限集合。

(2) 通过为关系的每个列附加一个属性名的方法取消关系属性的有序性,使得列的次序可以任意交换:

$$(d_1,d_2,\cdots,d_i,d_j,\cdots,d_n)=(d_1,d_2,\cdots,d_j,d_i,\cdots,d_n)(i,j=1,2,\cdots,n)$$

因此,基本关系具有以下 6 个性质。

(1) 列是同质的(homogeneous),即每一列中的分量是同一类型的数据,来自同一个域。

(2) 不同的列可出自同一个域,称其中的每一列为一个属性,不同的属性要给予不同的属性名。

(3) 由于列顺序是无关紧要的,因此列的顺序无所谓,即列的次序可以任意交换。

(4) 任意两个元组的码不能取相同的值。

(5) 行的顺序无所谓,即行的次序可以任意交换。

(6) 分量必须取原子值,即每一个分量都必须是不可分的数据项。

关系模型要求关系必须满足一定的规范条件,其中最基本的一个就是元组的每一

个分量都必须是一个不可分的数据项。

2.1.2 关系模式

关系模式必须描述关系元组集合的结构,即它由哪些属性构成,这些属性来自哪些域,以及属性与域之间的映像关系。同时,关系模式要描述关系的完整性约束。现实世界的许多已有事实和规则限定了关系模式所有可能的关系必须满足一定的完整性约束条件。这些约束条件或者通过对属性取值范围进行限定来描述,或者通过属性与属性之间的相互关联和相互约束反映出来。

【定义 2.4】 关系的描述称为关系模式(relation schema)。它可以形式化地表示为 $R(U, D, \text{DOM}, F)$,其中 R 为关系名,U 为组成该关系的属性的属性名集合,D 为 U 中属性所来自的域,DOM 为属性向域的映像集合,F 为属性间数据依赖关系的集合。

属性间的数据依赖将在后续章节讨论,本章中关系模式仅涉及关系名、属性名、域名、属性向域的映像 4 部分。

若关系模式中的某一个属性或一组属性的值能唯一地标识一个元组,而它的真子集不能唯一地标识一个元组,则称该属性或属性组为候选码(candidate key)。若一个关系有多个候选码,则选定其中一个为主码(primary key),或称主键。候选码的诸属性称为主属性,不包含在任何候选码中的属性称为非主属性。

2.1.3 关系数据库

支持关系模型的数据库系统称为关系数据库系统。在关系模型中,实体以及实体间的联系都是用关系来表示的。在一个关系数据库中,某一时刻所有关系模式对应的关系的集合构成一个关系数据库。例如,表 2.3～表 2.7 为一个"网上商城"数据库示例。

表 2.3 Customers 关系

顾客 ID(CID)	顾客姓名(CName)	城市(City)
1001	张三	北京
1002	李四	广州
1003	王五	上海

表 2.4 Products 关系

商品 ID(PID)	商品名称(PName)	价格(Price)	种类(Category)	供应商 ID(SID)
P0001	智能手机	1999	数码产品	S001
P0002	老人专用手机	899	数码产品	S001
P0003	平板电脑	1688	数码产品	S002
P0004	数据库教材	48	书籍	S003
P0005	流浪太阳	65	书籍	S003

表 2.5   Suppliers 关系

供应商 ID（SID）	供应商名称（SName）	城市（City）
S001	华北手机厂	北京
S002	西北电子厂	西安
S003	未央印刷厂	长安

表 2.6   Orders 关系

订单 ID（OID）	顾客 ID（CID）	创建时间（CreateTime）
O001	1001	2023-1-1 18：00：10
O002	1002	2023-1-1 18：20：01
O003	1002	2023-1-5 09：10：20
O004	1003	2023-2-5 19：20：10

表 2.7   OrderItems 关系

订单 ID（OID）	商品 ID（PID）	数量（Quantity）	折扣（Discount）
O001	P0001	1	0.85
O001	P0004	20	0.9
O001	P0005	10	0.9
O002	P0002	1	0.9
O003	P0003	1	0.7
O004	P0001	100	0.8

2.1.4   关系模型的存储结构

关系模型是关系数据的逻辑结构，用关系数据定义语言描述。支持关系模型的关系数据库管理系统（Relational Database Management System，RDBMS）将以一定的组织方式存储和管理数据，即设计和实现关系模型的存储结构，这是关系数据库管理系统的核心功能之一。本书将在第 5 章介绍基于磁盘的数据库的组织与存储。

2.2   关系代数

2.2.1   传统的集合运算

传统的集合运算是二目运算，包括并、差、交、笛卡儿积 4 种运算。设关系 R 和关系 S 都有 n 个属性，且相应的属性取自同一个域，t 是元组变量。定义并、差、交、笛卡儿积运算如下。

并：关系 R 和 S 的并记作

$$R \cup S = \{t \mid t_r \in R \lor t_s \in S\}$$

差：关系 R 和 S 的差记作

$$R - S = \{t \mid t_r \in R \land t_s \notin S\}$$

交：关系 R 和 S 的交记作

$$R \cap S = \{t \mid t_r \in R \land t_s \in S\}$$

笛卡儿积：两个分别为 n 目和 m 目的关系 R 和 S，其笛卡儿积是一个 $n+m$ 列的元组的集合。元组的前 n 列是关系 R 的一个元组，后 m 列是关系 S 的一个元组。记作

$$R \times S = \{\widehat{t_r t_s} \mid t_r \in R \land t_s \in S\}$$

2.2.2　专门的关系运算

专门的关系运算包括选择、投影、连接等。首先，引入如表 2.8 所示的符号。

表 2.8　符号及其含义

符号	含　义
$t[A_i]$	元组 t 中相应于属性 A_i 的一个分量
$t[A]$	元组 t 在属性集 A 上诸分量的集合
$\overline{A}$	从全集 U 中去掉属性集 A 剩下的属性集合
$\widehat{t_r t_s}$	元组的连接或元组的串接，前面的部分 t_r 是 R 的一个元组，后面的部分 t_s 是 S 的一个元组

接下来，定义专门的关系运算。

1. 选择

在关系 R 中选择满足给定条件的诸元组，记作

$$\sigma_F(R) = \{t \mid t \in R \land F(t) = \text{'True'}\}$$

其中，F 表示选择条件，它是一个逻辑表达式，取逻辑值 True 或 False。选择运算实际上是从关系 R 中选取使逻辑表达式 F 为 True 的元组。

【例 2.1】　查询种类（Category）为'数码产品'的所有商品。

$$\sigma_{\text{Category}='数码产品'}(\text{Products})$$

结果如表 2.9 所示。

表 2.9　查询种类（Category）为'数码产品'的所有商品

商品 ID（PID）	商品名称（PName）	价格（Price）	类别（Category）	供应商 ID（SID）
P0001	智能手机	1999	数码产品	S001
P0002	老人专用手机	899	数码产品	S001
P0003	平板电脑	1688	数码产品	S002

【例 2.2】　查询种类（Category）为'数码产品'且价格低于 1000 元的所有商品。

$$\sigma_{\text{Category}='数码产品' \land \text{Price}<1000}(\text{Products})$$

结果如表 2.10 所示。

表 2.10　查询种类（Category）为'数码产品'且价格低于 1000 元的所有商品

商品 ID（PID）	商品名称（PName）	价格（Price）	类别（Category）	供应商 ID（SID）
P0002	老人专用手机	899	数码产品	S001

2. 投影

关系 R 上的投影是从 R 中选择若干属性列组成新的关系。记作

$$\Pi_A(R) = \{t[A] \mid t \in R\}$$

其中，A 是关系 R 的一组属性集合。

【例 2.3】 查询所有的顾客姓名和所在城市。

$$\Pi_{\text{CName,City}}(\text{Customers})$$

查询结果如表 2.11 所示。

表 2.11 查询所有的顾客姓名和所在城市

顾客姓名（CName）	城市（City）
张三	北京
李四	广州
王五	上海

【例 2.4】 查询所有的商品类别。

$$\Pi_{\text{Category}}(\text{Products})$$

查询结果如表 2.12 所示。

表 2.12 查询所有的商品类别

类别（Category）
数码产品
书籍

从例 2.4 可以看到，投影操作要求合并完全相同的行，因此投影不仅取消了原关系中的某些属性列，还可能取消某些元组。

3. 连接

连接操作是从两个关系的笛卡儿积中选取其属性间满足一定条件的元组。记作

$$R \underset{A=B}{\bowtie} S = \{\widehat{t_r,t_s} \mid t_r \in R \wedge t_s \in S \wedge t_r[A] \, \theta \, t_s[B]\}$$

其中，A 和 B 分别为关系 R 和 S 上列数相等且可比的属性列，θ 是比较运算符。连接运算是从笛卡儿积 $R \times S$ 中选取关系 R 在属性列 A 上的值与关系 S 在属性列 B 上的值满足比较关系 θ 的元组。

自然连接是一种特殊的等值连接。它要求两个关系中进行比较的分量必须是同名的属性列，并且在结果中把重复的属性列去掉。即若 R 和 S 中具有相同的属性列 B，U 为 R 和 S 的全体属性集合，则自然连接可记作

$$R \bowtie S = \{\widehat{t_r,t_s}[U-B] \mid t_r \in R \wedge t_s \in S \wedge t_r[B] = t_s[B]\}$$

【例 2.5】 对于顾客关系（Customers，下面简称 C）和订单关系（Orders，下面简称 O），分别执行连接运算 $C \underset{C.\text{CID}=O.\text{CID}}{\bowtie} O$，$C \underset{C.\text{CID}>O.\text{CID}}{\bowtie} O$ 和 $C \bowtie O$，结果如表 2.13～表 2.15 所示。

表 2.13 $C \bowtie_{C.\mathrm{CID}=O.\mathrm{CID}} O$

C.CID	CName	City	OID	O.CID	CreateTime
1001	张三	北京	O001	1001	2023-1-1 18:00:10
1002	李四	广州	O002	1002	2023-1-1 18:20:01
1002	李四	广州	O003	1002	2023-1-5 09:10:20
1003	王五	上海	O004	1003	2023-2-5 19:20:10

表 2.14 $C \bowtie_{C.\mathrm{CID}>O.\mathrm{CID}} O$

C.CID	CName	City	OID	O.CID	CreateTime
1002	李四	广州	O001	1001	2023-1-1 18:00:10
1003	王五	上海	O002	1002	2023-1-1 18:20:01
1003	王五	上海	O003	1002	2023-1-5 09:10:20

表 2.15 $C \bowtie O$

CID	CName	City	OID	CreateTime
1001	张三	北京	O001	2023-1-1 18:00:10
1002	李四	广州	O002	2023-1-1 18:20:01
1002	李四	广州	O003	2023-1-5 09:10:20
1003	王五	上海	O004	2023-2-5 19:20:10

2.3 关系的完整性

关系模型的完整性约束是对关系的某种约束条件。这些约束条件实际上是现实世界的要求,任何关系在任何时刻都要满足这些语义约束条件。关系模型中有 3 类完整性约束:实体完整性、参照完整性和用户定义的完整性。其中实体完整性和参照完整性是关系模型必须满足的完整性约束条件,应该由关系数据库管理系统自动支持。用户定义的完整性是应用领域需要遵循的约束条件,体现了具体领域中的语义约束。

2.3.1 实体完整性

实体完整性的目的是保证关系数据库中每个元组是可区分的,并且是唯一的。

实体完整性约束:若属性 A 是基本关系 R 的主属性,则 A 不能取空值(null value)。

例如,Customers 关系的主码为 CID,则 CID 不能取空值。

注意:若关系主码包含多个属性,则每个属性均不能取空值。例如,OrderItems 关系的主码为(OID,PID),则两个都不能取空值。

空值并非零,而是不存在、不知道或无意义。

对实体完整性约束的说明如下。

(1) 实体完整性约束是针对基本关系而言的。一个基本表通常对应现实世界的一个实体集。例如,Customers 关系对应顾客的集合。

(2) 现实世界中的实体是可区分的,即它们具有某种唯一性标识。例如,每个顾客都是独立的个体,是不一样的。

(3) 相应地,关系模型中以主码作为唯一性标识。

(4) 主码中的属性不能取空值,如果取了空值,就说明存在某个不可标识的实体,即存在不可区分的实体,这与(2)相矛盾。因此这个约束称为实体完整性约束。

2.3.2 参照完整性

现实世界中的实体之间往往存在某种联系,在关系模型中实体及实体间的联系都是用关系来描述的,这样就自然存在着关系与关系间的引用。下面先来看两个示例。

【例 2.6】 "供应商"和"商品"可以用下面的关系模式表示。其中下画线表示该属性为主码。

供应商(<u>供应商 ID</u>,供应商名称,城市)

商品(<u>商品 ID</u>,商品名称,价格,类别,供应商 ID)

商品关系引用了供应商关系的主码"供应商 ID"。在商品关系中出现的供应商 ID 必须是真实存在的供应商 ID,也就是说,商品关系中"供应商 ID"的取值要参照供应商关系中"供应商 ID"的取值。

【例 2.7】 订单项关系体现了"订单"和"商品"之间多对多的联系,如下所示。

商品(<u>商品 ID</u>,商品名称,价格,类别,供应商 ID)

订单(<u>订单 ID</u>,顾客 ID,创建时间)

订单项(<u>商品 ID</u>,<u>订单 ID</u>,数量,折扣)

订单项关系中的"商品 ID"引用了商品关系中的"商品 ID",订单项关系中的"订单 ID"引用了订单关系的"订单 ID"。因此,在订单项关系中出现的"商品 ID"和"订单 ID"必须在商品关系和订单关系中出现,保证了订单项中不会出现不存在的商品或订单。

接下来,定义外码和参照完整性约束。

外码:设 F 是基本关系 R 的一个或一组属性,但不是关系 R 的码,KS 是基本关系 S 的主码。如果 F 与 KS 相对应,则称 F 是 R 的外码,并称基本关系 R 为参照关系,基本关系 S 为被参照关系。关系 R 和 S 不一定是不同的关系。

例 2.6 中,商品关系中的"供应商 ID"是外码,参照了供应商关系的主码"供应商 ID"。商品关系是参照关系,供应商关系是被参照关系。

参照完整性约束:若属性(或属性组)F 是基本关系 R 的外码,它与基本关系 S 的主码 KS 相对应(基本关系 R 和 S 不一定是不同的关系),则对于 R 中每个元组在 F 上的值必须:

（1）或者取空值（F 的每个属性值均为空值）。

（2）或者等于 S 中某个元组的主码值。

例如，对于例 2.6，商品关系中的"供应商 ID"或者为空值，或者等于供应商关系中某个元组的"供应商 ID"。

2.3.3   用户定义的完整性

根据其应用场景不同，往往还需要一些特殊的约束条件。用户定义的完整性就是针对某一具体关系数据库的约束条件，它反映某一具体应用所涉及的数据必须满足的语义要求。例如，要求供应商名称不能重复，要求商品价格必须大于 0，要求订单项关系中的折扣必须是 0～1 的小数等。

关系模型应提供定义和检验这类完整性约束的机制，以便用统一的方法处理它们，而不需要由应用程序承担这一功能。

2.4   本章小结

本章主要介绍了关系模型的数据结构及形式化定义、关系代数，并讨论了关系的完整性。本章为后续 SQL 的学习提供了理论基础，读者在学习 SQL 时，可以根据其等价的关系代数语句判断语句的正确性。关系代数的内容同时也将会在查询优化部分出现。总之，可以认为本章内容是全书理论体系的基础。

本章难点在于关系代数，特别是里面的连接运算。建议读者从集合论的观点入手，认真解读每个关系代数运算的定义，理解它们之间的关系。比如连接和笛卡儿积的定义在形式上差别不大，它们之间的差别是什么？这样的差别意味着什么？可否将连接视为在笛卡儿积上面叠加选择运算？为什么？仔细思考这些问题的答案，将有助于读者深刻理解这些关系运算的含义。学习关系代数，建议跟着实际的例子人工执行，并和教材上的例子进行对比，比较自己得出的答案和教材答案之间的区别。

习题

1. 定义并理解下列术语，说明它们之间的联系与区别。

（1）域，笛卡儿积，关系，元组，属性。

（2）主码，候选码，外码，主属性、非主属性。

2. 试述关系模型的 3 个组成部分。

3. 针对 2.1.3 节介绍的"网上商城"数据库，采用关系代数完成如下查询。

（1）查找所有价格大于 500 元的商品。

（2）查找所有来自北京的顾客，结果显示顾客 ID 和顾客姓名。

（3）查找商品和供应商信息，结果显示商品名称和供应商名称。

（4）查找所有来自北京的顾客所生成的订单，结果显示订单 ID、顾客姓名。

4. 针对 2.1.3 节介绍的"网上商城"数据库，试举出 3 个合理的完整性约束。

5. 根据候选码的概念，试找出 2.1.3 节介绍的"网上商城"数据库各个关系可能的候选码。

第 3 章

关系数据库标准语言 SQL

本章介绍关系数据库标准语言 SQL,包括 SQL 概述、数据定义、基本 SQL 查询、数据更新以及视图。

3.1 SQL 概述

SQL 诞生于 20 世纪 70 年代,最初的名称是 SEQUEL(Structured English Query Language),后更名为 SQL(Structured Query Language)。SQL 是一种非过程化语言,用户只要说明需要的数据库内容,不必说明存取所需数据的具体过程和操作。SQL 集数据定义、数据查询、数据操纵和数据控制等功能于一体,具有功能综合、风格统一、数据操纵高度非过程化、面向集合操作、语法结构统一和语言简洁等特点。

SQL 标准自诞生以来不断发展完善,目前已有 8 个版本,最新版本为 SQL2016,但 SQL92 已经基本完善。考虑到 SQL92 相对简单,且被众多 RDBMS 实现,本书仍以 SQL92 为基础。读者在上机实现时,应参考所使用的 RDBMS 用户手册。

3.2 数据定义

3.2.1 模式的定义与删除

下面是 SQL92 中关于模式定义的语法。

```
    <schema definition> ::=
CREATE SCHEMA <schema name clause>
[ <schema character set or path> ]
[ <schema element>... ]
```

```
    <schema name clause> ::=
<schema name>
| AUTHORIZATION <schema authorization
identifier>
```

```
| <schema name> AUTHORIZATION <schema authorization identifier>
```

```
   <schema authorization identifier> ::=
<authorization identifier>
```

SQL 标准语法描述中,符号":：＝"表示对一个元素的定义。不带括号的字符串如"CREATE SCHEMA"表示保留的关键字。带括号的字符串如"<schema name clause>"表示一个元素。符号"[   ]"表示可选内容。

根据语法,创建模式必须包含 CREATE SCHEMA 关键字,后面是模式名称子句(<schema name clause>),以及两个可选内容。模式名称子句中可以指定模式名称或被授权的用户,也可以两者同时指定。

【例 3.1】 为用户张三创建一个模式 Online-Shopping。

```
CREATE SCHEMA "Online-Shopping" AUTHORIZATION "张三"   ·
```

下面是删除模式的语法。

```
<drop schema statement> ::=
            DROP SCHEMA <schema name> <drop behavior>

<drop behavior> ::= CASCADE | RESTRICT
```

其中 CASCADE 和 RESTRICT 两者必选其一。选择了 CASCADE(级联),表示在删除模式的同时把该模式中所有的数据库对象全部删除。选择了 RESTRICT(限制),表示如果该模式中已经定义了数据库对象(如表、视图等),则拒绝该删除语句的执行;只有当该模式中没有任何数据库对象时才能执行 DROP SCHEMA 语句。

【例 3.2】 删除例 3.1 中创建的模式。

```
DROP SCHEMA "Online-Shopping" CASCADE
```

3.2.2　基本表的定义、修改与删除

创建表的基本语法,至少要包含 CREATE TABLE、表的名称(<table name>)和<table element list>。

```
<table definition> ::=
    CREATE [ { GLOBAL | LOCAL } TEMPORARY ] TABLE <table name>
            <table element list>
            [ ON COMMIT { DELETE | PRESERVE } ROWS ]
```

<table element list> 的内容是一对圆括号,其中包含一个或多个<table element>,中间由逗号分隔。

```
<table element list> ::=
    <left paren> <table element> [ { <comma> <table element> }... ] <right paren>
```

<table element>可以是<column definition>或<table constraint definition>。

```
<table element> ::=
    <column definition> | <table constraint definition>
```

<column definition>至少要包含<column name>,并定义其<data type> 或 <domain name>。

```
<column definition> ::=
            <column name> { <data type> | <domain name> }
            [ <default clause> ]
            [ <column constraint definition>... ]
            [ <collate clause> ]
```

<column constraint definition>至少要包含<column constraint>。

```
<column constraint definition> ::=
            [ <constraint name definition> ]
            <column constraint>
              [ <constraint attributes> ]
```

<column constraint>可以是 NOT NULL(不允许空值)、<unique specification> (唯一性约束)、< references specification >(外键约束)或者< check constraint definition>(check 约束)。

```
<column constraint> ::=
                NOT NULL
            | <unique specification>
            | <references specification>
            | <check constraint definition>
```

<table constraint definition>必须包含<table constraint>。

```
<table constraint definition> ::=
            [ <constraint name definition> ]
            <table constraint> [ <constraint attributes> ]
```

< table constraint > 可 以 是 < unique constraint definition >、< referential constraint definition>或<check constraint definition>中的一个。

```
<table constraint> ::=
                <unique constraint definition>
            | <referential constraint definition>
            | <check constraint definition>
```

【例 3.3】 创建顾客表。

```
CREATE TABLE Customers(
```

```
    CID VARCHAR(32) PRIMARY KEY,
    CName VARCHAR(128) NOT NULL,
    City VARCHAR(128)
);
```

顾客表包含 3 个属性。CID 表示顾客 ID,数据类型是 VARCHAR,表示其为可变长度的字符串,最大长度为 32。PRIMARY KEY 是列级约束条件(＜column constraint＞),表示这是主码。CName 表示顾客姓名,后面的 NOT NULL 也是列级约束条件,表明其不可为空值。

【例 3.4】　创建供应商表。

```
CREATE TABLE Suppliers(
    SID VARCHAR(32) PRIMARY KEY,
    SName VARCHAR(128) NOT NULL,
    City VARCHAR(128)
);
```

供应商表包含 3 个属性。SID 是供应商 ID,为主码;SName 是供应商名称;City 是供应商所在城市。

【例 3.5】　创建商品表。

```
CREATE TABLE Products(
    PID VARCHAR(32) PRIMARY KEY,
    PName VARCHAR(128) NOT NULL,
    Price DECIMAL,
    Category VARCHAR(128),
    SID VARCHAR(32) NOT NULL,
    FOREIGN KEY (SID) REFERENCES Suppliers(SID)
);
```

商品表包含 5 个属性。PID 是商品 ID,为主码;PName 是商品名称,不可为空值;Price 是商品单价,类型为带小数的数字;Category 是商品类别;SID 是供应商 ID,不可为空值。最后一行定义了一个外码约束,表示 SID 属性是一个外码,引用了 Suppliers 表的 SID 属性。

【例 3.6】　创建订单表。

```
CREATE TABLE Orders(
    OID VARCHAR(32) PRIMARY KEY,
    CID VARCHAR(32),
    CreateTime DATETIME,
    FOREIGN KEY (CID) REFERENCES Customers(CID)
);
```

订单表包含 3 个属性。OID 是订单 ID,为主码;CID 是顾客 ID;CreateTime 是订单创建时间,DATETIME 是时间数据类型。最后一行定义了一个外码约束,表示 CID 属性是一个外键,引用了 Customers 表中的 CID 属性。

【例 3.7】 创建订单项表。

```
CREATE TABLE OrderItems(
    OID VARCHAR(32),
    PID VARCHAR(32),
    Quantity INT,
    Discount DECIMAL,
    PRIMARY KEY(OID, PID),
    FOREIGN KEY (OID) REFERENCES Orders(OID),
    FOREIGN KEY (PID) REFERENCES Products(PID)
);
```

订单项表包含 4 个属性。OID 是订单 ID；PID 是商品 ID；Quantity 是数量，类型为整数；Discount 是折扣。表的主码由 OID 和 PID 共同组成。OID 和 PID 都是外码，分别引用了订单表的 OID 和商品表的 PID。

3.2.3 索引的创建

创建索引需要指定索引的名称、表的名称和属性列的名称。若指定关键词 CLUSTERED，则将创建聚簇索引。聚簇索引要求 RDBMS 根据指定属性列的值存储元组，因此每个关系最多只能有一个聚簇索引。

```
CREATE [CLUSTERED] INDEX  name  ON table_name
    ( { column_name | ( expression ) }
```

【例 3.8】 在顾客表的姓名列上创建索引。

```
CREATE INDEX idx-cname ON Custermers (CName);
```

3.3 基本 SQL 查询

3.3.1 单表查询

查询是 SQL 中语义最为丰富，表达最为灵活的部分之一。下面简单介绍 SQL 标准中的查询部分。

```
<query specification> ::=
            SELECT [ <set quantifier> ] <select list> <table expression>
```

```
<select list> ::=
              <asterisk>
            | <select sublist> [ { <comma> <select sublist> }... ]
```

```
<select sublist> ::=
              <derived column>
            | <qualifier> <period> <asterisk>
```

查询以 SELECT 开始,必须包含<select list>和<table expression>。

<select list>可以是<asterisk>(即 *)或<select sublist>。<select sublist>包含<derived column>或 <qualifier> <period> <asterisk>。

```
<asterisk> ::= *
```

```
<derived column> ::= <value expression> [ <as clause> ]
```

```
<as clause> ::= [ AS ] <column name>
```

<derived column>由<value expression>定义,<as clause>即 AS 加上自己定义的列名。<value expression>指一个表达式,可以是数值型、字符串型、日期型或区间型,可参考后面的例子。

<table expression>描述了从哪些表中查询数据,至少包含一个<from clause>,可以包含<where clause>、<group by clause>或<having clause>。注意: 使用<having clause>必须同时使用<group by clause>。

```
<table expression> ::=
        <from clause>
        [ <where clause> ]
        [ <group by clause> ]
        [ <having clause> ]
    <order by clause> ::=
        ORDER BY <sort specification list>
```

查询后面可以加上<order by clause>对结果进行排序。

鉴于查询语义的复杂性,为便于读者理解,下面给出查询语句的一般格式。

```
SELECT [ALL|DISTINCT] <目标列表达式> [别名][,<目标列表达式>[别名]]...
FROM <表名或视图名>[别名][,<表名或视图名>[别名]]...
[WHERE <条件表达式>]
[GROUP BY <列名 1> [HAVING <条件表达式>]]
[ORDER BY <列名 2> [ASC|DESC]]
```

【例 3.9】 查询所有顾客信息,结果如表 3.1 所示。

```
SELECT * FROM Customers;
```

表 3.1   例 3.9 查询结果

CID	CName	City
1001	张三	北京
1002	李四	广州
1003	王五	上海

【例 3.10】 查询订单 ID 及其创建的年份,结果如表 3.2 所示。

```
SELECT OID, YEAR(CreateTime) AS 年份;
```

上面的查询语句中,假定 YEAR 是一个函数,其输入为一个 DATETIME 类型数据,输出为对应年份。注意:这是<value expression>的示例。"AS 年份"表示将输出的列更名为"年份"。

表 3.2　例 3.10 查询结果

OID	年　份
O001	2023
O002	2023
O003	2023
O004	2023

【例 3.11】　查询价格低于 1000 元的商品,按价格从高到低排序,结果如表 3.3 所示。

```
SELECT * FROM Products WHERE Price < 1000 ORDER BY Price DESC;
```

上面的查询用到了 WHERE 子句和 ORDER BY 子句,其中"ORDER BY Price DESC"表示按价格从高到低排序。DESC 是降序的意思,默认是 ASC(升序)。

表 3.3　例 3.11 查询结果

PID	PName	Price	Category	SID
P0002	老人专用手机	899	数码产品	S001
P0005	流浪太阳	65	书籍	S003
P0004	数据库教材	48	书籍	S003

上面是关于单表查询的简单示例,GROUP BY 在后面聚集查询时再给例子解释。

3.3.2　连接查询

```
<joined table> ::=
        <cross join>
    | <qualified join>
    | <left paren> <joined table> <right paren>
```

```
<cross join> ::=
        <table reference> CROSS JOIN <table reference>
```

SQL 标准允许从单个表或多个表中查询,若用到多个表,就涉及连接查询(joined table)。

```
<qualified join> ::=
            <table reference> [ NATURAL ] [ <join type> ] JOIN
              <table reference> [ <join specification> ]
```

连接有两种类型,笛卡儿积(＜cross join＞)和限定连接(＜qualified join＞)。笛卡儿积中的两个表(或是表的引用)用 CROSS JOIN 连接。通常用得最多的是限定连接,语法相对复杂一些。

```
<join type> ::=
            INNER
          | <outer join type> [ OUTER ]
          | UNION
```

连接类型(＜join type＞)可以是内连接(INNER)、外连接(OUTER),外连接又分左外连接(LEFT)和右外连接(RIGHT)以及并(UNION)。其中 UNION 的用法示例将在 3.3.3 节介绍。

```
<join specification> ::=
            <join condition>
          | <named columns join>
```

```
<named columns join> ::=
            USING <left paren> <join column list> <right paren>
```

```
<join condition> ::= ON <search condition>
```

＜join specification＞描述两个表在哪个属性对上进行连接。

【例 3.12】 用 SQL 描述 Customers 和 Suppliers 的笛卡儿积,结果如表 3.4 所示。

```
SELECT * FROM Customers CROSS JOIN Suppliers;
```

表 3.4　例 3.12 查询结果

CID	CName	Customers.City	SID	SName	Suppliers.City
1001	张三	北京	S001	华北手机厂	北京
1002	李四	广州	S001	华北手机厂	北京
1003	王五	上海	S001	华北手机厂	北京
1001	张三	北京	S002	西北电子厂	西安
1002	李四	广州	S002	西北电子厂	西安
1003	王五	上海	S002	西北电子厂	西安
1001	张三	北京	S003	未央印刷厂	长安
1002	李四	广州	S003	未央印刷厂	长安
1003	王五	上海	S003	未央印刷厂	长安

从上面的结果可以看出,笛卡儿积通常没有实际意义。

【例 3.13】　查询"张三"创建的所有订单,显示 CID、CName、OID,以及 CreateTime,结果如表 3.5 所示。

```
SELECT Customers.CID, CName, OID, CreateTime
    FROM Customers INNER JOIN Orders ON Customers.CID = Orders.CID
    WHERE CName = '张三';
```

表 3.5　例 3.13 查询结果

CID	CName	OID	CreateTime
1001	张三	O001	2023-1-1 18:00:10

说明:在后续 SQL 标准,以及很多 RDBMS 产品实现中,也可以不显式地书写 JOIN,而是在 WHERE 子句中增加一个连接条件。比如,例 3.13 也可以写成如下形式:

```
SELECT Customers.CID, CName, OID, CreateTime
    FROM Customers, Orders
    WHERE Customers.CID= Orders.CID
    AND CName = '张三';
```

【例 3.14】　查询供应商所供应的商品信息,显示供应商的全部信息以及其供应商品的 ID,要求将没有供应商品的供应商也显示出来,结果如表 3.6 所示。

```
SELECT Suppliers.*, PID
    FROM Suppliers LEFT OUTER JOIN Products ON Suppliers.SID =
    Products.SID;
```

因为要显示没有供应商品的供应商,上面采用了左外连接。假设存在一个 ID 为 S004,位于延安,名为宝塔山印刷厂的供应商,其没有供应任何商品。

表 3.6　例 3.14 查询结果

SID	SName	City	PID
S001	华北手机厂	北京	P0002
S002	西北电子厂	西安	P0003
S003	未央印刷厂	长安	P0004
S003	未央印刷厂	长安	P0005
S004	宝塔山印刷厂	延安	NULL

3.3.3　集合查询

```
<non-join query expression> ::=
    <non-join query term>
    |<query expression> UNION [ALL][<corresponding spec>]<query term>
    |<query expression> EXCEPT[ALL][<corresponding spec>]<query term>
```

可以使用 UNION 或 EXCEPT 将两个查询的结果合并起来,此时要求两个查询结果有相同数量的列,且对应列的数据类型相同。UNION 表示将两个查询的结果合并,EXCEPT 则表示从第一个查询结果中删去第二个查询的结果。

【例 3.15】 查询价格低于 50 或价格高于 1500 的商品信息,结果如表 3.7 所示。

```
SELECT * FROM Products WHERE Price <50
    UNION
SELECT * FROM Products WHERE Price > 1500
```

表 3.7   例 3.15 查询结果

PID	PName	Price	Category	SID
P0004	数据库教材	48	书籍	S003
P0001	智能手机	1999	数码产品	S001
P0003	平板电脑	1688	数码产品	S002

3.3.4   空值查询

判断一个属性是否为空,不能用等号或不等号,而必须使用 IS NULL 或 IS NOT NULL。

【例 3.16】 查询类别为空值的商品。该查询结果为空,如表 3.8 所示。

```
SELECT * FROM Products WHERE Category IS NULL;
```

表 3.8   例 3.16 查询结果

PID	PName	Price	Category	SID

3.3.5   聚集查询

在查询定义的<value expression>中,可以使用聚集函数,定义如下。

```
<set function specification> ::=
            COUNT <left paren> <asterisk> <right paren>
        | <general set function>
```

```
<general set function> ::=
        <set function type>
            <left paren> [ <set quantifier> ] <value expression> <right
            paren>
```

```
<set quantifier> ::= DISTINCT | ALL
```

根据定义,SQL 标准包含 5 个聚集函数,分别是 AVG、MAX、MIN、SUM 和 COUNT。可以指定 DISTINCT,去掉重复值。默认是 ALL,即所有值参与运算。

```
<set function type> ::=
            AVG | MAX | MIN | SUM | COUNT
```

【例 3.17】 查询最高的商品价格,结果如表 3.9 所示。

```
SELECT MAX(Price) AS 最高价格 FROM Products;
```

表 3.9　例 3.17 查询结果

最高价格
1999

【例 3.18】 查询不同种类的商品的数量,结果如表 3.10 所示。

```
SELECT Category, COUNT(*) AS 数量
    FROM Products
    GROUP BY Category;
```

表 3.10　例 3.18 查询结果

Category	数　量
数码产品	3
书籍	2

注意:本例用到了 GROUP BY,先对结果分组,再将聚集函数分别作用于各组。

3.4　数据更新

数据更新指向数据库中插入数据,修改已有数据或删除已有数据,分别通过 INSERT、UPDATE 或 DELETE 实现。

3.4.1　插入数据

```
<insert statement> ::=
            INSERT INTO <table name>
              <insert columns and source>
```

```
<insert columns and source> ::=
            [ <left paren> <insert column list> <right paren> ]
            <query expression>
    | DEFAULT VALUES
```

```
<insert column list> ::= <column name list>
```

插入语句以 INSERT INTO 开始,后面是表的名称,之后可以加上"(<insert column list>)",即插入的属性列。后面跟一个查询表达式,或是由 VALUES 引出的一组插入的值(即一个元组)。

【例 3.19】   在供应商表中新增一条记录,其供应商 ID 为 S004,名称为宝塔山印刷厂,城市为延安。

```
INSERT INTO Suppliers VALUES('S004','宝塔山印刷厂','延安')
```

上例中,由于省略了<insert column list>,后面 VALUES 包含的元组必须包含 Suppliers 的全部属性,且按照定义该关系时所给属性列的顺序列出。

【例 3.20】   新增一个关系 TotalPrice,记录各订单的总价,然后根据 Products 和 OrderItems 关系查询所有订单的总价。

```
CREATE TABLE TotalPrice(
    OID VARCHAR(32) PRIMARY KEY,
    TotalPrice DECIMAL
);

INSERT INTO TotalPrice (OID, TotalPrice)
SELECT OID, SUM(Quantity * Price * Discount)
    FROM Products INNER JOIN OrderItems
    ON Products.PID = OrderItems.PID
    GROUP BY OID;
```

上例中,先是创建了一个关系 TotalPrice,包含 OID 和 TotalPrice 两个属性。接下来,执行一个插入语句,该语句将里面的子查询结果插入 TotalPrice 中。该子查询在 Products 和 OrderItems 之间做了连接,并按 OID 进行分组,最后计算每组(即每个订单)的数量乘以价格再乘以折扣之和,即订单总价。

3.4.2   修改数据

```
<update statement: searched> ::=
            UPDATE <table name>
                SET <set clause list>
                [ WHERE <search condition> ]
```

UPDATE 语句有两类:一类是 positioned 版本,与游标相关;另一类是 searched 版本。这里只介绍 searched 版本。UPDATE 语句必须指明要更新的表名,然后用 SET 引出修改动作,后面可以加一个 WHERE 子句,指明对哪些元组进行更新。

【例 3.21】   由于数码产品降价,将所有类别为数码产品的商品价格调整为原价的 90%。

```
UPDATE Products
    SET Price = Price * 0.9
    WHERE Category = '数码产品';
```

3.4.3   删除数据

```
<delete statement: searched> ::=
            DELETE FROM <table name>
```

```
          [ WHERE < search condition> ]
```

同样,DELETE 语句也有 positioned 版本,与游标相关。此处只介绍 searched 版本。DELETE 语句很简单,只需要指明删除数据所在的表,可以加上 WHERE 语句,指定要删除的元组。

【例 3.22】　从 OrderItems 表中删除所有 OID 为'O001'的数据。

```
DELETE FROM OrderItems
WHERE OID = 'O001';
```

3.5　视图

3.5.1　定义视图

```
< view definition> ::=
          CREATE VIEW < view name> [ < left paren> < view column list>
          < right paren> ]
            AS < query expression>
            [ WITH [ < levels clause> ] CHECK OPTION ]
```

定义视图以 CREATE VIEW 开始,后面视图名称,之后可以加上选择的属性列表。若没有指定属性列表,则视图包含的属性就是之后的查询结果。之后由 AS 关键字引出一个查询表达式。最后如果指定 WITH CHECK OPTION,则视图应该是可以更新的。通过该视图插入或更新后的元组需要满足视图定义。默认是 CASCADED,即该视图和其所依赖的视图都应满足此条件。若指定 LOCAL,则只检查当前视图。

```
< levels clause> ::=
            CASCADED | LOCAL
        < view column list> ::= < column name list>
```

【例 3.23】　定义一个视图,存放订单的总价。

```
CREATE VIEW view_TotalPrice
    AS
    SELECT OID, SUM(Quantity * Price * Discount) AS TotalPrice
      FROM Products INNER JOIN OrderItems ON Products.PID = OrderItems.PID
      GROUP BY OID;
```

上例中,定义了一个名为 view_TotalPrice 的视图,没有指定属性列表,因此其包含后面查询的两个列,即 OID 和总价。注意:该视图包含了分组聚集的结果,因此是不能更新的。

【例 3.24】　定义一个视图,里面只存放所有类别是"数码产品"的商品信息。

```
CREATE VIEW view_DigitalProducts
    AS
```

```
SELECT *
    FROM Products
    WHERE Category = '数码产品'
    WITH CHECK OPTION;
```

上例中,定义了一个名为 view_ DigitalProducts 的视图,没有指定属性列表,因此其包含后面查询的所有列。注意:该视图可以更新,也指定了 WITH CHECK OPTION。

3.5.2   查询视图

查询视图与查询基础表的语法是相同的。

【例 3.25】 根据已定义的视图 view_TotalPrice,查询编号为'O001'的订单总价,结果如表 3.11 所示。

```
SELECT *
    FROM view_TotalPrice
    WHERE OID = 'O001'
```

表 3.11   例 3.25 查询结果

OID	总　　价
O001	3148.15

3.5.3   更新视图

对于可更新的视图,其更新语法与更新基础表相同。

【例 3.26】 根据视图 view_ DigitalProducts 进行更新,修改 ID 为 P0001 的商品,将其价格降价 100 元,更新后查询视图 view_ DigitalProducts,其结果如表 3.12 所示。

```
UPDATE view_DigitalProducts
SET Price = Price - 100
WHERE PID  ='P0001';
```

表 3.12   例 3.26 查询结果

PID	PName	Price	Category	SID
P0001	智能手机	1899	数码产品	S001

3.6   本章小结

本章主要介绍了 SQL,包括使用 SQL 定义数据、查询数据和更新数据,此外也介绍了如何定义和使用视图。SQL 可以认为是 RDBMS 提供的标准接口,是用户与RDBMS 交互的最重要工具。因此本章是全书重点之一,建议读者仔细阅读 SQL 语法,并在实际的 RDBMS 系统中反复练习,熟练掌握。

本章介绍的语法主要基于 SQL92 标准,RDBMS 在具体实现时与该标准多少存在一定差异。读者在进行上机练习时,一定要认真阅读 RDBMS 提供的 SQL 参考手册。另外后续还有若干 SQL 标准,增加了很多新的特性,例如派生表等。读者可以根据实际需要,学习相关资料。限于篇幅,本书不对新的特性予以展开讲解。

本章难点在于查询语句。SQL 查询非常灵活,可以有 WHERE、ORDER BY、GROUP BY 等多个子句。读者可以结合关系代数理解每个子句的语义,并通过上机实验大量练习。

习题

1. 了解 TPCC 性能测试,在关系数据库中创建一个名为 TPCC 的模式。

2. 在 TPCC 模式中,使用 SQL 语句建立 TPCC 场景所包含的多个关系。

3. 对 2.1.3 节介绍的"网上商城"数据库,使用 SQL 语句完成下面的查询。

(1) 查询所有价格大于 500 元的数码产品,结果显示商品 ID、商品名称和价格,并按价格降序排列。

(2) 查询所有来自北京的顾客所下的订单,结果显示订单 ID、顾客姓名。

(3) 查询所有数码产品的销量,结果显示商品 ID、商品名称、总销量。其中一个商品的总销量表示其在所有订单中的数量之和。

(4) 查询不同类别商品的种数,结果显示类别和该类别商品的种数。

(5) 查询商品及供应商信息,结果显示商品名称、供应商 ID 和供应商名称。

(6) 查询所有订单的实际销售额,结果显示订单 ID、顾客 ID 和实际销售额。其中实际销售额计算方式为订单中每种商品的数量×价格×折扣之和。

4. 修改"网上商城"数据库商品信息,将所有商品的价格下调10%。

5. 建立一个视图,包含订单 ID、顾客 ID 和订单总金额。

实验

读者可以选择一个合适的关系数据库管理系统,包括但不限于 Oracle、SQL Server、MySQL、OpenGauss 以及 KingBaseES,认真阅读其 SQL 参考手册,完成上述习题内容。读者也可以比较所选择 RDBMS 所支持的 SQL 语法与标准 SQL 语法的差异。

第 4 章

高 级 SQL

4.1 复杂 SQL 查询

本节将介绍较为复杂的 SQL 查询,分别是嵌套查询、递归查询以及基于派生表的查询。其中,基于派生表的查询是近年来 SQL 引入的新特性。

4.1.1 嵌套查询

本节嵌套查询只讨论在 WHERE 子句中出现查询语句的情况。随着 SQL 标准的演进,查询子句也可能出现在 FROM 和 HAVING 子句中,其语法和功能与本节介绍内容类似,读者可以参阅所使用的 RDBMS 手册。根据 SQL 标准的定义,WHERE 子句可以包含比较类谓词(predicate),包括 comparison、between、in、like、null、quantified 等多种形式,如下所示。

```
<predicate> ::=
              <comparison predicate>
         | <between predicate>
         | <in predicate>
         | <like predicate>
         | <null predicate>
         | <quantified comparison predicate>
         | <exists predicate>
         | <unique predicate>
         | <match predicate>
         | <overlaps predicate>
```

子查询通常由 in、exists 或比较运算符引出,下面分别举例说明。

【例 4.1】 查询哪些供应商供应了数码产品类别的商品,结果如表 4.1 所示。

```
SELECT *
    FROM Suppliers
    WHERE SID IN
    (
        SELECT SID
        FROM Products
        WHERE Category LIKE '数码产品'
);
```

上述查询执行时,可先处理内层子查询,得到所有供应了数码产品的供应商 ID 集合。然后执行外层查询,如果 Suppliers 表中,某个元组的 SID 属于上述集合,则该元组满足查询要求。

表 4.1   例 4.1 查询结果

SID	SName	City
S001	华北手机厂	北京
S002	西北电子厂	西安

值得注意的是:上述查询也可以用连接实现,如下所示。

```
SELECT Suppliers.*
FROM Suppliers INNER JOIN Products ON Suppliers.SID= Products.SID
WHERE Products.Category LIKE '数码产品'
```

上述查询中,外层查询和内层查询没有使用相同的关系,这样的子查询称为不相关子查询。反之,则称为相关子查询,下面将结合 EXISTS 子查询予以介绍。

由 EXISTS 引出的子查询,构成一个逻辑表达式,输出 True 或 False。若子查询结果不为空,EXISTS 子查询返回 True;否则,返回 False。

【例 4.2】   查询哪些订单是由来自北京的顾客创建的,结果如表 4.2 所示。

```
SELECT *
    FROM Orders O
    WHERE EXISTS
    (
        SELECT *
        FROM Customers C
        WHERE C.City LIKE '北京'
        AND C.CID = O.CID
);
```

表 4.2   例 4.2 查询结果

订单 ID(OID)	顾客 ID(CID)	创建时间(CreateTime)
O001	1001	2023-1-1 18:00:10

上述查询中,关系 Orders 同时出现在外层和内层,因此这是相关子查询。相关子查询执行时,须遍历外层查询关系的所有元组,将每个元组的值代入内层查询中。然

后执行内层查询,若内层查询结果不为空,则该元组满足查询条件,否则就不满足。下面以 Orders 关系中的第一个元组为例,展示相关子查询的执行过程,如图 4.1 所示。

图 4.1　相关子查询的执行过程

顺序扫描 Orders 后续元组,发现都不再满足条件,因此上述查询的结果只有 t1 这一条记录,即(O001,1001,2023-1-1 18:00:10)。

4.1.2　递归查询

新的 SQL 标准引入了 WITH RECURSIVE 子句,可执行递归查询。递归查询可用于实现循环,也可用于求"闭包"。

递归查询语法格式如下。

```
WITH RECURSIVE temporary_table AS (
    SEED QUERY
    UNION [ALL]
    RECURSIVE QUERY
)
```

递归查询执行时,先执行 SEED QUERY,并将其结果作为临时表 temporary_table 的内容。接下来,执行 RECURSIVE QUERY。注意:temporary_table 必须出现在 RECURSIVE QUERY 中。如果 RECURSIVE QUERY 查询结果不为空,则将其查询结果替换临时表 temporary_table 的内容,并重复执行 RECURSIVE QUERY。

【例 4.3】　输出 1~100 之和,结果如表 4.3 所示。

```
WITH RECURSIVE t(n) AS (
    VALUES (1)
    UNION
    SELECT n+1 FROM t WHERE n < 100
)
SELECT sum(n) FROM t;
```

表 4.3   例 4.3 查询结果

sum
5050

上例中,临时表为 t,只有一个属性 n。SEED QUERY 是 VALUES(1),这是特殊查询,返回只包含数字 1 的集合。执行完 SEED QUERY 之后,临时表内容只有一行,即数字 1。接下来执行 RECURSIVE QUERY,得到新的一行,即数字 2。临时表中将只保留每次 RECURSIVE QUERY 执行的结果。之后重复执行 RECURSIVE QUERY,直到结果为空。

【例 4.4】   假设在"网上商城"数据库中,类别有子类,即有一个新的关系 Categories (Category,Parent)。例如存在记录<智能手表,数码产品>,<智能手机,手机>和<手机,数码产品>,表示智能手机是手机的子类,而手机是数码产品的子类。本例要求查找属于数码产品的所有类别(不包括数码产品本身),结果如表 4.4 所示。

```
WITH RECURSIVE RS(Category, Parent) AS
(
    SELECT * FROM Categories WHERE Parent = '数码产品'
    UNION
    SELECT Categories.* FROM RS JOIN Categories ON RS.Category =
    Categories.Parent
);
```

表 4.4   例 4.4 查询结果

Category	Parent
智能手表	数码产品
智能手机	手机
手机	数码产品

上例中,先执行 SEED QUERY,得到两行记录,即<智能手表,数码产品>和<手机,数码产品>,并将这两条记录存入临时表 RS。接下来,执行 RECURSIVE QUERY,得到一行记录<智能手机,手机>。更新临时表 RS,使临时表 RS 只包含最新的结果集。重复执行 RECURSIVE QUERY,直到没有结果,查询结束。最后返回三行记录<智能手表,数码产品>,<智能手机,手机>和<手机,数码产品>。

4.1.3   基于派生表的查询

子查询不仅可以出现在 WHERE 子句中,还可以出现在 FROM 子句中,这时子查询临时生成的派生表(derived table)成为主查询的查询对象。

【例 4.5】   查询价格低于所有商品平均价格的商品,结果如表 4.5 所示。

```
SELECT *
    FROM Products CROSS JOIN (SELECT AVG(Price) FROM Products) AS AVG_Price
    (AP)
    WHERE Products.Price < AVG_Price.AP
```

表 4.5　例 4.5 查询结果

商品 ID（PID）	商品名称（PName）	价格（Price）	类别（Category）	供应商 ID（SID）	AP
P0004	数据库教材	48	书籍	S003	939.8
P0005	流浪太阳	65	书籍	S003	939.8
P0002	老人专用手机	899	数码产品	S001	939.8

上例中，查询语句（SELECT AVG(Price) FROM Products）生成了一个派生表，名称为 AVG_Price。

4.2　数据库完整性

数据库完整性是指数据库数据的正确性和相容性。为维护数据库的完整性，关系数据库管理系统必须提供定义完整性约束的机制、检查完整性约束的方法，以及完整性的违约处理方法。数据库完整性包括实体完整性、参照完整性和用户定义的完整性。

4.2.1　实体完整性

关系模型的实体完整性在定义表的时候用主码/主键（PRIMARY KEY）定义。对单属性构成的码有两种说明方法，一种是定义为列级约束，另一种是定义为表级约束。如果是多个属性构成主码，则只能用表级约束定义。

用 PRIMARY KEY 短语定义了关系的主码后，每当用户程序对基本表插入一条记录或对主码列进行更新操作时，关系数据库管理系统将按照实体完整性规则自动进行检查。首先检查主码值是否唯一，如果不唯一则拒绝插入或修改。此外还需要检查主码的各个属性是否为空，只要有一个为空就拒绝插入或修改。

为了避免对基本表进行全表扫描，关系数据库管理系统一般都在主码上自动建立一个索引，通过索引进行实体完整性检查，可以大大提高效率。

4.2.2　参照完整性

关系模型的参照完整性在定义表的时候用 FOREIGN KEY 短语定义哪些列为外码，用 REFERENCES 短语指明这些外码参照哪些表的主码。参照完整性将两个表中的相应元组联系起来了。因此，对被参照表和参照表进行更新（增、删、改）操作时有可能破坏参照完整性，必须进行检查以保证这两个表的相容性。

当上述不一致发生时，系统可以采用以下策略加以处理。

（1）拒绝执行。不允许该操作执行。该策略一般设置为默认策略。

（2）级联操作。当删除或修改被参照表的一个元组导致与参照表的不一致时，删除或修改参照表中所有导致不一致的元组。

（3）设置为空值。当删除或修改被参照表的一个元组造成不一致时，则将参照表中所有造成不一致的元组的对应属性设置为空值。

一般地，当对参照表和被参照表的操作违反了参照完整性时，系统选用默认策略，即拒绝执行。如果想让系统采用其他策略,则必须在创建参照表时显式地加以说明。

4.2.3　用户定义的完整性

用户定义的完整性通常是某一具体应用涉及的数据必须满足的语义要求。目前的关系数据库管理系统都提供了定义和检查这类完整性的机制,使用和实体完整性、参照完整性相同的技术和方法处理它们,而不必由应用程序实现这一功能。用户定义的完整性包括属性级约束和元组级约束两类。下面分别予以介绍。

属性级约束实际是对属性值的限制,在定义表的时候进行规定,一般包括列值非空、列值唯一,以及通过 CHECK 短语检查属性值是否满足某个条件。

【例 4.6】　在定义商品表时,要求价格必须大于 0。

```
CREATE TABLE Products(
    PID VARCHAR(32) PRIMARY KEY,
    PName VARCHAR(128) NOT NULL,
    Price DECIMAL CHECK(Price>0),
    Category VARCHAR(128),
    SID VARCHAR(32) NOT NULL,
    FOREIGN KEY (SID) REFERENCES Suppliers(SID)
);
```

上例中,在定义 Price 时,通过 CHECK 语句限制其价格必须大于 0。

元组级约束也是在定义表的时候予以规定,可以设置同一个元组不同属性值之间的相互约束,一般也是通过 CHECK 语句实现。

【例 4.7】　在定义商品表时,如果商品类别为书籍,则价格不能超过 10 000 元。

```
CREATE TABLE Products(
    PID VARCHAR(32) PRIMARY KEY,
    PName VARCHAR(128) NOT NULL,
    Price DECIMAL CHECK(Price>0),
    Category VARCHAR(128),
    SID VARCHAR(32) NOT NULL,
    FOREIGN KEY (SID) REFERENCES Suppliers(SID),
    CHECK(Category != '书籍' OR Price <=10000)
);
```

上例中,采用 CHECK 语句要求若类别为书籍,则 Price 的值不能超过 10 000 元。

4.3　数据库安全性

4.3.1　数据库安全性等级

1985 年美国国防部正式颁布了《可信计算机系统评价标准》(Trusted Computer System Evaluation Criteria,TCSEC)。1991 年的 TCSEC 扩展到了数据库系统,称为 TCSEC/TDI(Trusted Database Interpretation)。TCSEC/TDI 根据计算机系统对各项指标的支持情况将系统划分为 4 组 7 个等级,依次是 D、C(C1、C2)、B(B1、B2、B3)、

A(A1),其系统可靠或可信程度逐渐增高,如表 4.6 所示。

表 4.6　TCSEC/TDI 安全级别划分

安 全 级 别	安 全 指 标
A1	验证设计
B3	安全域
B2	结构化保护
B1	标记安全保护
C2	受控的存取保护
C1	自主安全保护
D	最小保护

D 级:该级是最低级别。保留 D 级的目的是将一切不符合更高标准的系统都归于其中。

C1 级:该级只提供了非常初级的自主安全保护,能够实现对用户和数据的分离,进行自主存取控制,保护或限制用户权限的传播。

C2 级:该级是安全产品的最低档,提供受控的存取保护,即将 C1 级的自主存取控制进一步细化,以个人身份注册负责,并实施审计和资源隔离。

B1 级:标记安全保护。对系统的数据加以标记,并对标记的主体和客体实施强制存取控制以及审计等安全机制。B1 级别的产品才被认为是真正意义上的安全产品。

B2 级:结构化保护。建立形式化的安全策略模型,并对系统内的所有主体和客体实施自主和强制存取控制。

B3 级:安全域。该级的可信计算必须满足访问监控器的要求,审计跟踪能力更强,并提供系统恢复过程。

A1 级:验证设计,即在提供 B3 级保护的同时,给出系统的形式化设计说明和验证,以确保各安全保护真正实现信息安全技术。

我国于 2006 年发布了《信息安全技术—数据库管理系统安全技术要求》(GB/T 20273—2006),并于 2019 年发布了替代版本《信息安全技术—数据库管理系统安全技术要求》(GB/T 20273—2019)[①]。该标准规定了数据库管理系统评估对象描述,不同评估保障级(Evaluation Assurance Level,EAL)的数据库管理系统安全问题定义、安全目的和安全要求,安全问题定义与安全目的、安全要求之间的基本原理。可以指导评估者按照 DBMS 开发者提供的评估对象证据材料进行分析,并按照评估保障级的不同对 DBMS 安全功能组件进行抽样测试,以对数据库管理系统的安全性进行评估。

表 4.7 列出了评估对象假设与评估保障级之间的关系。如表 4.7 所示,评估保障级分为 EAL2、EAL3 和 EAL4。若要求达到 EAL2,则需要满足角色分工管理、人员假设、服务器专用和物理安全的要求。例如,满足人员假设要求使用数据库的授权用

---

① https://std.samr.gov.cn/gb/search/gbDetailed?id=91890A0DA5BB80C6E05397BE0A0A065D.

户和授权管理员具备基本的数据库安全防护知识并具有良好的使用习惯,能够遵循管理员指南,以安全的方式使用数据库。具体内容请参阅上述国家标准。

表 4.7　评估对象假设

序号	假　　设	评估保障级		
		EAL2	EAL3	EAL4
A.1	目录服务器保护 A. DIR_PROTECTION	—	—	√
A.2	安全域分离 A,DOMAIN_SEPARATION	—	√	√
A.3	角色分工管理 A. MANAGER	√	√	√
A.4	多层应用问责 A. MIDTIER	—	—	√
A.5	人员假设 A. NO_HARM	√	√	√
A.6	服务器专用 A. NO_GENERAL_PURPOSE	√	√	√
A.7	物理安全 A. PHYSICAL	√	√	√
A.8	通信安全 A. SECURE_COMMS	—	√	√

注:√代表在该评估保障级下包括的假设;—代表在该评估保障级下未包括的假设。

4.3.2　自主存取控制

存取控制主要包括定义用户权限和合法权限检查。用户权限指用户对特定数据对象的操作权力。在自主存取控制中,用户对不同数据库对象有不同的存取权限,不同用户对同一数据库对象也有不同权限,因此定义用户权限的方式非常灵活。

SQL 标准中提供了自主存取控制的实现语句,包括 GRANT(授予权限)和 REVOKE(收回权限)。

```
<grant statement> ::=
        GRANT <privileges> ON <object name>
          TO <grantee> [ { <comma> <grantee> }... ]
            [ WITH GRANT OPTION ]
```

```
<object name> ::=
            [ TABLE ] <table name>
        | DOMAIN <domain name>
        | COLLATION <collation name>
        | CHARACTER SET <character set name>
        | TRANSLATION <translation name>
```

GRANT 语句基本格式是 GRANT 权限 ON 对象名称 TO 被授权用户。后面可以加上 WITH GRANT OPTION。对象名称可以是表名、领域名称、COLLATION(排序规则)名称、字符集名称,以及 TRANSLATION(转换规则)名称。权限是对数据库对象的操作集合,比如对表的操作包括 SELECT、DELETE、UPDATE、INSERT,以及 REFERENCES。不同 DBMS 对于对象名称和适用的权限存在差异,使用时需要阅读其用户手册。如果声明了 WITH GRANT OPTION,则被授权人可以将此权限转授出去。

```
<revoke statement> ::=
          REVOKE [ GRANT OPTION FOR ] <privileges>
              ON <object name>
            FROM <grantee> [{<comma> <grantee> }...] <drop behavior>
```

REVOKE 语句与 GRANT 类似,只是将 TO 换成了 FROM。<drop behavior>
包括 CASCADE 和 RESTRICT。

【例 4.8】 将对表 Customers 进行 INSERT 的权限授予用户 U1。

```
GRANT INSERT ON TABLE Customers TO U1
```

【例 4.9】 从用户 U1 处收回对表 Customers 进行 INSERT 的权限。

```
REVOKE INSERT ON Customers FROM U1
```

4.3.3 强制存取控制

强制存取控制(Mandatory Access Control,MAC)是指系统为保证更高级别的安全性采取的强制存取检查手段。它不是用户能直接感知或进行控制的。强制存取控制适用于那些对数据有严格且固定密级分类的部门,例如军事部门或政府部门。

在强制存取控制方法中,数据库管理系统所管理的全部实体被分为主体和客体两大类。主体是系统中的活动实体,既包括数据库管理系统所管理的实际用户,也包括代表用户的各进程。客体是系统中的被动实体,是受主体操纵的,包括文件、基本表、索引、视图等。对于主体和客体,数据库管理系统为它们的每个实例(值)指派一个敏感度标记(label)。

敏感度标记被分成若干级别,例如绝密级(Top Secret,TS)、机密级(Secret,S)、秘密级(Confidential,C)、公开(Public,P)等。密级的次序是 TS≥S≥C≥P。主体的敏感度标记称为许可证级别,客体的敏感度标记称为密级。强制存取控制机制就是通过对比主体和客体的 label,最终确定主体是否能够存取客体。

当某一用户(或主体)以标记 label 注册系统时,系统要求他对任何客体的存取必须遵循如下规则。

(1) 仅当主体的许可证级别大于或等于客体的密级时,该主体才能读取相应的客体。

(2) 仅当主体的许可证级别小于或等于客体的密级时,该主体才能写相应的客体。

强制存取控制是对数据本身进行密级标记,无论数据如何复制,标记与数据是一个不可分的整体。只有符合密级标记要求的用户才可以操纵数据,从而保证了更高级别的安全性。

4.4   数据库编程

4.4.1   过程化 SQL

过程化 SQL 是 SQL 在 DBMS 上的过程扩展语言,其目的是执行高性能事务处理任务。与 SQL 相比,过程化 SQL 一般具备以下几项优点。

(1)与 SQL 的紧密集成:包括支持 SQL 数据类型,支持 SQL 数据操作和系统函数,以及通过游标灵活处理 SQL 查询结果等。

(2)高性能:减少程序和数据库之间的通信,避免重复编译 SQL 语句。

(3)可管理性:可以在数据库服务器上只维护一个子程序的副本,所有的客户端的缓存结果都是通过这一个副本生成。

商用 DBMS 一般都会提供对过程化 SQL 的支持,但实现形式差别较大。常见的过程化 SQL 包括 Oracle® 的 PL/SQL、SQL Server® 的 TSQL、PostgreSQL® 的 PL/pgSQL,以及 KingBaseES® 的 PL/SQL 等。本节将基于 PL/SQL 讲解过程化 SQL 编程,读者若使用其他 DBMS,请参考其用户手册中关于过程化 SQL 的介绍。

1. 变量:声明、初始化和赋值

【例 4.10】 声明多个变量并进行初始化。

```
DECLARE
  num NUMBER(6) := 1;                    -- SQL data type
  name VARCHAR(20) := '张三';            -- SQL data type
  have_error BOOLEAN := FALSE;           -- PL/SQL-only data type
  price NUMBER(6,2) := 0;                -- SQL data type
  description text = '';                 -- SQL data type
```

上例声明了 5 个变量,其数据类型有两类。一类是 SQL 本身的数据类型(SQL data type),包括 NUMBER、VARCHAR 和 text;另一类是 PL/SQL 特有的数据类型(PL/SL-only data type),如 BOOLEAN。注意:"--"后面是注释。

【例 4.11】 声明多个变量,并随后进行赋值。

```
DECLARE
  name text;
  score number;
  valid_id BOOLEAN;
BEGIN
  name := 'xx';
  score := 99;
  valid_id := TRUE;
END;
```

上例中声明了 3 个变量,并在程序中对它们赋值。注意:赋值语句的语法为"变量:=值"。

【例 4.12】 声明多个变量,并用 SELECT INTO 子句进行赋值。

```
DECLARE
  highestPrice NUMBER;
```

```
BEGIN
  SELECT MAX(Price) INTO highestPrice
  FROM Products;
END;
```

上例中声明了一个变量 highestPrice,使用 SELECT INTO 子句,从 Products 中查询出最高的价格并赋值给该变量。

2. 游标

游标是指向 SQL 查询结果集的指针,该区域存储有关处理特定 SELECT 或 DML 语句的信息。由系统创建并管理的游标是隐式游标,由用户创建并管理的游标(会话游标)是显式游标。本节主要介绍显式游标。

必须声明并定义一个显式游标,为其命名并将其与查询相关联(通常,查询返回多行),然后可以通过以下任一方式处理查询结果集。

(1) 打开显式游标(使用 OPEN 语句),从结果集中获取行(使用 FETCH 语句),然后关闭显式游标(使用 CLOSE 语句)。

(2) 在游标 FOR LOOP 语句中使用显式游标。

【例 4.13】 假设有一张表 OrderTotalPrice(OID,TotalPrice)存放每个订单的总价,编写一个 PL/SQL,以通过游标获取每个订单的总价,并存入 OrderTotalPrice 中。

```
DECLARE
CURSOR c1 IS
    SELECT oid, SUM(Quantity * Price * Discount)
        FROM Products INNER JOIN OrderItems
        ON Products.PID = OrderItems.PID
        GROUP BY OID;
    oid VARCHAR(32);
    total NUMBER;
BEGIN
    OPEN c1;
    LOOP
        FETCH c1 INTO oid, total;
        EXIT WHEN c1%NOTFOUND;
        INSERT INTO OrderTotalPrice Values(oid, total);
    END LOOP;
    CLOSE c1;
END;
```

注意:游标在使用前需要先打开,使用游标的时候可以用 LOOP 逐一取出查询集中的每个元素。游标使用完毕需要关闭。

3. 控制语句

控制语句是对 SQL 的最重要扩展,PL/SQL 支持 3 类控制语句,即条件选择语句、循环语句和顺序控制语句。下面逐一介绍。

1) 条件选择语句

条件选择语句 IF 和 CASE 针对不同的数据值运行不同的语句。IF 语句有以下几种形式。

- IF THEN。
- IF THEN ELSE。
- IF THEN ELSIF。

下面用一个例子介绍 IF THEN ELSE 的使用方法。

【例 4.14】 在这个例子中,当 a 大于 b 时,打印 a－b 的值;当 a 小于或等于 b 时,打印 a＋b 的值。

```
DECLARE PROCEDURE p(a int, b int) AS
    BEGIN
        IF a > b THEN
            RAISE NOTICE 'a - b = %', a - b;
        ELSE
            RAISE NOTICE 'a + b = %', a + b;
        END IF;
    END;
```

2）循环语句

循环语句使用一系列不同的值迭代地运行相同的语句。一个 LOOP 语句包含 3 部分：迭代变量、迭代器和循环执行体。

下面的例子介绍如何通过循环语句计算 1～100 的和。

【例 4.15】 计算 1～100 的和。

```
DECLARE
    i NUMBER := 0;
    rlt NUMBER := 0;
BEGIN
    FOR i IN 1...100 LOOP
        rlt := rlt + i;
    END LOOP;
    RAISE NOTICE 'Total: %', rlt
END;
```

3）顺序控制语句

PL/SQL 支持 GOTO 语句,无条件地将控制转移到标签。

【例 4.16】 GOTO 语句示例。

```
DECLARE
    str  VARCHAR2(100);
    n INTEGER := 40;
BEGIN
    FOR j in 2...ROUND(SQRT(n)) LOOP
        IF MOD(n, j) = 0 THEN
            str := ' is not a prime number';
            GOTO print_now;
        END IF;
    END LOOP;
```

```
        str := ' is a prime number';
        <<print_now>>
        raise notice '% %', TO_CHAR(n), str;
    END;
```

上例中，如果 n 除以 j 余数为 0，则在执行给变量 str 的赋值语句之后，将通过 GOTO 语句转移到标签<<print_now>>。

4.4.2 存储过程与函数

PL/SQL 子程序是可以重复调用的命名 PL/SQL 单元。子程序可以是过程，也可以是函数。通常，使用过程执行操作，并使用函数计算和返回值。

【例 4.17】 声明一个简单的子程序，计算一个输入数字的平方并返回。

```
DECLARE
    FUNCTION square (num NUMBER) RETURN NUMBER
    AS
    num_squared NUMBER;
    BEGIN
        num_squared := num * num;
        RETURN num_squared;
    END;
```

如果调用上述子程序，则可以使用其名称加参数，例如 square(2)返回 4。

4.4.3 触发器

与存储过程一样，触发器是一个命名的 PL/SQL 单元，它存储在数据库中并且可以重复调用。与存储过程不同，用户可以启用和禁用触发器，但不能显式调用它。当触发器被启用时，只要它的触发事件发生，触发器就会被触发，也就是说，数据库会自动调用它。

在 PL/SQL 中，触发器通过 CREATE TRIGGER 语句定义。该语句语法较为复杂，下面通过两个简单例子了解触发器的用法。

【例 4.18】 下面的例子确保在 INSERT 或 UPDATE 语句影响外键值之前，相应的值存在于父键中。

```
CREATE OR REPLACE TRIGGER products_check
    BEFORE INSERT OR UPDATE OF SID ON Products
    FOR EACH ROW WHEN (NEW.SID IS NOT NULL)
DECLARE
    SID_In_S VARCHAR(32);
    invalid_sid EXCEPTION;
    valid_sid EXCEPTION;
    CURSOR su_cursor (supplier_id VARCHAR) IS
    SELECT SID FROM Suppliers
    WHERE SID = supplier_id;
BEGIN
```

```
    OPEN su_cursor(:NEW.SID);
    FETCH su_cursor INTO SID_In_S;
    IF su_cursor%NOTFOUND THEN
        RAISE invalid_sid;
    ELSE
        RAISE valid_sid;
    END IF;
    CLOSE su_cursor;
    EXCEPTION
        WHEN invalid_sid THEN
        CLOSE su_cursor;
        RAISE_application_error (-20000, 'invalid supplier ID:' || TO_CHAR
                                (:NEW.SID));
        WHEN valid_sid THEN
            CLOSE stu_cursor;
END;
```

【例 4.19】 用触发器检查并插入一条订单记录时,其创建时间(CreateTime)必须小于系统当前时间。

```
CREATE OR REPLACE TRIGGER time_check
    BEFORE INSERT OR UPDATE OF CreateTime ON Orders
    FOR EACH ROW
DECLARE
    invalid_time    EXCEPTION;
BEGIN
    IF :New.CreateTime >= current_time(8) THEN
        RAISE invalid_time;
    END IF;
    EXCEPTION
    WHEN invalid_time THEN
        Raise_application_error('Invalid Time');
END;
```

4.5 本章小结

本章主要介绍高级 SQL 内容,包括复杂 SQL 查询,如何使用 SQL 管理数据库的完整性和安全性,以及数据库编程。数据库安全性和完整性管理是 RDBMS 的重要职责之一,通过 SQL 进行安全性和完整性管理赋予数据库管理员很大的灵活性,也大大减轻了数据库管理员的工作负担。

本章难点主要是复杂 SQL 查询。嵌套查询形式多样,可以使用 EXISTS 子句表达非常复杂的语义。这部分内容读者可以参阅王珊、杜小勇和陈红三位老师编著的《数据库系统概论》(第 6 版)。限于篇幅,本书不做展开讲解。递归查询赋予 SQL 非常强大的功能,读者应认真理解递归查询的语义和执行过程,并通过下面的习题和实验巩固强化。

本章介绍的过程化 SQL 是数据库编程的重要组成部分。过程化 SQL 执行效率高、传输开销小,但也存在调试不便和迁移困难的问题。读者在开发实际应用时,应根据应用的特点进行合理选择。

习题

1. 使用嵌套查询,查找供应商品种数高于平均数的所有供应商。

2. 试基于"网上商城"数据库,构造一个递归查询的例子(可以对关系模式进行局部修改)。

3. 使用派生表,查找价格低于其所在类别商品平均价格的商品,显示商品 ID、商品名称和类别。

4. 试述实体完整性、参照完整性和用户定义的完整性三者的区别。

5. 如何理解强制存取控制规则中,"仅当主体的许可证级别小于或等于客体的密级时,该主体才能写相应的客体"?

6. 编写一个存储过程,遍历 Products 表,若供应商来自北京,则将其价格下调 10%。

实验

与第 3 章实验相同,读者可以选择一个合适的关系数据库管理系统,包括但不限于 Oracle、SQL Server、MySQL、OpenGauss 以及 KingBaseES,认真阅读其 SQL 参考手册,完成上述习题内容。读者需要特别留意,不同 RDBMS 所支持的过程化 SQL 差别较大。

第二篇

数据存取篇

数据存取是数据库管理系统(DBMS)的重要职责之一。它与查询优化以及数据库物理设计都密切相关。数据存取,顾名思义,包括"存"和"取"两大功能,关系数据库的存储管理就是为"存"服务的,索引是加快数据库访问速度的重要手段。

本篇共包括两章。

第 5 章存储管理,主要介绍物理存储系统、数组组织、元数据存储以及缓冲区。

第 6 章索引,重点介绍 5 类数据库索引结构,包括顺序表的索引、辅助索引、B$^+$树索引、哈希索引和 Bitmap 索引。

第 5 章

存 储 管 理

数据库是大量的有结构的持久数据集合。如何将这样一个庞大的数据集合以合适的形式组织起来存放在外存上？访问数据时需要先将数据读入内存，如何组织内存缓冲区？内外存交换的策略是什么？这些都是存储管理的关键问题。为回答这些问题，本章将从物理存储介质的特点入手，重点介绍磁盘数据库的逻辑与物理组织方式，包括用户数据记录的表示、记录如何在块中组织存储以及如何组织关系表的存放；介绍元数据的组织方法，讨论缓冲区管理与页面置换策略。

5.1 物理存储系统

5.1.1 存储介质概述

计算机系统中往往存在多种数据存储介质，代表性的存储介质包括高速缓存（cache）、主存储器（main memory）、磁盘（magnetic-disk storage）、固态硬盘（Solid-State Drive，SSD）、光盘（optical storage）和磁带（tape storage）等。

高速缓存用于缓存 CPU 的指令和其操作的数据，由计算机硬件管理它的使用。在 CPU 是瓶颈的系统中，高速缓存的使用方式显得尤其重要。DBMS 一般不管理高速缓存，但在设计查询处理的数据结构和算法时需要考虑高速缓存的影响。

主存储器就是通常所说的内存，它是 CPU 可以直接寻址的存储介质。主存储器具有易失（volatile）性，即在发生电源故障或系统崩溃时，其中的内容会丢失。

磁盘是最常用的持久存储介质，不会因电源故障或系统崩溃而丢失数据。CPU 不能直接寻址磁盘，为了访问磁盘上的数据，系统必须先将数据从磁盘读到内存，执行完操作后，必须把修改过的数据写回磁盘。

固态硬盘是一种新型的持久存储介质，使用闪存存储数据，提供与磁盘类似的访问接口。闪存的成本比内存低，比磁盘高，读写速度也是比内存低,比磁盘高。

光盘和磁带主要用于备份数据和归档数据,它们通常容量很大,成本相对较低。

根据不同存储介质的速度和成本,可以把它们按层次结构组织起来,如图 5.1 所

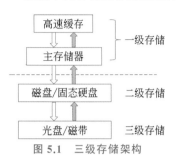

图 5.1　三级存储架构

示。存储介质层次越高,价格越贵,但速度越快。高速缓存和主存储器称为一级存储,磁盘和固态硬盘通常用于联机存储数据,称为二级存储。光盘和磁带用于脱机存储,称为三级存储。虚线以上是易失性存储介质,虚线以下是非易失(持久)性存储介质。空心箭头和实心箭头均代表数据传输。

磁盘和固态硬盘通过存储器接口连接到计算机系统,通常支持串行 ATA(Serial ATA,SATA)接口或串行连接的 SCSI(Serial Attached SCSI,SAS)接口。SAS 接口一般在服务器中使用,SAS 接口比 SATA 接口的数据传输速率高。非易失性存储器标准(Non-Volatile Memory Express,NVMe)接口是为了更好地支持 SSD 开发的逻辑接口标准,通常与 PCIe 接口一起使用。

5.1.2　常用存储介质

本节重点介绍几类常用的存储介质,包括磁盘、固态硬盘和独立磁盘冗余阵列(Redundant Array of Independent Disk,RAID)。

1. 磁盘

磁盘目前是计算机系统最主要的持久存储介质,对磁盘的访问效率直接影响系统的性能。

磁盘通过其盘片表面的磁性材料记录数据信息,盘片的表面在逻辑上可以划分为多个磁道(track),磁道又可以划分为扇区(sector),扇区是磁盘 I/O 的最小单位,扇区大小通常为 512 字节。对于磁盘来说,能保证一次读写正确的单位是一个扇区。

磁盘质量的主要指标是容量、访问时间、数据传输率和可靠性。

磁盘上数据的读写是通过安装在磁盘臂上的读写头完成的,读写头通过在盘片上的移动访问不同的磁道。为了读写磁盘上的数据,磁盘臂必须先移动到正确磁道的上方,然后等待磁盘旋转到它下方指定的扇区。磁盘控制器(disk controller)接收高层次的读写扇区的命令,然后开始操作,将磁盘臂移到正确的磁道,并对数据进行读写。

磁盘臂定位的时间称为寻道时间(seek time),其依赖目标磁道与磁盘臂初始位置之间的距离,典型的寻道时间为 2～20ms。平均寻道时间是在一个随机请求的序列上测量出来的寻道时间的平均值,其取决于磁盘的型号。读写头到达所需的磁道,等待磁盘旋转的时间称为旋转延迟时间(rotational latency time),平均延迟时间应该是磁盘旋转一周时间的一半。需要访问的扇区旋转到读写头下方后,就可以开始数据传输了。因此,访问时间是寻道时间、旋转延迟时间和数据传输时间的总和。

磁盘 I/O 请求通常由文件系统发出,直接操作裸设备上数据的数据库系统也可以发出磁盘 I/O 请求。每个请求指定要访问的磁盘地址,该地址以磁盘块号的形式提供。磁盘块(disk block)是存储分配和检索的逻辑单位,它包含固定数目的连续扇区,例如 Linux 操作系统默认的磁盘块大小是 4KB,数据在磁盘和内存之间以磁盘块

为单位传输。

可以看出数据库 I/O 请求数据块是由数据库系统发给操作系统,再由操作系统发给磁盘控制器,如图 5.2 所示,通常数据库系统的数据块大小是操作系统的数据块的倍数,操作系统的数据块大小是磁盘扇区大小的倍数。

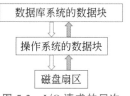

图 5.2　I/O 请求的层次

磁盘的访问分为顺序读写和随机读写两种模式。顺序读写模式针对连续编号的磁盘块,只需要对第一个磁盘块寻道,因此顺序读写模式寻道时间短。随机读写模式针对随机分布在磁盘上的块,对每个请求都进行一次寻道。显然,随机读写模式下数据访问速度明显低于顺序读写模式。通常使用每秒 I/O 操作的次数(I/O Operations Per Second,IOPS)表示磁盘的访问效率。

最后一个经常使用的磁盘度量指标是平均故障时间(mean time to failure),即可以期望的无任何故障连续运行的时间,这是磁盘可靠性的度量指标。

2. 固态硬盘

闪存有 NOR 和 NAND 两种类型,其中 NAND 闪存主要用于数据存储。使用 NAND 闪存构建的固态硬盘提供与磁盘相同的面向块的接口。其闪存芯片主要由物理块组成,每个物理块分为一定数量的物理页。块是擦写操作的基本单元,而页是读写操作的基本单元。与磁盘相比,SSD 有更好的随机读写速度,并且功耗也明显低于磁盘。

SSD 的写操作比较复杂,必须先擦除再重写。擦除操作必须在擦除块(erase block)上执行,擦除块通常为 256KB~1MB,因此,SSD 通常存在"写放大"的问题。另外,闪存页的可擦除次数是有限的,通常为 100 000~1 000 000 次,一旦超出这个限制,就可能出现错误。

闪存系统通过将来自文件系统的逻辑页号映射到 SSD 的物理页号来降低块擦除速度慢以及更新次数限制的影响。当一个逻辑页被更新时,可以把它重新映射到已经被擦除的任何物理页中,从而避免写放大的问题。每个物理块都有一个小的存储区域保存它的逻辑地址,如果逻辑地址被重新映射到一个不同的物理块,则原来的物理块标记为已删除,包含多个删除页的擦除块要定期擦除。

现代的存储系统都支持磁盘和 SSD 的组合使用,频繁访问但很少更新的数据适合放在 SSD 中。

3. 独立磁盘冗余阵列

现在很多应用的数据对存储需求量非常大,需要多个磁盘存储这些数据。为了提高磁盘的性能和可靠性,独立磁盘冗余阵列(RAID)的磁盘组织技术应运而生。RAID 系统通过冗余技术提高了磁盘的可靠性,通过并行操作提高了磁盘的读写性能。RAID 系统具备的高可靠性、高性能以及易于管理和操作的特性,使得它在数据库系统中得到广泛的应用。

1) 数据冗余技术

冗余是解决可靠性问题的重要手段。对于磁盘来说,最简单的冗余方法就是复制每个磁盘的内容,这种技术称为镜像(mirroring),其中的一个磁盘称为数据盘,另一个磁盘称为冗余盘。这样,一个逻辑磁盘由两个物理磁盘组成,每次写操作都必须在两个磁盘上执行。如果其中一个磁盘出现故障,则可以从第二个磁盘中读取数据,从而提高数据的可靠性。

镜像技术逻辑简单,但成本昂贵,下面介绍另一种称为"奇偶校验块"的数据冗余方法。对于一个给定的块集合,其奇偶校验块的第 i 位是集合中所有块的第 i 位的"异或"(XOR)。即如果 a、b 两个值不相同,则 a XOR $b=1$;如果 a、b 两个值相同,则 a XOR $b=0$。如果一个集合中任何一块的内容由于故障而丢失,则可以通过计算集合中剩余块的位异或与奇偶校验块恢复出该块的内容。

例如,假设有 3 个数据盘,1 个冗余盘,每个数据块由 8 位组成,奇偶校验块存储在冗余盘中。如果在数据盘中的第一块有如下数据序列:

盘 1:11110000

盘 2:10101010

盘 3:00111000

则冗余盘的第一块的奇偶校验位如下所示:

盘 4(冗余盘):01100010

简单来说,所有位 XOR 操作的结果就是:如果所有位中有偶数个 1,则校验位为 0;如果有奇数个 1,则校验位为 1。例如,盘 1、2、3 的第一位取值为 1、1、0,有 2 个 1,则第一位的校验位为 0。可以看出,所有位与它的奇偶位的集合中 1 的个数总和一定是偶数。

冗余盘的存在,对于读操作没有影响,但是对于写操作,在修改数据盘的同时,必须同时更新冗余盘。

如果其中一个盘的数据出现故障,则可以通过其他盘的数据和冗余盘上的奇偶校验位推断出故障盘中该位的数值。但是如果两个或两个以上盘的数据出现故障,则通过奇偶校验位就无法推断出故障数据的数值。这种方法在一定程度上解决了数据可靠性问题,成本相对来说比镜像方法低很多。

2) 数据条带技术

多个磁盘的存在为数据的并行处理提供了可能。把数据拆分到多个磁盘上,对数据的读写就可以在多个磁盘上并行执行,从而提高读写性能。这种把数据拆分到多个磁盘上的技术称为数据条带(striping data)技术。

最常用的数据拆分方法是按块拆分(block level striping),将数据块拆分到多个磁盘上。这种方法是把磁盘阵列逻辑上看作一个大磁盘,并对块进行逻辑编号。假设逻辑块号从 0 开始,则对于 n 个磁盘的阵列,逻辑号为 i 的块在物理上分派到第 (i mod n)+1 磁盘上。在进行大型文件读写时,可以并行地从 n 个磁盘上同时读取 n 块。

3) RAID 级别

从前面的介绍可以看出,数据条带化能提高磁盘数据的读写性能,冗余则能提高磁盘的可靠性,但是不同的方法其成本和可靠性程度是不同的,在成本、可靠性、性能之间权衡,可形成多种 RAID 方案,称为 RAID 级别。

RAID 共有 7 个级别(0~6),其中 2、3、4 目前不再使用。

RAID0 是指具有块级拆分但没有任何冗余的磁盘阵列,如图 5.3(a)所示,数据的条带分布在两个磁盘中。

　　RAID1 是指具有块级拆分的磁盘镜像,如图 5.3(b)所示,数据拆分成条带,两个磁盘中的数据一模一样。有些厂商使用 RAID10 表示带拆分的镜像,不带拆分的镜像称为 RAID1。

　　RAID5 指奇偶校验块交叉分布的磁盘阵列。在前面的例子中,把所有的奇偶校验块都放到一个盘上(冗余盘),其带来的问题是所有数据盘的修改都会修改冗余盘,如果有 n 个数据盘,则对冗余盘的写次数是数据盘平均写次数的 n 倍。RAID5 对这种冗余方式进行了改进,把奇偶校验块分布到所有盘中,这样,每个盘都可以作为某些块的冗余盘使用,如图 5.3(c)所示。

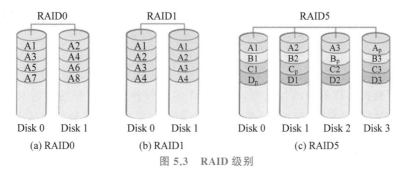

图 5.3　RAID 级别

　　RAID5 可以保证只有一个磁盘出现故障数据可以恢复,但是多个磁盘出现故障就无能为力了,RAID6 使用纠错码存储冗余,可以应对多个磁盘发生故障的情况,相关知识可以参看相关文献,这里不再展开讲解。

　　在实际的应用场景中,选择 RAID 级别时应该考虑的因素包括:

　　(1) 数据冗余带来的成本;

　　(2) 应用对磁盘 I/O 性能的需求;

　　(3) 对磁盘数据可靠性的需求。

　　RAID0 的性能最好,没有数据冗余,用于对性能要求高,而数据可靠性并非至关重要的应用场景。RAID1 用于对数据可靠性要求高,磁盘成本不是重点考虑因素的应用场景,其写性能优于 RAID5。RAID5 有更小的存储开销,但随机写的开销较大,适合读多写少的应用场景。RAID6 保证了更高级别的安全性,存储成本高于 RAID5。

5.1.3　磁盘 I/O 性能的提升策略

　　在大多数情况下,磁盘 I/O 是影响系统性能的瓶颈,因此如何优化磁盘 I/O 受到极大关注。这里不讨论硬件的升级,只讨论如何从软件角度缓解 I/O 瓶颈。通常的思路包括:①尽可能减少物理 I/O 的次数;②尽可能提升 I/O 的性能;③尽可能并行起来,例如采用异步的方式,而不是等待。

　　具体地,缓解 I/O 瓶颈的常用措施包括:

　　(1) 使用缓冲区,把常用的数据块缓存在内存中,减少物理 I/O 的发生。当然使用缓冲区相当于数据冗余,需要考虑数据一致性的问题。

　　(2) 采用合适的数据组织方式以减少 I/O 的发生,并且还有可能把随机访问模式优化成顺序访问模式,从而提高 I/O 效率。5.2.4 节将介绍数据组织方式,可以针对不同的场景采用特殊的组织方式,例如,数据的顺序存放、数据的聚簇存放和列存储方式等。

（3）有针对性地预读或使用系统提供的异步 I/O 能力，把等待 I/O 的时间并行执行其他任务，从而提高系统的整体性能。

5.2   数据组织

数据库是长期存储在计算机内有组织、可共享的大量数据的集合。如何将这样一个庞大的数据集合以最优的形式组织起来存放在外存上是一个非常重要的问题。"优"应包括两方面：一是存储效率高，节省存储空间；二是读取效率高，速度快，代价小。本节主要介绍数据库的逻辑组织方式和物理组织方式。

5.2.1   数据库的逻辑与物理组织方式

数据库数据存放的基础是文件，对数据库的任何操作最终要转化为对文件的操作。所以在数据库的物理组织中，基本问题是如何利用操作系统提供的基本的文件组织设计数据库数据的存放方法，这实际上也就对应了数据存储管理的两种方式。

第一种方式是每一个数据库对象（例如每一个基本表、索引等）都对应一个或多个操作系统的文件，并独占这些文件。数据文件的空间管理由操作系统支持，需要空间时，扩展数据文件即可；回收空间时，把空闲空间归还给操作系统。这种数据组织方式本质上是将存储管理交由操作系统去完成，例如，PostgreSQL、KingbaseES 等 DBMS 采用此种存储管理方式。

在这种存储管理方式中，数据文件中的数据是以块（页）为单位进行组织的。由于元组的删除或更新，这些元组占用的空间可以再回收利用，不会立即归还给操作系统，因此数据文件内的空闲空间仍由 DBMS 管理。

第二种方式是整个数据库对应一个或若干文件，由 DBMS 进行存储管理，这种存储方式也称为段页式存储管理方式。Oracle、SQL Server 等 DBMS 采用这种存储管理方式。

在段页式存储管理方式中，DBMS 会首先向操作系统申请一个大文件，当数据量不断增加，文件空间不够时，DBMS 会向操作系统申请追加新的文件。为了方便管理，DBMS 通常会对数据库空间进行逻辑划分，以增加灵活性。不同 DBMS 从逻辑上划分数据库空间的方式并不完全一样，一种常见的划分方式是将数据库组织成"表空间—段—分区—数据块"的形式，如图 5.4 所示。一个表空间（tablespace）对应磁盘上一个或多个物理文件，但一个物理文件只能属于一个表空间。一个数据库可以有多个表空间，从逻辑上组织数据库中的数据存储，例如系统表空间、联机表空间、临时表空间等。一个表空间逻辑上可以由多个段（segment）组成，每个段逻辑上可以组织不同类型的数据，例如数据段、索引段、临时段等。一个段逻辑上可以由多个分区（extent）组成，每个分区由一组连续的数据块（block）组成。块是数据库的磁盘存取单元，其大小为操作系统块的整倍数。

从逻辑上划分数据库空间是为了方便数据的管理。从物理上看，数据库中的数据最终以文件的形式存储在磁盘上。每个文件物理上分成定长的存储单元，即操作系统的物理块。物理块是存储分配和 I/O 处理的基本单位。一个物理块可以存放表中的

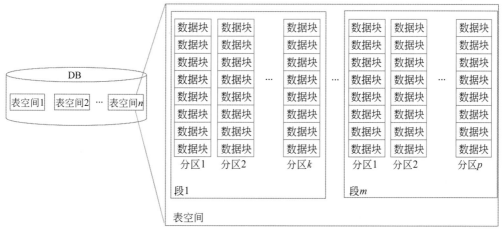

图 5.4 一种数据库的逻辑组织方式

多个元组（记录），一个表通常会占用多个块。因此数据库的物理组织形式是"文件—块—记录"。图 5.5 是逻辑组织方式与物理组织方式之间的对应关系，其中的箭头表示了对应关系。接下来，5.2.2 节将具体介绍如何组织单条记录，5.2.3 节将介绍如何在一个块中存放一组记录，5.2.4 节将介绍如何组织一个关系表在块中的存储。

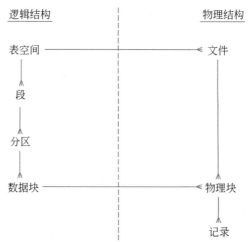

图 5.5 数据库逻辑组织方式与物理组织方式的对应关系

5.2.2 记录表示

关系表的元组可以以定长记录和变长记录两种形式存储。

1. 定长记录

以定长记录形式存储数据，指的是关系表中的每个元组将占据相同大小的空间。即使表中有变长字段，也可以以定长记录形式存储，这时会为变长字段预留最大长度的空间。

例如，对于第 3 章例 3.5 创建的 Products(PID，PName，Price，Category，SID)表，采用定长记录形式，其一条记录的存储形式如图 5.6 所示，这里给 VARCHAR 数据类型的属性分配了最大长度的空间，并假设 DECIMAL 数据类型占用 9 字节。

图 5.6   定长记录存储

有些硬件系统对内存中数据的起始地址有要求,比如 4 的倍数或 8 的倍数。如果数据在磁盘上如图 5.6 所示这样紧密存储,在读入内存时就需要做地址转换,为了简化地址转换,并方便系统在不同平台上移植,可以在外存中也保证各字段起始地址是 4 或 8 的倍数,如图 5.7 所示。在图 5.7 中,每个字段都从 8 的倍数的地址起始,虽然 Price 是 9 字节,但实际分配给它 16 字节。

图 5.7   定长记录存储,起始地址为 8 的倍数

以定长方式存储记录的好处是能快速定位到记录及其属性的物理位置,增删改也比较方便和快捷,但显然会浪费一些存储空间。

2. 变长记录

Products 表的 PID 属性、PName 属性和 Category 属性都是变长字符串,所以 Products 表也可以以变长记录形式存放,以节省存储空间。在组织变长记录时,应保证能快速地访问一条记录,并能快速地访问其中的所有属性,包括定长和变长属性。通常有 3 种存放变长记录的方式。

第一种方式是在每条记录的头部记录该条记录的长度,并在该条记录的每个变长字段前记录该字段的长度,如图 5.8 所示。在这个例子中,假设中文字符采用 GBK 编码,每个汉字占 2 字节。

图 5.8   加长度标记的变长记录存储方式

第二种方式是先存放定长字段,后存放变长字段,第一个变长字段紧随定长字段之后,从第二个变长字段开始,在记录首部用指针(偏移量)指向变长字段,如图 5.9 所示。

第三种方式是将定长字段与变长字段分开存储在不同的块中,图 5.10 示意了这种存储方式,但实际上这种方式更多的是用于 BLOB(Binary Large OBject,二进制大对象)等类型数据的存储。这种存储方式的好处是,如果经常访问的是定长字段,则可以减少数据存取时的 I/O 次数。

5.2.3   块的组织

定长记录和变长记录如何在块中组织存储呢?

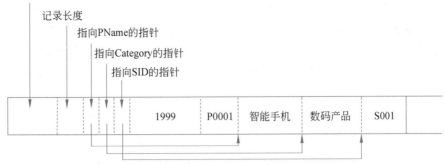

图 5.9   先定长字段后变长字段的变长记录存储方式

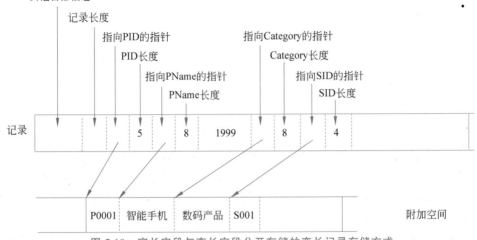

图 5.10   定长字段与变长字段分开存储的变长记录存储方式

1. 定长记录的块组织

定长记录的存储方式在实现上相对比较简单,可以把一个表中的元组依次存放在块中,图 5.11 是 Products 表采用定长存储方式时存放在一个物理块中的示意图。每个块的首部可以有一个块头信息,记录该块的 ID、最后一次修改和访问该块的时间戳、空闲空间的头指针等。

图 5.11   定长记录的块组织

以定长方式存储记录,修改元组时直接在原位置修改即可,不会出现原位置存放不下,需要迁移记录的情形。删除记录时,空间回收也很简单,只需要将空闲空间加入空闲空间链表中即可,不需要移动空闲空间,因为后面插入的新元组,其大小与被删除的元组是一样的,可以直接利用被删除元组的空间。图 5.12 是在图 5.11 所示的Products 表中删除 P0003 和 P0006 两个元组后的情形。

图 5.12   元组删除后定长记录的块组织

2. 变长记录的块组织

对于变长记录,块的组织就要稍复杂一点了,为了能够在块中快速定位到一条变长记录,通常需要在块头存放各条记录的指针(块内偏移量),空闲空间集中存储在块的中间部分,同时在块头有一个空闲空间尾指针(块内偏移量),以便在插入记录时快速找到空闲空间,如图 5.13 所示。

在块中组织变长记录存储时,元组从块的尾部开始连续存放。插入新的元组时,从空闲空间尾部为其分配空间,在偏移量表中记录该元组的起始位置,并调整空闲空间尾指针。

删除一个元组时,会在偏移量表中为该元组指针设置删除标记,释放该元组所占用的空间,并移动物理位置在其前面的元组,以保证空闲空间连续。相应地,被移动元组在偏移量表中的指针以及空闲空间尾指针也需要做相应修改。由于物理块通常都比较小,移动记录的开销并不大。

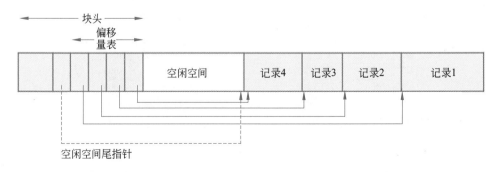

(a) 变长记录的块组织示意图

图 5.13   变长记录的块组织

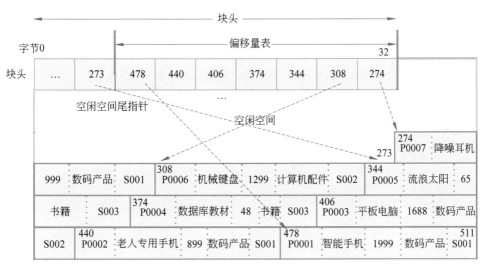

(b) Products表变长记录的块组织

图 5.13 （续）

修改元组时,如果修改后元组在原位置存放不下,则会带来记录的迁移。

5.2.4　关系表的组织

如何组织关系表的存放? 一个块只存放一个表的元组,还是可以同时存放多个表的元组? 这些元组按什么顺序存放? 本节主要讨论这些问题。目前常见的关系表组织方式包括以下几种: 堆存放、顺序存放、多表聚簇存放、B^+ 树存放、哈希存放、LSM 树存放等。

1. 堆存放方式

表中的一条记录可以存放在该表的任何块中,没有顺序要求。在插入元组时,只要在该表的块中找到合适的空闲空间即可。如果没有足够的空闲空间,就为该表申请新的块。

2. 顺序存放方式

一个表中的各条记录根据指定的属性或属性组的取值大小顺序地存放。在一个块内,记录按照排序属性(组)的取值物理地排列。同一个表的不同块之间通过指针链接实现有序排列。这种组织方式可以高效地处理按排序属性(组)进行查询的请求。例如,如果 Products 表按种类 Category 的升序存放,则可以快速回答如下的 SQL 语句:

```
SELECT PID, PName, Price
FROM Products
WHERE Category='数码产品';
```

但插入或修改元组时,为保持记录顺序,有可能需要在块内或块间迁移已有记录,因而维护代价较大。

3. 多表聚簇存放方式

在默认情况下,一个块只用来存储同一个表中的元组,不同表的元组分别存放在不同的块中。但在有些情况下,不同表的元组也可以聚簇存放在同一组块中,目的是减小连接操作的开销。

例如两个具有主外码的参照关系表 Products 和 OrderItems,可以按照商品 ID 相等聚簇存放,图 5.14 是这种存放方式的一个示意图,在每个 Product 记录之后是该商品的订单记录。如果用户想查询 P0001 的商品 ID、商品名称、总销量:

图 5.14   多表聚簇存放方式示意图

```
SELECT OrderItems.PID,Products.PName, count( * )
FROM Products, OrderItems
WHERE OrderItems.PID=Products.PID AND OrderItems.PID='P0001';
```

那么只需要找到 Products 表的 P0001 元组,其后跟着的就是 OrderItems 表中该商品的所有订单项,对其进行计数即可得到查询结果。明显地,对 Products 表和 OrderItems 表按 PID 相等聚簇存放,相当于对 Products 表和 OrderItems 表进行了预连接,它能够加速 Products 表和 OrderItems 表的连接查询。

但是聚簇存放也是一把双刃剑,如果用户想查询所有供应商 S001 供应的数码产品信息:

```
SELECT *
FROM Products
WHERE SID=' S001' AND Category='数码产品';
```

其效率可能会低于 Products 表单独存放的情形,因为 Products 的元组可能会分散在更多的块里,需要更多次 I/O。此外,这种数据组织方式,在更新操作时会带来更频繁的数据迁移。例如,每笔新交易结束后,为了保证每个订单项跟在其商品信息之后,会频繁地迁移记录,以腾出空间插入新的订单项记录。

4. B⁺ 树存放方式

传统的顺序存放表中记录的方式,在进行增删改操作时,为维护记录顺序会付出较大的代价。B$^+$ 树存放方式是以 B$^+$ 树索引的形式确定记录存放在哪个数据块中,这样能够在保持较高的记录访问效率的同时,减小数据维护开销。与 B$^+$ 树索引的区别是,B$^+$ 树存放方式中,B$^+$ 树叶结点的数据块中不是索引项,而是直接存放数据记录。B$^+$ 树索引将在 6.3 节中介绍,读者可以在学习过 B$^+$ 树索引后,再回过头来重温 B$^+$ 树存放方式,这样能够更好地理解这种存放方式。

5. 哈希存放方式

这种组织表中记录的方式,是用哈希函数计算表中指定属性的哈希值,以此确定相应记录放在哪个块中。这种存放方式有两个关键要素,即哈希函数和哈希表。哈希表由 B 个哈希桶(bucket)组成,每个桶对应一个或多个物理块,并用一个 0 到 B-1之间的整数作为桶编号,桶中可以存放一条或多条记录,如图 5.15 所示。哈希函数以记录的哈希属性为输入,为其计算出一个介于 0 到 B-1 之间的整数,这个整数对应的是桶号。采用这种技术,就可以在记录的存储位置与其指定属性的取值之间建立一个对应关系,即按照记录的哈希属性值对应到一个存储位置,哈希属性值相同的记录会存放在相同的数据块中。在查找数据记录时,通过计算其哈希属性值,可以快速定位到这条记录的位置。

图 5.15　哈希存放方式

6. LSM 树存放方式

在海量数据情况下,顺序存放方式、B$^+$ 树存放方式、哈希存放方式等都面临巨大挑战。当前比较流行的 NoSQL 数据库,如 Cassandra、RocksDB、HBase、LevelDB 等,以及 NewSQL 数据库如 TiDB,均使用 LSM 树(Log-Structured-Merge Tree)组织磁盘数据。

LSM 树是一种分层有序、硬盘友好的数据存储方式。它采用"内存＋磁盘"的多层存储结构,即将数据存储分成内存和磁盘,并将硬盘分为多个层级(Level 0, Level 1, Level 2, $\cdots$, Level n)。DBMS 首先将数据写到内存数据结构 MemTable 中,并保证数据是按键值有序的。当 MemTable 的大小达到某个阈值时,会转化为不可变 MemTable(Immutable MemTable),并将存储在内存 MemTable 中的数据写入磁盘 SSTable 中,如图 5.16 所示。

MemTable 通常使用跳表(skip list)结构组织数据,跳表既支持高效地动态插入数据,使插入后的数据仍然有序,也支持高效地对数据进行点查找和范围查找。MemTable 负责缓冲数据记录,是读写操作的首要地点。

Immutable MemTable 是将 MemTable 转化为磁盘上的 SSTable 的一种中间状态,转化时会创建新的 MemTable 接收写请求,因而转化过程中不会阻塞数据更新操作。

SSTable(Sorted String Table)也称为有序字符串表,是一种持久化、有序且不可变的磁盘键值存储结构。Immutable MemTable 中的数据是有序的,因而将数据写入 SSTable 文件时只需要批量顺序写入,就能保证 SSTable 中数据的有序性。SSTable 分为多个层级,从 Immutable MemTable 刷入的数据首先进入 Level 0 层,并生成相应的 SSTable。当 Level 0 中的数据达到某个阈值时,其中的 SSTable 会合并到 Level 1 层,并以此方式逐层向下合并。Level 层级数越小,表示处于该 Level 层的 SSTable 越

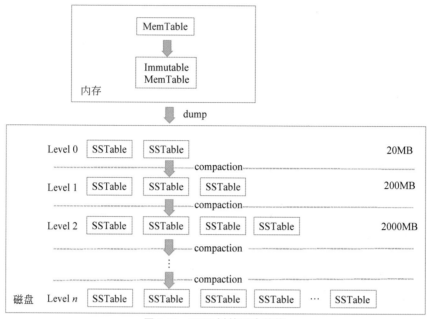

图 5.16　LSM 树的层次结构

新；Level 层级数越大表示处于该 Level 层的 SSTable 越旧。最大层级数由系统设定。每个层级的 SSTable 可以划分成多个固定大小的分区，每个分区具有一定范围的键值。为了加快 SSTable 的读取，可以为键值建立索引加快查找。

　　LSM 树充分利用了磁盘批量顺序写性能远高于随机写性能的特点，它基于不可变存储方式，采用缓冲和仅追加存储实现顺序写操作，降低了随机 I/O 对性能的影响，并对数据的写性能进行了优化。

5.3　元数据存储

　　在数据库中，除了用户的数据，DBMS 还需要维护关于关系的数据，例如，关系的模式、完整性约束等，这种"关于数据的数据"称为元数据（metadata）。数据库系统必须存储的信息通常包括：

　　（1）关系的信息，例如关系名称、类型、存储信息、属性信息、完整性约束等。

　　（2）数据库中定义的索引、视图、触发器、存储过程、函数等信息。

　　（3）用户的名称、密码、授权信息等。

　　（4）关于关系和属性的系统统计信息等。

　　DBMS 通常把元数据存放在数据字典（data dictionary）或系统目录（system catalog）中。在关系数据库中，数据字典的组织方式就是关系表。为与用户数据区分开，存放元数据的数据字典称为系统表。系统表在数据库中通常有特殊的命名，例如，在 PostgreSQL 中，系统表以 pg_开头命名。以关系表的方式存储元数据，可以简化系统的总体结构，并且可以利用数据库自身的数据访问能力实现对系统数据的快速访问。

　　图 5.17 给出了关系数据库管理系统中部分数据字典的示意图。例如，在关系定

义字典表中,第 3 章创建的 Customers 表、Suppliers 表、Products 表、Orders 表、OrderItems 表等分别占据一行进行描述。在属性字典表中,上述各表的每个属性都分别用一行进行描述,如 Customers 表的 CID 属性、CName 属性、City 属性,Suppliers 表的 SID 属性、SName 属性、City 属性等,都分别用一行描述其属性名、类型、长度等。

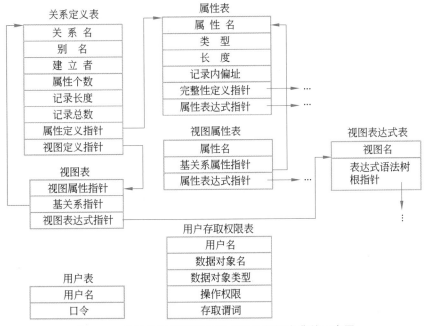

图 5.17　关系数据库管理系统中部分数据字典的示意图

DBMS 的系统表通常是在系统初始化的时候创建,对于一些内置的系统信息,例如数据类型等信息,也同时在系统初始化时加载到系统表中。

DBMS 在处理 SQL 语句的过程中需要经常查询数据字典的信息,例如,在对 SQL 语句进行语义检查时,需要查询数据字典以确定其所访问的表或列是否存在、数据类型是否匹配、是否有约束等;在对 SQL 语句进行查询优化时,需要查询数据字典以获得有关的统计信息。显然,对数据字典的访问效率极大地影响着系统的性能,因此,DBMS 通常会把常用的数据字典信息缓冲到内存中。

虽然数据字典通常以系统表的形式存储在数据库中,对系统表的访问方式与普通表也没有区别,但是在 DBMS 内部,对数据字典信息的缓存与对数据页面的缓存不同。数据字典通常以行为单位,缓存在哈希表中,以方便快速查找。数据页面以物理页为单位缓存在数据缓冲区中。

5.4　缓冲区

5.4.1　缓冲区管理

DBMS 管理着大量数据,如果每次对数据的访问都从磁盘中读写,其性能是不可接受的。对于 I/O 密集型的数据库系统,提高性能首先想到的方式就是把常用的数据缓存在内存中,减少从磁盘读取数据的次数,以达到快速读取数据的目的。

DBMS 通常会向操作系统申请一个尽可能大的数据缓冲区,以保存最近从数据文件中读取的数据块。但数据缓冲区不可能保存所有的数据,因此如何在资源受限的情况下尽可能提高系统的性能,是缓冲区管理器(buffer manager)的主要职责。

当 DBMS 需要读取磁盘上的数据块时,它首先向缓冲区管理器发出请求。如果该数据块已经在缓冲区中,则缓冲区管理器直接将其内存地址返回给请求者,称为缓冲区命中(buffer hit)。如果该数据块不在缓冲区中(buffer miss),则需要进行一次物理的磁盘 I/O,把该数据块读到缓冲区中,然后把存放这个数据块的内存地址返回给请求者,如图 5.18 所示。

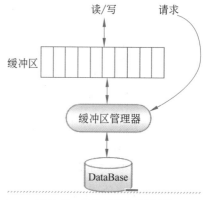

图 5.18   DBMS 读写数据块

当关系表的元组发生更新,DBMS 需要将更新后的元组写到数据库中时,它并不把该元组立即写回外存,仅把该元组所在的缓冲区页面作一个标志,表示可以释放。缓冲区管理器通常在下面几种情况下才将缓冲区中的脏页面写回到磁盘(FlushBuffer):

(1) 数据缓冲区没有空闲块,需要调入新的外存页面时,缓冲区管理器按一定的淘汰策略把缓冲区中的页面写回外存。

(2) DBMS 中有后台写进程,定期把脏页面写回磁盘,以提高系统吞吐率。

(3) 当 DBMS 执行检查点(checkpoint)时,会强制在该时间点把缓冲区所有的脏页面写回磁盘,使内外存保持一致,以方便发生系统故障时进行数据恢复。

5.4.2   页面置换策略

缓冲区管理器的一个重要职责就是尽可能提高数据缓冲区的命中率,减少对磁盘的访问。缓冲区管理器需要作出的关键选择是当一个最新请求的数据块需要被读入缓冲区时,如果空间不足,应该将现有缓冲区中哪个数据块丢出缓冲区,这就涉及缓冲区置换策略。

应用程序在运行的过程中访问数据的模式通常具有时间局部性和空间局部性的特点。时间局部性是指被访问过一次的数据在未来通常还会被多次访问。空间局部性是指如果一个数据被访问后,它附近数据通常在未来被访问的概率更大。因此,设计缓冲区置换策略最直接的想法是,最近访问过的缓冲区相比于那些长时间没有使用的缓冲区,近期再次被访问到的概率更大,因此可以选择淘汰最近最少使用的缓存块,即 LRU(Least Recently Used)策略。

LRU 策略可以采用多种数据结构实现,如单链表、双链表、双链表和哈希相结合等。例如,可以将系统中的 N(0 到 $N-1$)个缓存块初始化成双向循环队列,如图 5.19 所示。链表中增加第 N 个结点,该结点是个虚拟结点,作为该链表的头,称为 FreelistHead。

当系统需要缓存块存放数据时,每次都是取走 FreelistHead 的 FreeNext 指向的

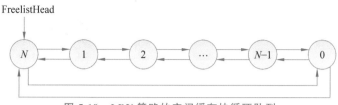

图 5.19　LRU 策略的空闲缓存块循环队列

位置,即下一个缓存块,把刚使用完的缓存块放在 FreelistHead 的 FreePrev 指向的位置。这样的话,最近访问的缓存块在链表头的左边,而每次从链表头的右边取缓存块存放新的数据,淘汰缓存块中原来的数据。

　　LRU 策略简单有效,但是每次数据库访问都需要维护 LRU 链表,在多用户并发的环境下,这也是一个不小的开销。

　　在数据库系统中,数据块的访问频率是不一样的,例如,索引的前两层结点所对应的页面在索引扫描时会被读写多次,而表的数据块通常只被读写一次,我们希望使用频繁的索引页能够常驻内存,并将一些表的数据页面尽早地置换出去,留出更多的内存给索引页。所以在设计缓冲区置换策略时不仅考虑使用时间,使用频率也是应该考虑的因素。时钟算法 CLOCK 就是一种同时考虑使用时间和使用频率的缓冲区淘汰算法,它是实际中常用的近似 LRU 算法。

　　CLOCK 算法将缓冲区连成一个环,有一个指针指向当前的缓存块,每个缓存块上都有两个计数。

　　(1) 引用计数(refcount),用于统计正在访问该缓存块的后台进程数量,防止错误地将正在被使用的缓存块淘汰。

　　(2) 使用计数(usage_count),用来标记缓存块被使用的次数。使用计数值越大,说明该缓存块被使用的频率越高,因而不能作为被替换的对象。使用计数值越小,说明被使用的频率越低。只有当使用计数为 0 时,才可能作为被替换的对象。

　　当需要一个空闲块存放要读取的数据块时,指向当前缓存块的指针就会按照顺时针旋转,查找引用计数和使用计数都为 0 的缓存块。当指针移动到某个缓存块时,如果该缓存块的使用计数大于 0,则将该使用计数减 1。由此可见,使用计数越大,淘汰的可能性就越小。

　　例如,假设目前系统缓冲区的状态如图 5.20 所示。当前缓冲区指针指向 4 号缓存块。现在需要查找可以使用的缓存块,从 4 号缓存块开始查找。4 号缓存块正在被使用,因此不能被替换。5 号缓存块虽然没有进程引用,但是其使用计数大于 0,表示此缓存块使用频率较高,将使用计数减 1,然后跳去查看下一个缓存块,即 6 号缓存块。6 号缓存块的引用计数和使用计数都为 0,因此选择将 6 号缓存块淘汰,并记录缓冲区下一次开始搜索的位置是 7 号。

　　再看下面的场景,假设数据缓冲区中共有 5000 个缓存块,其中 95% 会被频繁引用,但是如果有一个查询需要对一个大表进行全表扫描,则可能出现不希望出现的情况:"可能只被引用一次的页"将"频繁引用的页"置换出去,磁盘 I/O 增加,出现长的 I/O 等待队列。LRU 策略不适用这种情况,这种情况能优化吗?

　　幸运的是,数据库中执行 SQL 查询时是按照执行计划进行的,DBMS 知道对数据库对象的访问模式,对于全表扫描,其数据块通常只读取一次,缓冲区置换策略应该采

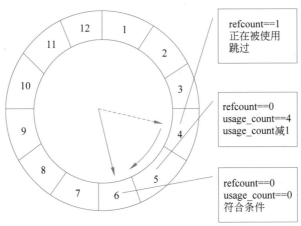

图 5.20　CLOCK 算法示例

用 MRU(Most Recently Used)策略,即淘汰最近刚访问过的缓存块。由此可见,对于不同的数据块应该采用不同的淘汰策略。

Oracle 采用的策略是将数据库缓冲区配置成几个独立的缓存池。

(1) KEEP 缓存池:该池中的缓存块始终保留在数据库缓存中,任何情况下都不会被置换出去。

(2) RECYCLE 缓存池:该池中的缓存块一旦使用完毕将立即被置换出去。

(3) DEFAULT 缓存池:采用 LRU 策略。

PostgreSQL 对于大表的全表扫描会采用环形缓冲区(ring buffer)策略。环形缓冲区策略是为某些在短时间内需要访问大量磁盘块的操作分配一定数量的缓存块,让这些操作循环使用这些分配的缓存块,从而避免影响全局数据缓冲区中的其他缓存块。

缓冲区置换策略对于数据库和操作系统的性能都有很大的影响,学术界提出了很多种其他算法,例如,LRU-K、2Q、ARC 等,并在各种应用场景下对它们进行性能评估。缓冲区置换策略严重依赖工作负载的特征,没有哪一种缓冲区置换策略适用所有的场景。

5.5　本章小结

本章主要讨论了数据库的存储管理技术,包括物理存储系统、数据的逻辑与物理组织方式、元数据存储以及缓冲区管理与页面置换策略。

常用的存储介质包括磁盘、固态硬盘和独立磁盘冗余阵列。其中磁盘 I/O 是影响系统性能的瓶颈,因此如何优化磁盘 I/O 受到极大关注。使用缓冲区、采用合适的数据组织方式等都是减少磁盘 I/O 的手段,也是本章讨论的重点内容。

数据库的数据组织方式包括逻辑组织方式和物理组织方式。从逻辑上划分数据库空间是为了方便数据的管理,常见方式是将数据库组织成"表空间—段—分区—数据块"的形式。物理上数据库中的数据最终是以文件的形式存储在磁盘上,如何组织单条记录、如何在一个块中存放一组记录、如何组织一个关系表在块中的存储都是数据物理组织中重点讨论的问题。

缓冲区是数据库存储管理中的另一个重要问题,缓冲区的管理策略以及页面置换策略是其中的关键技术,也是本章的重点和难点。

习题

1. 常用的存储介质有哪些？各自有什么特点？
2. 试述有哪些措施可以提升磁盘 I/O 性能。
3. 请给出关系数据库存储管理的两种不同策略,并分析各自的优缺点。
4. 对于如下的关系模式：

```
CREATE TABLE Customers(
    CID VARCHAR(30) PRIMARY KEY,
    CName VARCHAR(120) NOT NULL,
    City VARCHAR(120)
);
```

假设 Customers 表以定长记录方式存储。请描述 Customers 表的记录存储,在以下情况下一条记录占多少字节？
(1) 字段可以在任何字节处开始。
(2) 字段必须在 4 的倍数的字节处开始。
(3) 字段必须在 8 的倍数的字节处开始。
5. 对于第 4 题中的关系模式,如果以变长记录方式存储,针对下面的数据集(见表 5.1),试画出块的组织。

表 5.1　数据集

CID	CName	City
1001	张三	北京
1002	李四	广州
1003	王五	上海
1004	赵小六	哈尔滨
1005	钱小七	乌鲁木齐

6. 试述关系表有哪些组织方式,并分析各自的优缺点。
7. 试述常见的缓冲区置换策略,并分析各自的优缺点。

实验

基于数据库原型系统框架 Rucbase(https://gitee.com/DBIIR/rucbase-lab),实现数据库存储管理的功能,主要包括：
(1) 缓冲区管理。包括分配缓存块,读写指定页面,实现 LRU 置换策略。
(2) 磁盘存储管理。包括以定长记录的组织形式存放记录,对记录进行遍历以及增删改操作。

第6章

索　引

多数情况下，用户的查询请求只涉及关系表中的少量记录，例如，查询价格低于 1000 的商品等。如果读出该表的全部元组，逐条判断是否满足查询条件，当表比较大时效率会很低。如果关系表能有一个类似于图书目录的数据结构，直接定位到满足条件的元组，显然可以提高查询处理效率，这个数据结构就是索引。

索引是建立在表的某一属性或属性组上的数据结构，提供在该属性（组）上快速查找满足特定条件的元组的方法，这个属性或属性组称为索引键（index key）。索引结构本质上是构建索引键值与相应记录地址之间的映射，它由一组＜索引键值、地址指针＞对组成，每个＜索引键值、地址指针＞对称为一个索引项，其中地址指针指向具有相应索引键值的元组集的存放位置。

索引的优势在于以下几点：①一个表的索引块数量通常比数据块数量少得多，因而搜索起来就会比较快；②索引通常采用一些易于检索的数据结构，可以有高效的方法在索引中快速查找；③对于经常访问的数据库表，如果其索引文件足够小，则可以长久地驻留在内存缓冲区中，从而减少 I/O 操作。

当然，索引也会带来额外的开销，包括额外的存储空间开销，建立索引的开销，以及当对基本表进行插入和删除操作及修改索引键值时，维护索引的开销。

索引可以有多种形式，每种索引都使用一种特定的数据结构实现利用索引提高查询速度的目的。在设计索引数据结构时，主要基于以下几方面的考虑：

（1）访问类型：适用的查询类型。

（2）访问时间：通过索引查找特定元组或元组集合所需要的时间。

（3）插入时间：找出正确的位置插入索引项的时间开销以及维护索引结构的时间开销。

（4）删除时间：找到被删索引项并进行删除的开销以及维护索引结构的时间开销。

（5）存储空间：存放索引结构的空间开销。

数据库中常见的索引结构包括顺序

表的索引、辅助索引、B$^+$树索引、哈希索引、Bitmap 索引等。下面依次介绍这几类索引结构。

6.1　顺序表的索引

5.2.4 节讨论了关系表的顺序存放方式。为了提高顺序表的查询效率,可以在顺序表的排序属性(组)上建立索引。这种索引结构是建立在按索引属性值顺序存放的关系表上的,也称为主索引(primary index)或聚簇索引(clustering index)。

顺序表的索引虽然称为主索引,但与主码(primary key)没有关系,索引属性可以是任意属性(组),并不一定要建立在主码上。

顺序表上的主索引分为稠密索引和稀疏索引两类。索引结构中,每个索引项由索引属性的取值以及指向相应记录的指针两部分组成。与主索引相对应的是辅助索引(secondary index,参见 6.2 节)。

6.1.1　稠密索引

稠密索引(dense index)的索引块中存放每条记录的索引属性值以及指向相应记录的指针。以 Products 表 PID 属性上的稠密索引为例,为方便举例,假设每个块只能存放 2 个 Products 表元组,每个块可以存放 6 个 PID 索引项,其索引如图 6.1 所示。其中,右边为 Products 表的数据,左边为 PID 属性上的稠密索引,每个 Product 元组在索引中都对应了一个索引项。

图 6.1　稠密索引

如果用户想在 Products 表中查找商品 ID 为 P0010 的商品信息:

```
SELECT *
FROM Products
WHERE PID=' P0010';
```

借助 PID 属性上的稠密索引,3 次 I/O 即可找到该记录,前两次 I/O 用于读入索引块,在其中查找 P0010 的索引项,第三次 I/O 根据索引项中的指针读取 P0010 元组。如果不借助索引,直接扫描基本表,依次读入 Products 表的各个块,则需要 5 次 I/O 才能找到 P0010 元组。

如果用户想在 Products 表中查找商品 ID 为 P0210 的商品信息,搜索 PID 属性上的稠密索引,没有找到相应的索引项,则可以确定 Products 表不存在该商品,查询结果为空。这种情况无须访问基本表即可以回答查询,这是稠密索引的优势。

稠密索引是一个有序索引,当索引比较大时,可以用二分查找法在稠密索引中查找指定的索引项。

6.1.2　稀疏索引

在稠密索引中,关系表的每个元组都对应了一个索引项。当关系表的数据量比较大时,索引会比较大,在索引中进行查找可能会花费较多的时间。稀疏索引(sparse index)就是为了解决这个问题而引入的。

在稀疏索引中,基本表的每个物理存储块只对应一个索引项,即稀疏索引的每个索引项存放每个物理块的第一条记录的索引属性值及指向该物理块的指针。图 6.1 中的 Products 表,其稀疏索引如图 6.2 所示。

图 6.2　稀疏索引

利用稀疏索引查询 Products 表 PID 为 P0010 的商品信息,首先在稀疏索引中查找属性值小于或等于 P0010 的最大索引项(根据索引的大小,用顺序查找法或二分查找法),即 P0009 的索引项,然后根据它的指针找到相应的存储块,在该块中顺序搜索,查找 PID 属性值为 P0010 的元组。完成这个查询共需要 2 次 I/O。如果在该块没有找到 PID 为 P0010 的元组,则 Products 表必定不存在这条元组,因为下一存储块的 PID 值肯定大于 P0010。与稠密索引不同的是,无法仅仅访问索引就能判定所查找的元组不存在。

稀疏索引除了尺寸小之外,还有另一个优势。当对基本表进行增删改时,只要增加和删除的元组不是一个存储块的第一条记录,修改的元组属性不是存储块第一条记录的索引属性,稀疏索引就不需要维护。

6.1.3　多级索引

当关系表的数据量非常大时,稀疏索引可能仍然比较大,读取稀疏索引和在索引中查找的效率仍然不够高,多级索引(multilevel index)就是为解决这个问题而引入的。

多级索引中,第一级索引是前面介绍的稠密索引或稀疏索引,当这级索引较大时,可以在其上再建第二级索引。如果第二级索引仍然较大,则可以在第二级索引上建第三级索引,以此类推,直到索引尺寸合适为止。二级索引或更高级的索引必须是稀疏索引。图 6.3 在 Products 表上建立了二级索引。

利用多级索引进行查找时,从高级索引入手,逐层向下,直到定位到记录所在的物理块。例如在图 6.3 中查找 PID 为 P0013 的商品信息,首先在第二级索引中按前面讲的稀疏索引的查找方法,定位到 P0013 记录在一级索引中的索引块位置,然后在一级索引块中查找 P0013 的索引项,得到其记录指针。

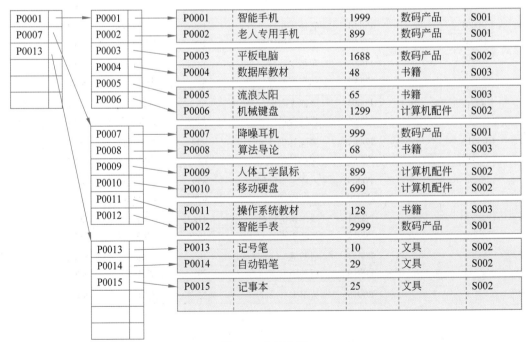

图 6.3　多级索引

6.2 辅助索引

辅助索引是建立在表的非排序属性上的索引。一个表最多只能建立一个主索引，但可以在不同的属性上建立多个辅助索引。由于辅助索引是建立在无序属性上的，因此它必须是稠密索引。图 6.4 是在 Products 表的 Category 属性上建立的辅助索引。

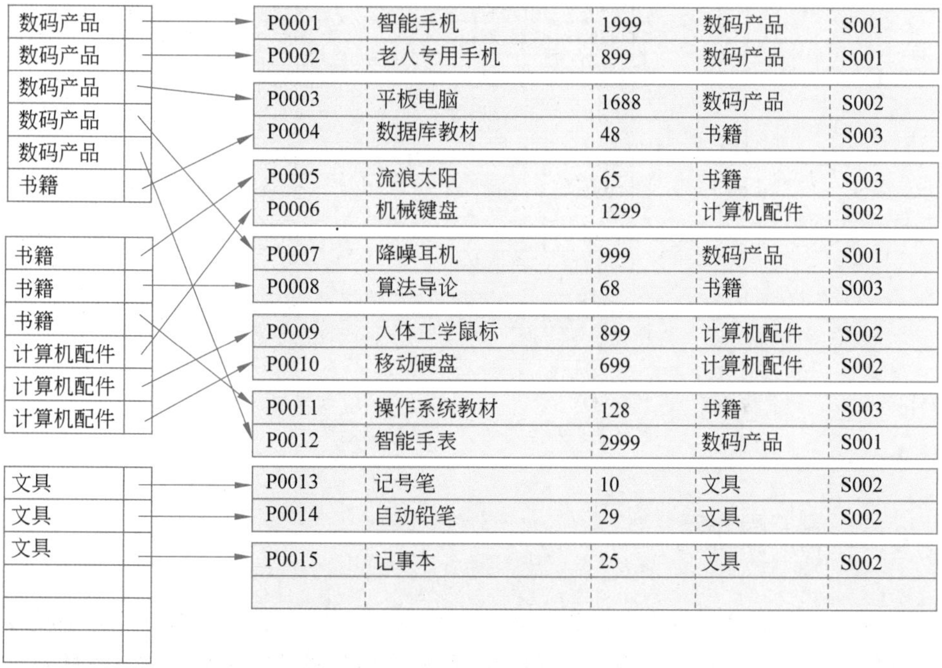
数码产品
数码产品
数码产品
数码产品
数码产品
书籍
书籍
书籍
书籍
计算机配件
计算机配件
计算机配件
文具
文具
文具
P0001 智能手机 1999 数码产品 S001
P0002 老人专用手机 899 数码产品 S001
P0003 平板电脑 1688 数码产品 S002
P0004 数据库教材 48 书籍 S003
P0005 流浪太阳 65 书籍 S003
P0006 机械键盘 1299 计算机配件 S002
P0007 降噪耳机 999 数码产品 S001
P0008 算法导论 68 书籍 S003
P0009 人体工学鼠标 899 计算机配件 S002
P0010 移动硬盘 699 计算机配件 S002
P0011 操作系统教材 128 书籍 S003
P0012 智能手表 2999 数码产品 S001
P0013 记号笔 10 文具 S002
P0014 自动铅笔 29 文具 S002
P0015 记事本 25 文具 S002

图 **6.4** 辅助索引

从图 6.4 可以看到，建立辅助索引的属性往往会取重复值。如果能去掉重复取值的索引项，则可以减小索引的大小，进而减小在索引中查找的开销。但是不同索引属性值重复的次数往往不相同，也很难预先估计重复次数，因此不能简单地通过在每个索引项中预留多个指针解决这个问题。一种常用的解决方案是引入一个中间数据结构"指针桶"，索引项中的指针指向指针桶中的相应位置，指针桶中的指针指向相应元组，如图 6.5 所示，这里假设一个物理块能存放 16 个桶指针，所以在本例中指针桶占用一个物理块。

当在关系表上建立了多个辅助索引时，可以利用辅助索引的指针桶回答涉及多个属性条件的查询。例如，对于如下查询：

```
SELECT *
FROM Products
WHERE Category='数码产品'
AND SID='S001';
```

如果 Products 表在 Category 属性上和 SID 属性上都建有辅助索引，则可以分别利用两个辅助索引找出满足各自条件的指针组，对两组指针求交集，即可得到同时满足两个条件的指针组，这组指针所指向的元组就是查询结果。如果两组指针的交集为空，则说明没有同时满足两个查询条件的元组。

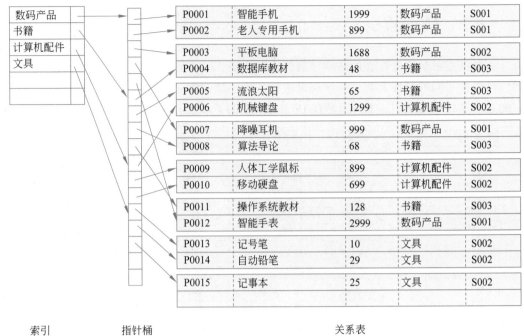

图 6.5　去掉重复索引项的辅助索引

6.3　B⁺ 树索引

稠密索引和稀疏索引因其结构简单,索引项有序,便于查询,在数据量较小时是一类有效的索引结构。但随着数据量的增大,稠密索引和稀疏索引越来越力不从心。一是大数据量的表,索引本身也比较庞大,在索引中查找的效率不能令人满意;二是按同一属性的不同值进行查找,其时间效率可能相差较大;三是为保持索引项和元组的有序,维护代价较高。多级索引的引入在一定程度上解决了第一个和第二个问题,但并不能从根本上解决,同时它的引入还会加大索引的维护代价。

B⁺ 树就是为了解决大型索引的组织和维护问题而产生的一种索引结构。它具有查找效率高、按不同值查找性能平衡、易于维护等特点,已经成为索引组织的一种标准形式。目前主流的 RDBMS 都提供了 B⁺ 树索引,B⁺ 树索引是一种使用最广泛的索引结构。

6.3.1　B⁺ 树索引的结构

B⁺ 树本质上是一个多级索引,但它不同于 6.1 节中的多级索引。B⁺ 树将索引块组织成一棵树,这棵树是平衡的,即从树根到树叶的所有路径都一样长。B⁺ 树的结点分为 3 类:根结点、中间结点、叶结点。根结点只有一个,根结点和中间结点统称为非叶结点。B⁺ 树的一个索引块最多能存放的指针个数称为 B⁺ 树的秩(order)。

一棵秩为 n 的 B⁺ 树索引具有下列特征。

(1) 每个结点最多包含 $n-1$ 个 key。

(2) 除了根结点外,每个结点最少包含 $\lceil (n-1)/2 \rceil$ 个 key(根结点最少含有一项)。

（3）含有 $j-1$ 项的非叶结点，有 j 个指针，分别指向其 j 个孩子（叶结点除外，它没有孩子）。

（4）所有的叶结点都在同一级上。含有 $j-1$ 项的叶结点，有 j 个指针，前 $j-1$ 个指针指向相应的关系表元组，第 j 个指针指向兄弟叶结点。

图 6.6 是 B⁺ 树索引的一个典型结点。它包含了 $n-1$ 个属性值 $K_1,K_2,\cdots,K_{n-1}$ 和 n 个指针 $P_1,P_2,\cdots,P_n$。结点中的属性值按序存放，因此，如果 $i<j$，则 $K_i<K_j$。

图 6.6　B⁺ 树索引的一个典型结点

对于叶结点，这里的指针 P_i 指向关系表中属性值为 K_i 的元组（$i=1,2,\cdots,n-1$），指针 P_n 指向其兄弟叶结点。最后一个叶结点的 P_n 为空，如图 6.7 所示。

图 6.7　B⁺ 树索引的叶结点

对于非叶结点，这里的指针 P_i 指向其下层的孩子结点（$i=1,2,\cdots,n$）。其中，P_1 指向的子树，其所有属性值 Key 均满足 Key $<K_1$；$P_i(i=2,3,\cdots,n-1)$ 指向的子树，其所有属性值 Key 均满足 $K_{i-1}\leqslant$ Key $<K_i$；P_n 指向的子树，其所有属性值 Key 均满足 Key$\geqslant K_{n-1}$，如图 6.8 所示。

图 6.8　B⁺ 树索引的非叶结点

图 6.9 是 Products 表 PID 属性的 B⁺ 树索引，这里假设 n 为 5，即一个物理块最多能存放 4 个 PID 属性值和 5 个指针，最少要存放 2 个 PID 属性值和 3 个指针，根结点除外。可以看到，借助各个叶结点中指向其兄弟叶结点的指针，B⁺ 树的叶子层结点形成一个顺序集合。

6.3.2　B⁺ 树索引的查询

B⁺ 树索引可以高效地完成点查询和范围查询。

1. 点查询

点查询是按照索引属性的取值进行查找。查询方法是，从根结点入手，根据要查询的属性值大小，沿着相应的父结点指针逐层向下搜索，直到叶结点。如果在该叶结点中找到相匹配的属性值，则可用相应的元组指针取出查询结果；如果在该叶结点中没有找到匹配的属性值，则说明没有满足该条件的元组。

例如，在 Products 表中查询 PID＝P0011 的商品信息。首先在根结点中进行判断，由于 P0011＞P0008，因此沿右子树继续搜索；在中间结点层，由于 P0010＜P0011

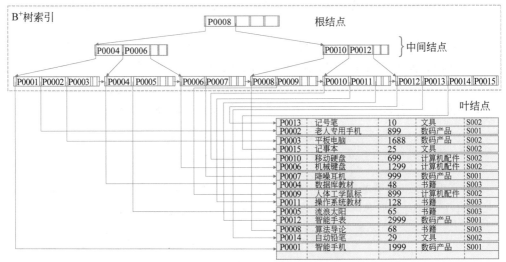

图 6.9   Products 表 PID 属性的 B$^+$ 树索引

<P0012，因此沿 P0012 左侧指针继续向下搜索；在叶结点中找到 P0011 后，用其左侧
的记录指针从数据库中取出 P0011 的元组。查询结束。

点查询的查找过程可规范地表示如下：

（1）如果结点 T 的键值集合是 $K_1, K_2, \cdots, K_n$，在结点 T 中找到大于 K 的最小
索引键值，即如果 $K<K_1$，则是 K_1，如果 $K_1 \leqslant K<K_2$，则是 K_2，以此类推，假设找到
的是 K_i，将指针 P_i 指向的子结点记为 T。

（2）如果结点 T 是非叶结点，则返回（1）继续查找。

（3）如果 T 是叶结点，则在结点 T 中查找，如果在该叶结点中找到 $K_i = K$，则可
用元组指针 P_i 取出查询结果；如果在该叶结点中没有找到匹配的属性值，则说明没
有满足该条件的元组。

2. 范围查询

范围查询，例如查询 PID≥P0011 的商品信息，其方法是，首先用上面的点查找方
法找到 P0011 的元组，它是范围查找的入口点，以此开始顺序搜索，后面的所有属性
值（包括本叶结点中的和其后面的所有兄弟叶结点中的）都满足查询条件，取出相应的
元组指针即可。遍历完当前叶结点后，沿指向下一叶结点的指针继续遍历，直到最后
一个叶结点。

对于条件为 between…and…的范围查询也类似，用点查找方法分别找到范围条
件的入口点和结束点，对入口点和结束点之间的属性值进行顺序搜索，也可以只确定
入口点，在顺序遍历叶结点的过程中确定结束点。

显然，B$^+$ 树的查询路径是从根结点搜索到叶结点。由于 B$^+$ 树是一棵平衡树，所
有的叶结点都在同一层，因此无论查询条件中的属性值是什么，其查询效率都相似。
例如查询 PID=P0011 的商品与查询 PID=P0001 的商品，其 I/O 次数是一样的。这
是 B$^+$ 树索引的优势之一。

6.3.3   B$^+$ 树索引的维护

当对基本表执行插入和删除操作时，需要同时对该表上建立的所有 B$^+$ 树索引进

行相应的维护。维护 B⁺ 树索引的关键是维持 B⁺ 树的平衡特性。

插入元组时,首先要用上面介绍的点查询算法,找到相应索引项应插入哪个叶结点中。如果该叶结点有空闲空间,即 Key 值个数小于 $n-1$,则直接插入即可,这是最简单的情况。如果该叶结点 Key 值个数已经等于 n,则结点达到最大充满度,例如在图 6.9 中插入 PID＝P0016 的索引项,插入操作将导致该叶结点溢出,进而分裂成 2 个叶结点,分裂后,其父结点也要做插入操作,如图 6.10 所示。

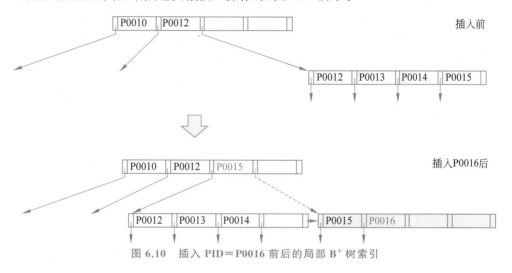

图 6.10　插入 PID＝P0016 前后的局部 B⁺ 树索引

如果父结点也出现溢出和分裂,则继续维护父结点的父结点,逐层向上。如果这种向上传递的溢出和分裂达到根结点,则会导致树的高度增加一层。

向结点 T 中插入索引项导致结点 T 分裂,其处理方法可规范地表示如下:

(1) 创建一个新结点 N,该结点是 T 结点的右兄弟结点。

(2) 将前 $\lceil (n+1)/2 \rceil$ 个指针留在 T 结点中,把剩余的指针移到 N 结点中。

(3) 将前 $\lceil (n-1)/2 \rceil$ 个 Key 值留在 T 结点,将剩余的 Key 值移到 N 结点。

(4) 将中间的 Key 值 K 插入 T 和 N 的父结点中,用来分隔 T 分裂出来的两个结点,其右侧指针指向新结点 N。

删除元组与插入元组类似。首先用点查找算法找到要删除的对应索引项。如果其所在的叶结点中,Key 值个数大于 $\lceil (n-1)/2 \rceil$,则直接删除即可,删除后该叶结点仍然能满足最小充满度要求,这是最简单的情况。例如在图 6.9 中删除 P0001 索引项就是这种情形。

假设叶结点 T 的 Key 值个数为 $\lceil (n-1)/2 \rceil$ 个,现在需要在结点 T 中删除一个索引项,删除后结点 T 不满足最小充满度要求,可以采用下面的方法处理:

(1) 如果结点 T 的兄弟结点 N 的 Key 值个数大于 $\lceil (n-1)/2 \rceil$ 个,则可以移动一个 Key 值到结点 T 中,并保持 Key 值的顺序。假设 N 是结点 T 的右兄弟,从结点 N 移到结点 T 的 Key 值一定是结点 N 中的最小值,结点 T 的父结点中分隔结点 T 和结点 N 的 Key 值可能增大以匹配结点 N 的变化。

(2) 如果结点 T 的兄弟结点 N 的 Key 值个数也是 $\lceil (n-1)/2 \rceil$ 个,则只能合并这两个结点,相当于删除了一个结点,其父结点也要执行相应的删除操作,这种删除操作可能导致父结点不能达到最小充满度,进而需要合并。如果逐层向上传递到根结点,可能会导致树的高度降低一层。

例如在图 6.9 中删除 P0005 索引项,这时该叶结点就需要与其兄弟叶结点合并。

6.4　哈希索引

哈希索引是另一类能够实现快速查找的索引结构。哈希索引有两个关键要素,即哈希函数和哈希表。哈希表由 B 个哈希桶组成。哈希函数用来将数据记录的索引属性值映射到哈希桶,即存放该记录索引的桶。每个桶存放一个或多个哈希值相同的索引项,每个索引项包括属性值和指向相应记录的指针。

哈希索引与 5.2.4 节介绍的哈希文件组织的区别在于哈希桶的存放内容。哈希文件组织中,哈希桶存放的是数据记录,如图 5.15 所示。哈希索引中,哈希桶存放的是索引属性值及指向相应数据记录的指针,如图 6.11 所示。

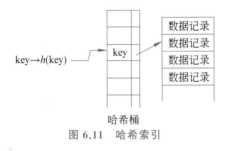

图 6.11　哈希索引

6.4.1　静态哈希索引

静态哈希索引是最基本也是最简单的哈希索引。上面已经提到,哈希函数和哈希表是哈希索引的两个关键要素,接下来从哈希函数、哈希表、哈希索引的查找与维护几方面介绍静态哈希索引。

1. 哈希函数

哈希索引借助哈希函数将索引项映射到不同的哈希桶中存储。设计哈希函数时要尽量保证函数的取值随机和均匀,从而能够将索引项均匀地分布到不同的哈希桶中,不会出现某个桶的索引项远远超过其他桶。

例如,在 Products 表的 PID 属性上建立哈希索引,假设 Products 表有 5000 条商品数据,PID 索引有 100 个桶,哈希函数可以将商品 ID 转换为数值型,除以 100 取模,以此作为桶号。或者取商品 ID 最后两位,将其转换为数值型作为桶号。这两类哈希函数都可以比较均匀地将 PID 索引项映射到 100 个桶中。

2. 哈希表

哈希表由一组桶组成,一个桶对应一个或多个物理块。桶中存放被映射到该桶的哈希索引项,每个索引项包括索引属性值和指向相应记录的指针。图 6.12 是 Products 表 PID 属性上的哈希索引,每个桶最多可以存放 6 个索引项。由于只有 15 条数据,这里设有 3 个哈希桶。哈希函数是取商品 ID 最后 4 位,将其转换为数值型,除以 3 并取模作为桶号。

哈希桶的空间是有限的,当某个桶的存储空间不足时,称为桶溢出(bucket overflow)。

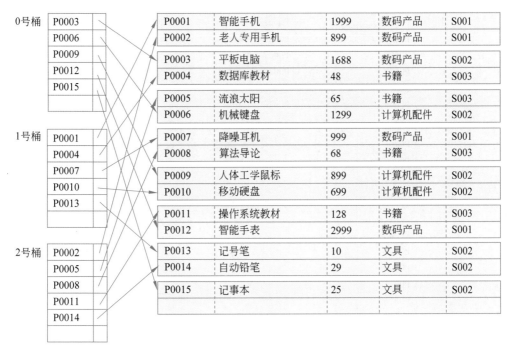

图 6.12　Products 表 PID 属性上的哈希索引

出现桶溢出的原因主要有如下 3 类。

（1）哈希桶的数量不足，不能存放所有的索引项。例如在图 6.12 中，持续向 Products 表插入元组，当元组数超过 18 个后，新的索引项就无处安放了。

（2）属性取值存在偏斜，某些属性值过多。例如 Products 表中，数码产品类商品非常多，使得 Category 属性上的哈希索引的相应桶无法容纳下所有索引项。

（3）哈希函数设计不合理，无法将索引项均匀地映射到每个桶，导致某个桶的数据过多。

为了减少桶溢出的情况，DBMS 通常会预留一定百分比的空间。尽管如此，桶溢出还是不可能避免，必须有相应的处理措施。解决桶溢出问题最常用的方法是给该桶分配一个溢出桶。当溢出桶空间也充满时，再追加新的溢出桶。为了快速找到溢出桶，DBMS 会用溢出链将一个桶及其溢出桶链接在一起，如图 6.13 所示。

3. 哈希索引的查找与维护

1）哈希索引的查找

哈希索引主要用于等值查找。使用哈希索引进行查找时，首先根据要查找的属性值计算出其哈希函数取值，得到桶号，然后去该桶中搜索相应的索引项。如果桶中没有找到，但存在溢出桶，还需要继续搜索溢出桶。

例如在图 6.13 中查找 PID 为 P0010 的商品，首先用哈希函数计算出 P0010 索引项所在的桶号，这里是 1 号桶，然后去 1 号桶中查找 P0010 索引项，如果找到，则根据相应的记录指针取出商品 ID 为 P0010 的记录。如果 1 号桶中没有该索引项，则说明不存在该商品。如果查找商品 ID 为 P0024 的商品，则需要在 0 号桶中继续沿溢出链查找，直到找到为止，或者搜索完最后一个溢出桶。

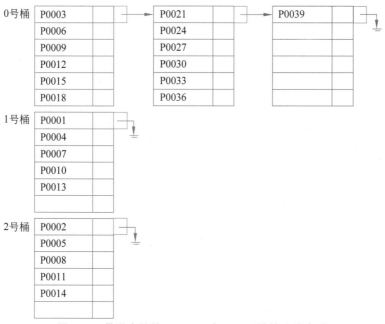

图 6.13　带溢出链的 Products 表 PID 属性的哈希索引

2）哈希索引的维护

向基本表中插入元组时，也需要向哈希索引中插入相应的索引项。方法是用哈希函数计算出索引项应插入的桶号，如果该桶中有空间，直接插入索引项。如果该桶中空间已满，则申请溢出桶并插入。

类似地，删除基本表元组时，需要找到其索引项所在桶并删除。如果有溢出桶，则还需要判断一下是否有足够的空间可以合并溢出桶。

6.4.2　动态哈希索引

在静态哈希索引中，桶的个数是事先确定好并且不再改变的。随着数据的不断增加，桶溢出就成为静态哈希索引不可回避的问题，而严重的桶溢出会极大地影响查找效率。解决该问题有两种方法。

（1）适当预留桶空间。实际情况是，很难预先估算出一个表的数据量，并预留合适的索引空间。预留空间过小，不能解决桶溢出问题；预留空间过大，会造成较大的空间浪费。

（2）随着关系表的增大，周期性地增加哈希桶的数目，并重组索引，但索引重组是一个比较耗时的事情，同时也会影响正在进行的查询。

动态哈希索引可以随着关系表的增大，逐渐扩大桶的数目，是更适合数据库应用特征的哈希索引结构。动态哈希索引包括可扩展哈希索引（extensible hashing index）和线性哈希索引（linear hashing index）两类。它们都是将索引属性值散列到一个长的二进制位串，然后使用其中若干位作为桶号，并通过增加所使用的位数来增加桶的个数。

1. 可扩展哈希索引

可扩展哈希索引的哈希函数为每个索引属性值计算出一个 B 位的二进制序列，B 值足够大，例如 32 位，其哈希桶个数上限是 2^B 个。可扩展哈希索引的扩展性就表现

在不是一开始 2^B 个哈希桶都启用,而是以从序列的第一位或最后一位开始的若干位作为桶号,假设是 i 位($i \leqslant B$),则桶的个数最多可以达到 2^i 个。随着基本表数据量的增加,i 的值不断增大,相应桶开始裂变,桶的个数相应地增长。

由于关系表的数据分布不一定完全均匀,为了不让某些桶过于空闲,在增大 i 值时,并不是所有的桶都会发生裂变,只有充满的桶才裂变,未裂变的桶会出现一个桶对应多个哈希键值的情形,为此可扩展哈希表使用一个指针数组作为目录来表示桶,其中的指针指向该桶的数据块。

图 6.14 是一个可扩展哈希表示例,假设 $B = 4$,哈希函数为所有的索引属性生成 4 位的二进制序列,当前使用最左边的一位,即 $i = 1$,因此,桶数组中只有两项,一个对应 0,一个对应 1。

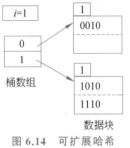

图 6.14　可扩展哈希表示例

在可扩展哈希表的数据块中,需要记录当前使用了几个二进制位来确定记录在该块中的成员资格。该信息通常记录在数据块的页面头部信息中。图 6.14 中的可扩展哈希表目前只使用一位,因此在数据块的头部信息中记录为 1。

下面来看看随着可扩展哈希表中不断插入键值,其桶的数量是如何发生变化的。

现在要向可扩展哈希表中插入键值为 K 的索引项,其步骤如下。

(1) 使用哈希函数计算 $h(K)$,取出此二进制序列中的前 i 位。

(2) 在桶数组中找到序号为该值的数据项,根据数据项的指针找到该桶的数据块。

(3) 如果该数据块中还有空间,则直接插入索引项;如果该数据块中空间已满,则查看该数据块头部记录的该数据块使用的序列位数 j。

① 如果 $j < i$,桶数组不需要发生变化,只需要分裂该桶的数据块,并对数据块中已有的索引项进行局部重组,修改桶数据的指针。具体如下:

a) 将该数据块分裂成两个数据块。

b) 根据每个键值的哈希值的第 $j+1$ 位取值,将原数据块中的索引项重新分布到这两个数据块中,值为 0 的索引项留在原数据块,值为 1 的索引项迁移到新数据块。

c) 将 $j+1$ 记录到这两个数据块的页面头部信息中,以表明确定该数据块成员资格所使用的二进制序列的位数。

d) 调整桶数组的指针,使其指向相应的数据块。

e) 将索引项 K 根据其哈希值的前 i 位插入对应的数据块中。如果在第 b) 步分裂数据块时,所有的索引项都分配到同一个数据块中,而 K 又正好在这个数据块中,则需要跳转到第(3)步,重新递归执行该过程。

② 如果 $j = i$,则需要将 i 加 1,使桶数组的长度增加一倍,现在桶数组中有 2^{i+1} 个数据项,桶数组新增的数据项的指针与前 i 位相同的原数据项的指针指向同一个数据块。跳转到第(2)步,根据索引项 K 的哈希值的前 $i+1$ 位重新递归执行该过程。

例如,在图 6.14 中的哈希表中插入键值哈希值为 1011 的索引项,该哈希表的桶数组只使用 1 位($i = 1$),所以找到桶数组的第二项,根据其指针找到第二个数据块。但是该数据块已满,需要对其进行分裂。该数据块的页面头部信息中的 j 值也是 1,

因此需要首先把桶数组增加一倍,桶数组中 $i=2$,变成 4 个数据项。

现在取键值哈希值的前两位 10,找到桶数组的第三项,根据其指针找到第二个数据块。该数据块已满且页面头部信息中的 j 值仍然是 1,小于桶数组的 i 值,因此分裂该数据块,以 10 开头的索引项留存原数据块中,以 11 开头的索引项迁移到新的数据块中,将 j 加 1,这时分裂后的两个数据块的 j 为 2。然后将索引项插入对应的数据块,如图 6.15 所示。

如果继续插入哈希值分别为 0011 和 0110 的索引项,这两个索引项都属于第一个数据块,该数据块的页面头部信息中的 j 值小于桶数组的 i 值,直接分裂第一个数据块即可,如图 6.16 所示。

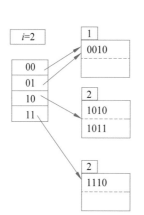 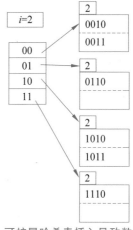

图 6.15 可扩展哈希表插入导致桶数组翻倍　　图 6.16 可扩展哈希表插入导致数据块分裂

如果继续插入哈希值为 1001 的索引项,则根据桶数组的指针值知道该索引项应该插入第三个数据块中,但该数据块已满,并且其页面头部信息中的 j 值等于桶数组的 i 值,这时又需要将桶数组的数据项翻倍,并分裂第三个数据块。

删除索引项是插入操作的逆操作,在删除过程中伴随着索引块的合并,甚至桶数组的合并。

在使用可扩展哈希索引进行查找时,假设要查找键值为 K 的索引项,首先根据 $h(K)$ 的前 i 位哈希值在桶数组中查找,然后根据指针找到对应的数据块。如果桶数组比较小,可以放到内存,则只需要一次数据块的 I/O。例如在图 6.16 的索引中查找键值为 1010 的索引项,首先在桶数组找到 10,然后到第三个数据块中去搜索 1010 的索引项。

可以看出,可扩展哈希表的优势是可以随着数据量的增加或减少,动态地扩展或收缩索引,并能避免数据分布不均匀带来的空间浪费问题,但是可扩展哈希表也存在以下缺点:

(1) 当桶数组需要翻倍以及数据块需要裂变时,需要做桶数组调整以及迁移数据块中的数据,这将带来一定的开销。尤其当 i 很大时,桶数组调整可能会让系统感知动荡。

(2) 当数据分布不均匀时,会被动产生桶数组翻倍现象。

2. 线性哈希索引

线性哈希索引是另一类动态哈希索引,该哈希索引的主要特点是桶数量增长较为缓慢,假设桶的数量是 n,每个数据块上可以存放 p 个索引项,索引项的总数是 r,只有当数据块的平均索引项数与所有数据块能容纳的索引项总数比例大于某个阈值,例如 85%,即 $r/(n \times p) \geqslant 85\%$ 时,才会增加桶的数量。由于桶的数量有限制,因此有些桶可能存在溢出块。

线性哈希索引也是使用哈希函数为每个索引项键值计算出一个 B 位的二进制序列,使用从序列右端(最后一位)开始向左的若干位标识桶序号。如果桶的数量是 n,则用来作桶序号的二进制位数是 $\log_2 n$。

由于桶数量不是伴随数据量的增加自动进行扩充的,就可能出现满足某个位数的桶尚不存在的情况。假设使用哈希函数值的 i 位给桶编号,现在插入一个键值为 K 的索引项。$h(K)$ 的后 i 位是 $a_1a_2\cdots a_i$,把 $a_1a_2\cdots a_i$ 作为一个二进制数,假设为 m,如果 m 小于桶的数量 n,则该桶存在,把记录插入该桶中即可。如果 $n \leqslant m < 2^i$,则序号为 m 的桶还不存在,此时 m 最左边一位 a_1 必为 1,将记录插入序号为 $m - 2^{i-1}$ 的桶中,也就是把 a_1 改为 0 时所对应的桶。随着以后桶的增加,如果增加的桶号为 $1a_2\cdots a_i$,只需要分裂桶号为 $0a_2\cdots a_i$ 的桶即可。

我们来看下面的例子,图 6.17 是一个具有 2 个桶的线性哈希表。假设 $B=4$,即哈希函数生成 4 位的二进制序列,当前使用最左边一位作为桶号,所有哈希值以 0 结尾的索引项存放到第一个桶中,以 1 结尾的索引项存到第二个桶中。对于该哈希表,需要保存下面几个参数:当前使用的哈希函数值的位数 i、当前的桶数 n 和当前哈希表的索引项总数 r。假设每个数据块可以存放 2 个索引项,数据块的平均充满度为 $r/2n=75\%$。

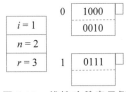

图 6.17　线性哈希表示例

下面来看看随着线性哈希表中不断插入索引项,其桶的数量是如何发生变化的。

现在要向线性哈希表中插入键值为 K 的索引项,其步骤如下。

(1) 使用哈希函数计算 $h(K)$,取出这个二进制序列中末尾的 i 位表示桶号 m。

(2) 如果 $m < n$,则把索引项存放到桶 m 中;如果 $m \geqslant n$,则把索引项存放到桶 $m - 2^{i-1}$ 中。

(3) 如果桶中没有空间,则创建一个溢出块,把索引项存放到溢出块中。

如果 $r/(n \times p)$ 大于指定的阈值,则给哈希表增加一个桶。假设新增的桶的序号是 $1a_2a_3\cdots a_i$,则需要把序号为 $0\,a_2a_3\cdots a_i$ 的桶中的索引项根据其键值的哈希值分裂到这两个桶中。当 $n > 2^i$ 时,令 $i = i+1$。

例如,现在向图 6.17 中的线性哈希表插入键值哈希值为 1101 的索引项。此时,哈希表的 $i=1$,该哈希值的最后一位是 1,应该插入第二个桶,该桶正好有空间,直接插入即可。这时 $i=1$,$n=2$,$r=4$,$p=2$,由于 $r/(n \times p)=1$,即平均充满度为 100%,大于阈值 85%,于是给哈希表增加一个桶。增加桶之后,$n=3$,由于 $\lceil \log_2 3 \rceil = 2$,因此需要使用后 2 位标识桶序号。这样一来,原来的 0 号和 1 号桶变成 00 和 01 桶,新增桶的序号为 10。这时就需要分裂 00 桶中的索引项,把键值哈希值后两位为 10 的索引项移到新桶中,如图 6.18 所示。

我们再向线性哈希表插入键值哈希值为 1001 的索引项。该哈希值的最后两位是

01,应该插入第二个桶中,该桶目前没有空间了,只能增加一个溢出块存放该索引项,如图 6.19 所示。此时,$r/(n \times p) = 5/6$,小于 85%,不需要增加新的桶。

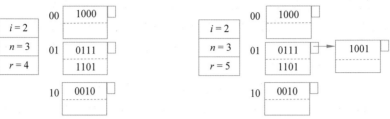

图 6.18　线性哈希表插入数据导致桶增加　　图 6.19　线性哈希表插入数据导致溢出

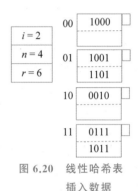

我们再向线性哈希表插入键值哈希值为 1011 的索引项。该哈希值的最后两位是 11,但 11 桶不存在,这时,需要把索引项存放到序号是 01 的桶中。此时,$r=6, n=3, r/(n \times p) = 1$,大于 85%,需要给哈希表增加序号为 11 的新桶,分裂 01 号桶中的索引项,把哈希值为 1011 和 0111 的索引项移到序号为 11 的新桶中。序号为 01 的桶目前只剩下两个记录,可以把它们放到数据块中,删除溢出块,如图 6.20 所示。

图 6.20　线性哈希表
插入数据

6.5　Bitmap 索引

6.5.1　Bitmap 索引概述

Bitmap 索引是长度为 n 的位向量集合,其中 n 为索引属性的基数,即它可能的取值个数。每个位向量对应于索引属性中的一个可能取值。如果第 i 条记录的索引属性值为 v,则对应于值 v 的位向量在位置 i 上取值为 1,其他的位向量在位置 i 上取值为 0。

例如,对于 Products 表的供应商属性 SID,假设其基数为 2,只有 S001 和 S003 两个可能的取值,因而 SID 属性上的 Bitmap 索引是长度为 2 的位向量集合,如图 6.21 所示。第一个元组 P0001 是由 S001 供应的,所对应的位向量为 10;第四个元组 P0004 和第五个元组 P0005 均由 S003 供应,它们所对应的位向量均为 01;以此类推。

当用户想查找 Products 表的 S003 供应的商品时:

```
SELECT *
FROM Products
WHERE SID='S003';
```

借助 SID 属性上的 Bitmap 索引,第二位为 1 的所有元组就是满足查询条件的元组,取出对应的元组即可。

如果用户想统计 S001 和 S003 供应的商品数量:

```
SELECT SID, Count(*)
FROM Products
GROUP By SID;
```

PID	PName	Price	Category	SID	S001	S002	S003
P0001	智能手机	1999	数码产品	S001	1	0	0
P0002	老人专用手机	899	数码产品	S001	1	0	0
P0003	平板电脑	1688	数码产品	S002	0	1	0
P0004	数据库教材	48	书籍	S003	0	0	1
P0005	流浪太阳	65	书籍	S003	0	0	1
P0006	机械键盘	1299	计算机配件	S002	0	1	0
P0007	降噪耳机	999	数码产品	S001	1	0	0
P0008	算法导论	68	书籍	S003	0	0	1
P0009	人体工学鼠标	899	计算机配件	S002	0	1	0
P0010	移动硬盘	699	计算机配件	S002	0	1	0
P0011	操作系统教材	128	书籍	S003	0	0	1
P0012	智能手表	2999	数码产品	S001	1	0	0
P0013	记号笔	10	文具	S002	0	1	0
P0014	自动铅笔	29	文具	S002	0	1	0
P0015	记事本	25	文具	S002	0	1	0

图 6.21　Products 表 SID 属性上的 Bitmap 索引

只需要分别统计 SID 属性上 Bitmap 索引各个位中 1 的个数即可,无须访问基本表。

如果在 Category 属性也建有一个 Bitmap 索引,如图 6.22 所示,则对于如下统计 S001 供应的数码产品数量的查询:

```
SELECT count(*)
FROM Products
WHERE SID='S001' AND Category='数码产品';
```

只需要将 SID 属性 Bitmap 索引的第一位与 Category 属性 Bitmap 索引的第一位进行与操作,得到结果向量:

$$(1,1,1,0,0,0,1,0,0,0,0,1,0,0,0)$$

对结果向量中的 1 进行计数,即可获得由 S001 供应的数码产品数量为 5。

Bitmap 索引还能有效处理多值查询。例如对如下查询:

```
SELECT *
FROM Products
WHERE Category in ('数码产品', '计算机配件');
```

只需要对 Category 属性 Bitmap 索引的第一位和第二位进行或操作,得到结果向量

$$(1,1,1,0,0,1,1,0,1,1,0,1,0,0,0)$$

结果向量中为 1 的元组就是满足条件的元组集合,即第 1、2、3、6、7、9、10、12 个元组。

6.5.2　编码 Bitmap 索引

从上面这些例子可以看到,借助 Bitmap 索引,可以使用位操作快速回答用户查询请求或快速定位满足条件的元组集合,减少了对基本表的全表扫描,提高了查询效率。但是 Bitmap 索引的大小与列的基数成正比,基数大的列其 Bitmap 索引会非常庞大,

PID	PName	Price	Category	SID	数码产品	计算机配件	书籍	文具
P0001	智能手机	1999	数码产品	S001	1	0	0	0
P0002	老人专用手机	899	数码产品	S001	1	0	0	0
P0003	平板电脑	1688	数码产品	S002	1	0	0	0
P0004	数据库教材	48	书籍	S003	0	0	1	0
P0005	流浪太阳	65	书籍	S003	0	0	1	0
P0006	机械键盘	1299	计算机配件	S002	0	1	0	0
P0007	降噪耳机	999	数码产品	S001	1	0	0	0
P0008	算法导论	68	书籍	S003	0	0	1	0
P0009	人体工学鼠标	899	计算机配件	S002	0	1	0	0
P0010	移动硬盘	699	计算机配件	S002	0	1	0	0
P0011	操作系统教材	128	书籍	S003	0	0	1	0
P0012	智能手表	2999	数码产品	S001	1	0	0	0
P0013	记号笔	10	文具	S002	0	0	0	1
P0014	自动铅笔	29	文具	S002	0	0	0	1
P0015	记事本	25	文具	S002	0	0	0	1

图 6.22　Products 表 Category 属性上的 Bitmap 索引

因此它只适用于基数小的属性列。

编码 Bitmap 索引(encoded Bitmap index)对标准 Bitmap 索引进行了改进,通过对属性值编码,减少索引位向量的个数,从而能够应对有较高基数的列。例如,Products 表 Category 属性的编码 Bitmap 索引如图 6.23 所示。

PID	PName	Price	Category	SID		
P0001	智能手机	1999	数码产品	S001	0	0
P0002	老人专用手机	899	数码产品	S001	0	0
P0003	平板电脑	1688	数码产品	S002	0	0
P0004	数据库教材	48	书籍	S003	1	0
P0005	流浪太阳	65	书籍	S003	1	0
P0006	机械键盘	1299	计算机配件	S002	0	1
P0007	降噪耳机	999	数码产品	S001	0	0
P0008	算法导论	68	书籍	S003	1	0
P0009	人体工学鼠标	899	计算机配件	S002	0	1
P0010	移动硬盘	699	计算机配件	S002	0	1
P0011	操作系统教材	128	书籍	S003	1	0
P0012	智能手表	2999	数码产品	S001	0	0
P0013	记号笔	10	文具	S002	1	1
P0014	自动铅笔	29	文具	S002	1	1
P0015	记事本	25	文具	S002	1	1

编码映射表

数码产品	00
计算机配件	01
书籍	10
文具	11

图 6.23　Products 表 Category 属性的编码 Bitmap 索引

显然,如果索引属性列的基数为 K,标准 Bitmap 索引所需要的位向量个数为 K 个,而编码 Bitmap 索引所需要的位向量个数仅为 $\log_2 K$ 个。但是利用编码 Bitmap 索引进行查询时,需要访问所有位向量才能完成。例如在 Products 表中查找数码产品与计算机配件类的全部商品,需要扫描所有位向量,从中查找编码为 00 或 01 的元组。再如在 Products 表中查找计算机配件类的全部商品,也同样需要扫描所有位向量,从中查找编码为 01 的元组。

6.6 本章小结

索引是提高关系数据库查找效率的重要手段,本章系统地讲解了关系数据库的常用索引结构,包括顺序表的索引、辅助索引、B⁺ 树索引、哈希索引、Bitmap 索引等。

顺序表的索引建立在按索引属性值顺序存放的关系表上。顺序表的索引分为稠密索引和稀疏索引两类。辅助索引是建立在关系表非排序属性上的索引。辅助索引是一种稠密索引。

B⁺ 树是为了解决大型索引的组织和维护问题而诞生的一种索引结构,具有查找效率高、按不同值查找性能平衡、易于维护等特点,已经成为索引组织的一种标准形式。

哈希索引是一类能够实现快速等值条件查找的索引结构。哈希函数和哈希表是哈希索引的两个关键要素。

Bitmap 索引由位向量集合组成,它可以通过位操作快速回答用户查询请求或快速定位满足条件的元组集合。编码 Bitmap 索引通过对属性值编码减少索引位向量的个数,以应对有较高基数的列。

B⁺ 树索引和哈希索引的维护方式是本章的难点。

习题

1. 试述关系数据库为什么要引入索引机制。

2. 试述稠密索引、稀疏索引和多级索引的查找算法。

3. 分别描述如何利用图 6.1 的稠密索引、图 6.2 的稀疏索引、图 6.3 的多级索引、图 6.9 的 B⁺ 树索引、图 6.12 的哈希索引对 Products 表进行下列查询:

(1) 查询商品 ID 为 P0013 的元组。

(2) 查询商品 ID 为 P0014 的元组。

(3) 查询商品 ID 为 P0018 的元组。

(4) 查询商品 ID 大于或等于 P0004 的元组。

4. 当用下列方式更新 Products 表的元组时,图 6.1 的稠密索引、图 6.2 的稀疏索引、图 6.3 的多级索引、图 6.9 的 B⁺ 树索引、图 6.12 的哈希索引分别是如何进行维护的?

(1) 插入(P0016,鼠标,98,计算机配件,S001)元组。

(2) 删除商品 ID 为 P0003 的元组。

(3) 删除商品 ID 为 P0004 的元组。

5. 在图 6.16 的可扩展哈希表中依次插入如下索引项,哈希索引是如何进行维护的?

(1) 1111。

　（2）1011。

　（3）0010。

　6. 在图 6.20 的线性哈希表中依次插入如下索引项，哈希索引是如何进行维护的？

　（1）0100。

　（2）1100。

实验

　基于数据库原型系统框架 Rucbase（https://gitee.com/DBIIR/rucbase-lab），实现数据库 B$^+$ 树索引功能，包括：

　（1）B$^+$ 树的查找操作。

　（2）B$^+$ 树的插入操作。

　（3）B$^+$ 树的删除操作。

第三篇

查询处理篇

数据库管理系统内核从收到用户提交的 SQL 查询请求到生成并返回查询结果的过程称为查询处理（query processing）。本篇主要介绍查询处理的基本过程和两个核心步骤。

第 7 章查询处理，介绍查询处理的基本过程，同时主要介绍查询编译和查询执行所需的物理操作符。

第 8 章查询优化，介绍对生成的关系代数表达式树进行基于等价变换规则的逻辑查询优化和基于代价的物理查询优化。

第 9 章查询执行，介绍查询计划的执行模型，以及并行执行与编译执行。

第 7 章

查 询 处 理

查询处理是一个复杂的过程,需要多部件协同。本章主要介绍查询处理中的 SQL 请求语句如何被解析成一个内部关系表达式树,以及这棵树的非叶结点所表示的操作对应的物理操作符的具体实现。表达式树结合操作符实现即可完成原始查询处理任务。下面首先对查询处理的全过程加以概要介绍。

7.1 查询处理概述

SQL 是高度非过程化编程语言,"非过程化"是指只描述"做什么",不描述"怎么做"。例如有 SQL 语句:

```
SELECT CName FROM Customers
```

该语句要从表 Customers 中查找出所有顾客的姓名,但该 SQL 语句却没有告诉数据库如何去完成这项任务,如何在磁盘上找到表 Customers,以何种方式获取 CName 列的值等。因此在实际执行时,需要将非过程语言描述的请求通过一个解释器(也称查询编译器)翻译成可执行的操作序列(例如用 C 语言描述的程序,或者某种中间码),解决"怎么做"的问题。

查询处理器是数据库管理系统中的一个部件集合,它能够将用户的 SQL 命令转变成数据库上的操作序列,并且执行这些操作,通常也称为 SQL 引擎。它通常完成将 SQL 语言表示的查询语句翻译成能在文件系统的物理层上使用的表达式、为优化查询进行各种转换以及查询的实际执行等操作。

查询处理主要包括两个步骤:查询编译和查询执行。如图 7.1 所示,查询编译阶段的输入是 SQL 语句的字符串,输出是查询执行计划树,然后交给查询执行器执行。

SQL 语句主要包括数据定义语句(DDL)、数据操纵语句(DML)、数据控制语句(DCL)和数据查询语句(DQL)。其中 DDL 和 DCL 的处理通常需要修改数据字典表,本书暂不讨论。DML 中的修改和删除操作则是先查询到需要操

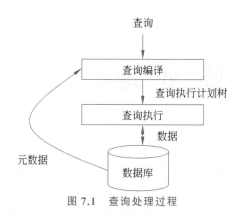

图 7.1　查询处理过程

作的元组,然后进行操作。对于数据库管理系统而言,从可用数据中得到满足要求的数据是重点和难点,本章重点讲述查询请求变换及数据处理的基本操作。

7.2　查询编译

7.2.1　查询编译概述

查询执行之前系统必须将 SQL 语句翻译成系统中可以使用的形式,翻译过程类似通用编译器的工作,这就是查询编译器的工作。查询编译器负责对用户输入的 SQL 语句进行词法和语法分析、代数等价变换、逻辑执行计划生成,最后根据执行代价生成最优物理执行计划。

在图 7.2 所示的过程图中,查询编译过程可分为查询分析和查询优化两个阶段,查询分析包括词法/语法分析和语义分析,查询优化包括逻辑查询优化和物理查询优化。

图 7.2　查询编译器工作过程

(1) 对用户输入的任意 SQL 语句,语法分析器首先对其进行词法和语法分析,将其转换成一棵语法树(ParseTree)。语法树是 SQL 语句的一种等价的内部树形表示形式,可方便后续的处理。

（2）对语法树进行语义分析，例如分析查询中出现的表、列是否存在，同时将其转换成关系代数表达式树，也称为查询表达式树（QueryTree），如果 SQL 语句中有视图，则将根据视图的定义，重写成对基表的操作。

（3）查询优化器分析查询表达式树的结构，根据关系代数转换规则对其进行执行性能更优的等价转换，该过程称为逻辑查询优化。

（4）查询优化器根据系统表中维护的基本表的元组数、页面数、列定义、索引等系统信息，对该查询所有可能的扫描算法、连接顺序、连接算法等进行代价估计，最后，从所有可能的执行策略中选择代价最小的执行计划作为最终的执行计划，该过程称为物理查询优化，最终形成可以交给查询执行器执行的查询计划树（PlanTree）或执行树。

7.2.2 词法与语法分析

查询编译器首先把用户提交的文本形式的 SQL 语句转换成语义等价的语法树。DBMS 中的该模块通常称为查询解析器（parser）。查询解析器通过对 SQL 的字符串进行词法和语法分析识别其中的含义。

词法分析就是根据预定义的模式对 SQL 字符序列进行模式匹配，识别其中的关键字、标识符、数字、字符串、特殊字符等，然后将其传给语法分析模块。通常使用正则表达式表达预定义的模式，例如，"[0－9]＋"匹配整数。

语法分析是从给定模式序列输入中寻找某一特定语法结构，并按照给定的规则生成语法树。顾名思义，语法树是树形结构，其中的结点表示一个语法结构，每个结点有自己的属性，结点下面还可以继续挂结点，形成树形结构。例如，表示一个查询语句的结点 SELECTStmt，其属性包括该语句中的目标列、FROM 子句、WHERE 子句、GROUP BY 子句等，其中 WHERE 子句是一个表达式结点。

SQL 标准中定义了 SQL 的完整语法规则。下面以一个简化的 SELECT 语句的语法规则为例介绍语法分析的工作过程，语法规则中大写的单词是关键字，小写的单词是语法结构。

```
simple_select:
        SELECT target_list
        FROM from_list
        WHERE bool_expr
        GROUP BY group_by_list
        HAVING bool_expr
```

SELECT 语句中的目标列由一个或多个由逗号分隔的列名组成：

```
target_list:
        col_name
        | target_list ',' col_name
```

FROM 子句由一个或多个由逗号分隔的表名组成：

```
from_list:
        table_name
        | from_list ',' table_name
```

GROUP BY 子句也由一个或多个由逗号分隔的列名组成：

```
group_by_list:
        col_name
        | group_by_list ',' col_name
```

WHERE 子句和 HAVING 子句则是布尔表达式，这里只列出本书例子中用到的布尔表达式，SQL 中的布尔表达式可以复杂得多：

```
bool_expr:
        bool_expr AND bool_expr
        | bool_expr OR bool_expr
        | col_name op const
        | col_name IN '(' simple_select ')'
op:   '>'
    | '<'
    | '='
const:
    ICONST
    |FCONST
    |SCONST
col_name: IDENTIFIER
table_name: IDENTIFIER
```

可以看到 const、col_name 和 table_name 这几个语法结构比较特殊，它不是由语法规则生成的，而是直接来自词法分析中识别出来的标识符和常量。

例如下面的查询语句，查询北京顾客的订单号：

```
SELECT OID
FROM Orders
WHERE CID IN (
        SELECT CID
        FROM Customers
        WHERE City ='北京');
```

对单块 SQL 查询（不包含子查询），其语法树中只有一个 SELECTStmt 结点；而对多块查询（包含子查询），其语法分析树中可能有多个 SELECTStmt 结点。经过词法和语法分析后，可以生成如图 7.3 所示的语法树。该树的根是一个 SELECTStmt 结点，FROM 子句中只有一个关系，目标列只有一列，WHERE 子句比较复杂，条件中有 IN 谓词，并带有子查询。子查询又是 SELECTStmt 结点的形式。

可以自行开发独立的分析器程序来完成词法和语法分析，但目前操作系统通常都会提供词法分析工具（如 LEX）和语法分析工具（如 YACC），借助这些工具可以很方便地完成 SQL 语句的词法和语法分析工作，提高开发效率。下面以使用 C 语言编写的 DBMS 中使用 LEX（Lexical Analyzar）和 YACC（Yet Another Compiler-Compiler）为例加以说明。

查询编译器在处理 SQL 语句时首先扫描 SQL 字符串，识别出系统的关键字、标识符、运算符等，该项工作称为词法分析。识别每个字符是否具有特殊的含义，就需要

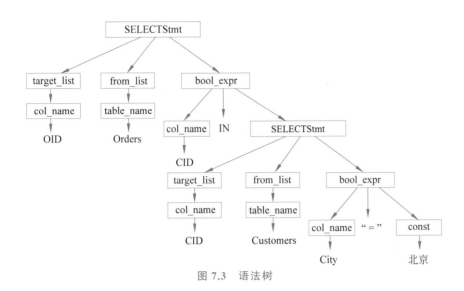

图 7.3 语法树

定义特定的模式标识字符的特殊含义。例如,查询编译器中会预定义 SQL 语句中的关键字,例如 SELECT、FROM、WHERE 等,使用正则表达式表达特殊的模式,例如:

- "[0−9]+":匹配成整数。
- "−?[0−9]+":匹配成带符号整数。

匹配规则之后,可以执行相应的动作。

LEX 是通用的用于生成词法分析器的工具,可以按照定义好的规则自动生成一个 C 函数 yylex()。其 GNU 版是 flex。

正则表达式以及相关的动作代码通常写在一个后缀为".l"的文件中,称为 Lex 文件,通过 Lex 命令可以从 Lex 文件生成一个有词法分析功能的 C 语言源文件(lex.yy.c),其中的函数 yylex()按照定义好的规则分析文本串中的字符,找到符合规则的一些字符序列后,就执行规则中定义的动作。

YACC 是一个语法分析器的自动生成工具,能对任何 LR 语法产生一个 C 语言的语法分析器 yyparse()。YACC 的 GNU 版是 Bison。

与 LEX 类似,SQL 语法规则和一些必要的代码通常也是写在一个后缀为".y"的文件中,称为 YACC 文件,然后使用 YACC 命令由该文件生成具有语法分析功能的 C 语言源文件。在查询编译器的实现代码中,词法和语法文件的关系如图 7.4 所示,需要编写的源代码文件(默认文件名)是 scan.l 和 gram.y,可由它们生成相应的 C 语言文件。

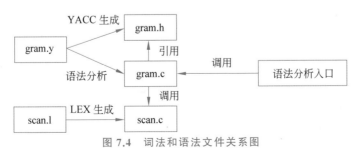

图 7.4 词法和语法文件关系图

词法分析器扫描 SQL 语句中的每个单词,根据定义的规则,确定词性,如关键字、标识符、常量等,然后返回给语法分析器。语法分析器使用返回的词去匹配语法规则。如果一个 SQL 语句能够匹配一个语法规则,则按照指定的树形结构保存这些元素,生成对应的语法树。

LEX 和 YACC 两者配合可以生成用于词法和语法分析的 C 语言代码。有关 LEX 和 YACC 的使用方法,可以查阅相关资料,这里不再赘述。

7.2.3 语义分析

语法树表达的语义仅限于保证 SQL 语句满足定义的语法规则,对于 SQL 语句的内在含义还需要进行进一步分析,这称为语义分析。

语义分析的主要工作是根据数据字典中的内容检查 SQL 语句的有效性,包括用户存取权限、数据的完整性、语义的正确性检查,例如:

(1)检查 SQL 语句中所使用的表、视图、属性、函数等数据库对象是否存在,是否具有相应的操作权限。

(2)检查 SQL 语句的表达式中使用的数据类型是否匹配,例如,如果表中的列是时间类型,就需要检查 SQL 中参加运算的字符串常量是否可以转换成合法的时间类型。

(3)如果在表上插入或更新语句,表中有完整性约束定义,则会检查新元组是否满足完整性约束要求。

总之,语义分析会尽量保证 SQL 语句可以正确执行。语义分析也会在语法树中增加执行所需的必要数据,例如根据表的名字得到其 ID 等。

语义分析也完成有效性语义绑定,即根据语法树的内容,使用关系代数表达式构造查询表达式树,体现查询的语义和结构。

查询表达式树的基本动作通常由关系代数的操作符表达,SQL 查询子句与关系代数操作符的对应关系如表 7.1 所示。

表 7.1 SQL 查询子句与关系代数操作符的对应关系

SQL 查询子句	关系代数操作符
SELECT <SelList>	投影(Π)
FROM	卡氏积($\times$)
WHERE	选择(σ)
JOIN、NATURAL JOIN	连接($\bowtie$)
FULL/LEFT/RIGHT OUTER JOIN	外连接($\bowtie\!\!\!\!\!\!\ \bowtie\ \bowtie\!\!\!\!\!\!$)
UNION	并($\cup$)
INTERSECT	交($\cap$)
EXCEPT	差($-$)
DISTINCT	去重(δ)
GROUP BY	分组聚集($\mathcal{G}$)
ORDER BY	排序(τ)

例如,图 7.3 中的语法树经过语义分析生成图 7.5 中的关系代数表达式树。

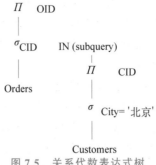

图 7.5   关系代数表达式树

此外,如果查询使用了视图,查询分析阶段还要进行查询重写,即根据视图的定义将其替换成对基表的操作。

例如,系统有视图 cust_orderinfo,可以查询每个顾客的订单数量:

```
CREATE VIEW cust_orderinfo(v_CID, ordercount) AS
SELECT CID, count(OID) AS ordercount
FROM Orders
GROUP BY CID;
```

现在希望查询每个顾客的姓名、城市和他的订单个数,可能由于安全等原因,用户没有 Orders 表上的权限,只能查询视图 cust_orderinfo,则查询语句如下:

```
SELECT CName, City, ordercount
FROM Customers JOIN cust_orderinfo V  ON customer.CID= V.v_CID
```

在该查询语句的查询分析阶段,视图会根据其定义转换成对基表的操作,如图 7.6 所示。

图 7.6   视图的查询重写

经过语义分析后,SQL 语句的语法树转换成一个关系代数等价的查询表达式树,该查询表达式树作为后面查询优化器的输入。

7.2.4   查询优化

执行一个查询,不仅要提供关系代数表达式,还要说明具体运算所采用的算法以及执行顺序,例如扫描一个表,是采用全表扫描的方式,还是索引扫描的方式。带有

"如何执行"注释的关系代数运算称为执行原语。一个查询的执行原语序列称为查询执行计划,树形表达的查询执行计划则称为查询执行计划树[①]。某个查询的不同执行计划的代价通常不同。查询优化就是为查询选择更高效(或代价更小)的查询执行计划的过程。查询优化器的输入是查询表达式树,输出是查询执行计划。查询优化通常包括逻辑查询优化和物理查询优化。

逻辑查询优化是指关系代数表达式的优化,即按照一定的规则,通过对关系代数表达式进行等价变换,改变操作的执行次序和组合,使查询执行更高效。物理查询优化就是要给查询表达式树中的每个关系运算符选择高效合理的运算方法或存取路径,生成优化的可执行的物理查询计划。物理查询优化主要考虑以下几方面:存取路径、多表连接顺序、表连接算法、操作结果是否排序、数据传递方式等。

物理查询计划由物理操作符构造,物理操作符通常是一个关系代数操作符的特定实现,但是物理操作符完成的与关系代数操作符并不是一一对应的。例如,关系代数中的选择操作,包含一个谓词,但系统实现时对应的物理操作符为"扫描",扫描操作符读取表中的所有数据,返回满足该谓词条件的元组,所以物理查询计划中没有"选择"操作符,"扫描"的同时就完成了选择操作。如果执行索引扫描,则通过索引直接找到满足条件的元组。

一个查询通常包括多个关系代数运算,因此物理查询计划由多个物理操作符组成,我们通常所说的查询计划是指物理查询计划。

以 7.2.2 节中的查询为例,该查询与下面的查询是等价的:

```
SELECT OID
FROM Orders JOIN Customers ON Orders.CID = Customers.CID
WHERE  City ='北京';
```

在 DBMS 中连接操作有多种执行方法,通常比子查询的执行效率更高,因此,逻辑查询优化通常将子查询尽量转换成等价的连接操作。将图 7.5 中的关系代数表达式树中的子查询转换为等价的连接操作,如图 7.7(a)所示。

图 7.7(a)中的查询表达式树可以继续把选择操作下推,生成执行效率更优的等价关系代数表达式,如图 7.7(b)所示。

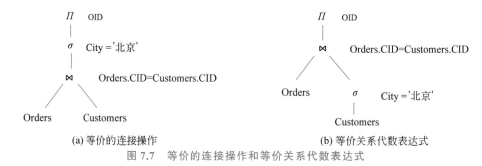

图 7.7   等价的连接操作和等价关系代数表达式

同一个关系代数表达式可以有多种执行方式,连接操作算法可以是 NestLoopJoin

[①]   在不冲突的情况下,查询执行计划和查询执行计划树含义相同,可互相替换。为表达方便,后面所提到的查询计划就是指查询执行计划。

或 HashJoin,对表进行扫描时可以采用全表扫描(TableScan)或索引扫描(IndexScan)等,因此,图 7.7(b)中的关系代数表达式可以生成多个物理执行计划,图 7.8 给出了其中的 3 种。

图 7.8 物理执行计划

查询优化器会根据代价模型计算每种物理执行计划的代价,选取代价最小的执行计划作为最终的查询执行计划交给查询执行器。

查询优化器是查询处理的难点和重点,后面有单独章节专门介绍数据库管理系统的查询优化技术。

7.3 物理操作符

查询执行计划由物理操作符组成,主要包括一元操作符(扫描、聚集、去重、排序)和二元操作符(连接、集合)。本节主要介绍查询执行计划中常见的物理操作符的算法以及代价估算。

7.3.1 物理操作符的代价模型

一个查询通常包括多个关系代数操作,相应的物理查询计划由多个物理操作符组成。因此,我们必须能够估算每个物理操作符的执行代价,才能选出最优的执行计划。

物理操作符的执行代价可以以不同资源的形式进行度量,这些资源包括磁盘存取、执行一个查询所用的 CPU 时间,如果是并行或分布式数据库系统,还有通信代价。

对于在磁盘上的大型数据库,磁盘的 I/O 代价通常是最主要的代价,因此早期的代价模型主要关注 I/O 代价,但是,随着闪存和主存的容量越来越大,当数据主要存储在闪存和主存时,I/O 代价不再是最主要的代价了,在计算查询的执行代价时,必须考虑 CPU 的代价。本节重点讲述物理操作符的算法,为简化起见,代价模型不包含 CPU 代价,使用磁盘 I/O 的次数作为衡量每个操作代价的标准。

查询执行器通常采用流水线的方式执行,一个操作符的输出很多情况下不需要写磁盘,直接输出给上层结点。如果操作符产生的最终结果需要写到磁盘上,则保存结果的代价仅仅依赖结果集的大小,跟其计算方法无关,只需要把最后结果写磁盘的代价加到查询的总代价上即可。因此,对于相同的操作,比较算法效率时,基于下面的假设:操作对象位于磁盘上,结果保留在内存中。

使用下面的参数可计算操作符的代价。

(1)参数 1:可以使用的内存缓存块个数 M。

• 对于一元操作,如果关系能装到 M 个缓冲区中,就将它读入内存并执行操作。

- 对于二元操作,如果有一个关系能装到 $M-1$ 个缓冲区中,就将这个关系读入内存,再将第二个关系一次一块地装入第 M 个缓冲区。

(2) 参数 2:关系 R 的元组占用磁盘块数 $B(R)$。

(3) 参数 3:关系 R 中的元组数 $T(R)$。

(4) 参数 4:关系 R 中的元组长度 $S(R)$。

(5) 参数 5:关系 R 中某属性 a 不同值的个数 $V(R,a)$。

关系中数据的多少以及分布经常被用来计算操作符的代价,因此在 DBMS 中通常定期把它们计算出来存储在数据字典中,以帮助查询优化器更好地选择执行计划。

7.3.2   扫描操作

查询执行计划的叶结点通常是读取一个关系 R 中的所有数据或包含一个简单的谓词,读出关系 R 中满足这个谓词的元组,获取关系 R 中数据的操作称为扫描。通常有 3 种基本的扫描方法:全表扫描、索引扫描、位图扫描。

1. 全表扫描

全表扫描需要读取表中所有数据块,访问表中的所有行,每一行都要经 WHERE 子句判断是否满足检索条件。关系 R 上全表扫描的代价是 $B(R)$。

全表扫描是代价非常昂贵的操作,通常在以下情况下使用。

(1) 没有可用的索引。

(2) 如果查询优化器认为查询将会访问表中绝大多数的数据块,此时即使索引可用,也会使用全表扫描。

(3) 如果表的数据块只需要一次 I/O 就能扫描完,则使用全表扫描要比使用索引扫描代价低。

2. 索引扫描

顾名思义,使用索引的扫描算法称为索引扫描。索引结构提供了定位和访问数据的一条路径。

索引扫描操作通常是先在索引上找出满足条件的元组的物理位置,然后根据其物理位置直接到表中找到相应的元组。因此,索引扫描的代价是扫描表的页面数+扫描的索引的页面数。

以 B$^+$ 树索引为例,使用 h 表示 B$^+$ 树索引的高度,并假设从根到叶子的路径中的每个结点都需要一次随机的 I/O 操作,则对于在索引码上的等值操作(假设只有少量 n 条记录满足条件),需要的 I/O 次数就是 $h+n$,其中 h 是访问索引的 I/O 次数,n 是访问表获取元组的 I/O 次数。由于 B$^+$ 树的内部结点经常会被频繁访问,通常会被缓存到系统缓冲区中,则需要的物理 I/O 次数更少。

如果是有序索引,如 B$^+$ 树索引,进行索引扫描后的元组是有序的,利于范围查询。因此,对于索引键上的等值查询或范围查询通常使用索引扫描。

在一些特殊的情况下,可以不再需要到表中获取满足条件的元组,从而使索引扫描的性能更优。

(1) 如果是聚簇索引,表中数据直接在索引的叶结点上。

(2) 如果查询的列都是索引的码,则也可能不再需要访问表,这种情况称为索引覆盖查询(Cover Index Query)。

如果表中元组的存放顺序与索引码的顺序相同,则对满足扫描条件的多个元组进行访问时,可以减少访问表的 I/O 次数。

对于索引扫描,还存在一个问题,如果表上有多个索引,应该使用哪个索引做索引扫描呢? 通常索引选择的基本原则是使用选择率比较低的索引,从而降低表访问次数。

假设 Customers 表中有 10 000 个元组,分别在表的 Age 和 City 字段上有索引,则对于下面的查询,应该使用哪个索引呢?

```
SELECT * FROM Customers WHERE  Age < 30  AND City = '北京';
```

考虑下面两个场景。
- 场景一:表中 90% 的顾客都在 30 岁以下,北京的顾客占 20%。
- 场景二:表中 10% 的顾客在 30 岁以下,北京的顾客占 50%。

显然,对于场景一应该使用 City 字段上的索引,场景二则使用 Age 字段上的索引。

思考

如果查询条件变成

```
WHERE Age < 30 OR City = '北京'
```

那么该查询还会使用索引扫描吗? 为什么?

3. 位图扫描

索引的叶结点通常包含指向表中元组的位置指针,索引扫描是先访问索引,找到满足条件的元组位置,然后到表中取出该元组,验证其他条件是否满足,再在索引中找下一个满足条件的元组,直到完成索引扫描。位图扫描(BitmapScan)则是把索引扫描分成两个步骤。

(1) 首先扫描索引,找出满足条件的元组位置,但是不直接访问元组,继续扫描索引,直到找出所有满足条件的元组位置。

(2) 对元组位置进行排序,然后统一到表中取元组。

这样做的好处是对元组按照位置排序后,访问表中元组时可以提高访问效率。

如果一个查询的多个条件所涉及的列上都有索引,则可以使用位图扫描利用多个索引加速查询。例如"索引扫描"部分中的查询,可以采用下面的方式执行。

(1) 先使用 Age 列上的索引,找出满足 Age < 30 条件的元组地址集合 A。

(2) 再使用 City 列上的索引,找出满足 City='北京'条件的元组地址集合 B。

(3) 求集合 A 和集合 B 的交集 C。

(4) 对集合 C 中的元组地址进行排序,然后去表中访问元组,输出满足条件的元组。

可以看出,对于查询:

```
SELECT * FROM Customers WHERE Age < 30 OR  City = '北京'
```

依然可以使用位图扫描算法生成结果集,只是第(3)步操作变成求集合 A 和集合 B 的并集。

7.3.3　排序操作

排序是数据库中非常重要的操作,有些 SQL 查询会指明对输出进行排序,还有些查询处理算法需要把一些相似的数据聚集在一起实现某些操作,例如分组聚集、去重操作等。

如果需要排序的数据集小于可利用的内存,则可以采用标准的内存排序算法,例如快速排序算法。如果数据集不能全部放到内存中,则通常采用外部归并排序算法,例如利用两阶段多路归并排序(Two-Phase,Multiway Merge-Sort,TPMMS)算法对非常大的数据集进行排序。

假设有 M 个缓存块,TPMMS 算法分为如下两个阶段。

阶段 1:操作对象的 M 块数据被读入内存,以某种方式排序,并再次写回磁盘形成长度为 M 的有序子表,反复执行此操作,直至表中所有数据都排完序,形成 N 个有序子表。

阶段 2:重新读取磁盘上所有子表并通过某种方式"归并"以完成排序操作。对于多个已经有序的集合,可以采用多路归并算法进行排序。

多路归并算法步骤如下。

(1)为每个有序的子表分配一个缓存块,剩余的 $M-N$ 个缓存块用做输出缓存块。

(2)读所有子表中第一个数据块到内存缓存块。

(3)找出所有子表第一个数据项的最小值。

(4)将最小的数据项移到输出缓存块中,如果输出缓存块已满,则将它写入磁盘,并对内存中的输出缓存块进行重新初始化,以便存放下一个输出值。

(5)重复操作(3)和(4),如果某个子表缓存块的数据项都被移到输出缓存块,则读入该子表的下一块数据。如果某个子表数据已经处理完了,则该子表对应的输入缓存块为空,并在以后选最小数据项时忽略该块。直到处理完所有子表中的数据后结束。

例如,初始关系有 20 个元组,假设有内存可以使用 6 个缓存块,每个缓存块上有1 个数据项,则阶段 1 把初始关系分成 4 个有序子表,如图 7.9 所示。

初始关系

1	2	3	4	5	6	7	8	9	10	11	12	13	14	15	16	17	18	19	20
l	*j*	*p*	*b*	*o*	*a*	*i*	*e*	*q*	*d*	*t*	*g*	*s*	*k*	*c*	*r*	*m*	*f*	*h*	*n*

阶段1:分成4个有序子表

6	*a*		10	*d*		15	*c*		19	*h*
4	*b*		8	*e*		18	*f*		20	*n*
2	*j*		12	*g*		14	*k*			
1	*l*		7	*i*		17	*m*			
5	*o*		9	*q*		16	*r*			
3	*p*		11	*t*		13	*s*			

图 7.9　归并排序阶段 1

在阶段 2,对 4 个有序子表进行归并排序,4 个缓存块用作输入,2 个缓存块用作输出,如图 7.10 所示。

(1) 分别读取 4 个有序子表中的第一个元组到输入缓存块。

(2) 取其中的最小值 a,放到输出缓存块,并读取 a 所在子表中的下一个元组 b 到输入缓存块。

(3) 取输入缓存块中的最小值 b,放到输出缓存块,并读取 b 所在子表中的下一个元组 j 到输入缓存块。

(4) 取输入缓存块中的最小值 c,这时,输出缓存块已满,把它们写入输出关系中,然后把 c 放到输出缓存块,并读取 c 所在子表中的下一个元组 f 到输入缓存块。

(5) 继续重复上面的操作,直到处理完所有的元组。

阶段2:进行归并排序,其中4个为输入缓存块,2个为输出缓存块

输出关系

图 7.10   归并排序阶段 2

从上面的算法可以看出,在阶段 2 中最多只能对 $M-1$ 个有序子表进行归并,因此,为了 TPMMS 算法能正常工作,子表不能超过 $M-1$ 个。假设 R 的数据块数是 $B(R)$,每个子表包含 M 个块,则 $B(R)/M \leqslant M-1$,即 $B(R) \leqslant M(M-1)$,或近似表示为 $B(R) \leqslant M^2$。

TPMMS 算法在阶段 1 创建排序子表时,需要读 R 的每一个块,并且在排好序后将各排序子表写到磁盘。在阶段 2 每个子表还会再次读入内存,因此总的磁盘 I/O 次数是 $3B(R)$。

如果关系非常大,阶段 1 可能产生多于 $M-1$ 个有序子表,则归并操作就可能分多趟才能完成。由于内存可以处理 $M-1$ 个输入块,每次归并可以用 $M-1$ 个归并段作为输入。第一趟归并的工作方式如下:首先对前 $M-1$ 个归并段进行归并以得到单个归并段作为下趟归并的输入,然后对接下来的 $M-1$ 个归并段进行归并,如此下去直到处理完所有的归并段,再进行下趟归并。

对于多趟归并排序算法,阶段 1 需要的磁盘 I/O 次数是 $2B(R)$。初始的归并文件数是 $\lceil B(R)/M \rceil$,由于每趟归并后生成的段文件数是原来的 $1/(M-1)$,因此需要归并的趟数是 $\lceil \log_{M-1}B(R)/M \rceil$。每趟归并读写数据块各一次,最后一趟产生的结果不写入磁盘,则多趟归并排序算法的磁盘 I/O 的总次数是 $B(R)(2\lceil \log_{M-1}B(R)/M \rceil+1)$。

例如图 7.11 中的例子,初始关系有 20 个元组,假设有内存可以使用 4 个缓存块,每个缓存块上有 1 个元素,则在阶段 1 分成 5 个有序子表,在阶段 2 每次只能归并 3 个子表,则分两次归并。

在阶段 1 生成归并段也可以有多种方法,例如可以采用常规的快速排序方法,每个归并段大小为 M,归并段的数量就是 $\lceil B(R)/M \rceil$,还可以采用替换算法实现归并段

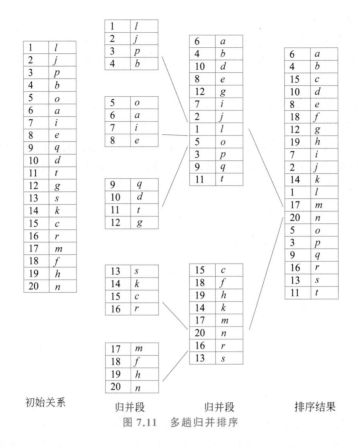

初始关系   归并段   归并段   排序结果

图 7.11   多趟归并排序

文件的生成。

(1) 把数据项读入内存,并在内存中组织成一个数据结构,可以有效支持插入和删除最小值的操作。

(2) 从该数据结构中找出最小值,移到一个归并段文件,然后再从磁盘中读入一个数据项取代以前项空出的位置。

(3) 从该数据结构中再次找出最小值,如果该最小值比前一个移出的数据项大,则写入同一个归并段文件,如果新的最小值小,则开始一个新的段文件。

(4) 重复(3)的操作,直到处理完所有的数据项。

采用替换算法,如果输入数据项已经排好序,则只会存在一个归并段,通常情况下,归并段文件的个数是 $B(R)/(2M)+1$,只是快速排序算法的一半。

7.3.4 连接操作

连接操作是关系数据库最重要的运算符之一,很多查询都涉及连接运算,连接运算的效率会直接影响数据库系统的性能。本节以两表连接为例介绍连接操作的算法。

1. 嵌套循环连接

嵌套循环连接(Nested Loop Join,NLJ)是最直接和基础的连接算法,任何连接条件都可以使用该连接算法。

根据连接操作的定义,给定两个关系 R 和 S,$R\underset{\theta}{\bowtie}S$ 表示关系 R 和 S 的 θ 连接,其嵌套循环连接算法:对于 R 中的每一行都要在 S 表中查找全部与它匹配的行,然后连接生成元组。根据循环，其中 R 称为外表，S 称为内表。

其形式化表示如下：

```
FOR R 中每个元组 r DO
    FOR S 中每个元组 s DO
        IF s 能与 r 生成连接元组 t THEN
                输出满足 θ 连接条件的元组 t;
            END;
        END;
END;
```

从上面的算法可以看出，对于 R 中的每个元组都需要扫描表 S 一遍，磁盘 I/O 次数过大，为 $B(R)+T(R)B(R)$。

事实上，因为数据库中的元组通常以块为单位进行 I/O，缓冲区也是以块为单位进行管理，数据库管理系统在实现中通常使用基于块的嵌套循环连接算法，称为块嵌套循环连接（Block Nested Loop Join，BNLJ）。

假设系统可使用的缓冲区个数是 M，且 $B(R) \geqslant B(S) \geqslant M$，则块嵌套循环连接算法的基本思想是选择较小的表 S 作为外表，把 S 拆分为能放入内存的多个子表（每次可以读入内存），让每个子表与 R 进行连接。

通常使用 $M-2$ 个缓冲区存放外表 S，对于每次读入内存的 S 的元组，R 只需要扫描一遍，使用一个缓冲区存放 R 的数据块，将该缓冲区中 R 的所有元组与 S 的内存中的所有元组进行连接，输出满足连接条件的元组，如图 7.12 所示。

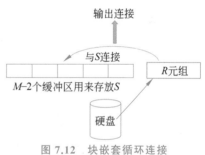

图 7.12　块嵌套循环连接

具体算法如下所示：

```
/*外层循环:对 S 进行*/
FOR S 的 M-2 个数据块 DO BEGIN
        将这些块读入缓冲区中;
        将其元组组织成查找结构,查找关键字是连接属性;
        FOR R 的每个数据块 r  DO BEGIN            /*内层:一次一块处理 R*/
            将 r 读入缓冲区;
            FOR  r 中的每个元组 t  DO BEGIN        /*处理当前块所有元组*/
                找出 S 在内存中能与 t 进行连接的元组;
                输出满足连接条件的元组;
            END;
        END;
END;
```

从上面的算法可以看出，S 表分成 $B(S)/(M-2)$ 个可以放入内存的子表，对于每个子表需要读一遍 R，因此，BNLJ 总的磁盘 I/O 次数是 $B(S) + B(R)B(S)/(M-2)$。选择较小的表作为外表，可以减少对内表的读取次数。

如果 $B(S) < M-1$，则 BNLJ 总的磁盘 I/O 次数是 $B(S) + B(R)$。

在嵌套循环连接算法中,如果内表的连接属性上有索引,则可以用索引扫描替代文件扫描。对于外存关系 R 中的每个元组 t,可以利用索引查找 S 中与元组 t 满足连接条件的元组,这种连接方法称为索引嵌套循环连接(Indexed Nested Loop Join,INLJ)。

INLJ 的时间代价计算如下:对于外表 R 中的每个元组,需要在 S 的索引上执行一次查找,并检索相关元组,假设一次索引扫描的代价为 C,则 INLJ 的总代价为 $B(R)+T(R)C$。

索引嵌套循环连接算法对内表做连接条件匹配时使用索引,不需要全表扫描,连接操作的执行非常高效。因此,在做 SQL 语句优化时,不仅在选择条件上创建索引,在连接条件上更需要创建索引。代价公式表明,如果两个关系 R 和 S 在连接属性上均有索引可用,通常使用小表作为外表,减少索引扫描的次数。

假设需要计算 $R \underset{R.a=S.b}{\bowtie} S$,$R$ 中有 1000 个元组,S 中有 100 000 个元组,内存工作区中有 12 个缓存块,每个缓存块可以存放 10 个元组,则使用嵌套循环连接算法计算 $R \underset{\theta}{\bowtie} S$ 有以下几种方案,从对这些方案的 I/O 次数分析可以体会每种算法的适用场景。

- 方案一:R 作为内表,使用 10 个缓存块存放 R 表,1 个缓存块读取 S,则 $B(R)=100$,$B(S)=10 \times 10\,000$,总的 I/O 次数是 100 100。
- 方案二:S 作为内表,使用 10 个缓存块存放 S 表,1 个缓存块读取 R,则 $B(S)=10\,000$,$B(R)=10 \times 10\,000$,总的 I/O 次数是 110 000。
- 方案三:在 $S.b$ 上创建索引,S 作为内表,使用 10 个缓存块存放 S 表和索引,1 个缓存块读取 R,则 $B(R)=100$,对 S 的 I/O 次数与满足条件的元组个数有关,但是无论如何,其 I/O 次数会远远小于没有索引的情况。

2. 归并连接

归并连接(Merge Join,MJ)算法,也可称为排序归并连接算法,只能用于自然连接或等值连接。如果参加归并连接的关系数据在连接属性上是无序的,则需要先在连接属性上进行排序。

给定两个关系 R 和 S,$R \underset{R.a=S.b}{\bowtie} S$ 表示关系 R 和 S 的等值连接。从概念上来说,归并连接算法分为两个阶段:

- 阶段 1(排序阶段):如果 R 和 S 没有顺序,则首先进行排序。
- 阶段 2(归并阶段):归并阶段的过程和排序算法中的归并非常相似。R 和 S 的数据可以看作两个有序的队列,只需要比较队列头上元组连接属性值即可。属性值小的元组可以出队,再使用下一个元组进行比较,直到找到满足连接条件的元组,组合成结果元组,输出。

形式化的归并连接算法如下,假设 pr 和 ps 分别是指向 R 和 S 中元组的指针,$pr(R)$ 和 $ps(S)$ 分别是该指针指向的元组。

```
pr := R 的第一个元组的地址;
ps := S 的第一个元组的地址;
WHILE (pr ≠ NULL and ps ≠ NULL )   DO
```

```
    IF  pr(R).a > ps(S).b THEN ps++;
    ELSEIF pr(R).a < ps(S).b THEN pr++;
    ELSE /* 输出元组 */
        WHILE ((pr(R).a = ps(S).b) AND pr ≠ NULL)   DO
            mark = ps;
            markvalue = pr(R).a;
            WHILE ((pr(R).a = ps(S).b) AND ps ≠ NULL) DO
                output pair pr(R), ps(S);
                ps++;
            END WHILE
            pr++;
            if(pr(R).a = markvalue) ps = mark;
        END WHILE
END WHILE
```

虽然理论上进行归并连接的两个关系 R 和 S 是对等的,但是在算法中 R 表在外层循环,S 表在内层循环,称 R 表是外表,S 表是内表。

进入归并阶段的关系已经排序,即连接属性上具有相同值的元组逻辑上是连续的,这样参与连接的两个关系的每一个元组都只需要读一次,因此,归并阶段所需的磁盘访问的次数就是 $B(S)+B(R)$。如果需要排序,则总代价变大,排序的开销增大。

需要注意的是:如果 R 表在连接属性上有重复值,则可能存在 S 指针回退的情况,请看下面的例子,假设需要计算 $R \underset{R.a=S.b}{\bowtie} S$,$R$ 和 S 表中的数据已经按连接属性排好序,归并连接过程如图 7.13 所示。

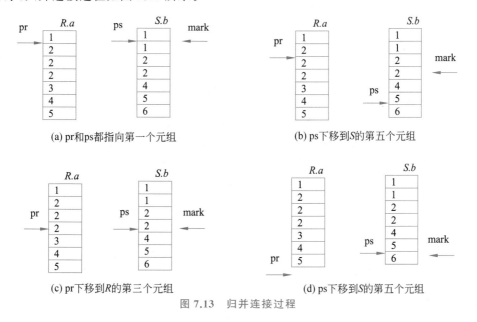

(a) pr和ps都指向第一个元组   (b) ps下移到S的第五个元组

(c) pr下移到R的第三个元组   (d) ps下移到S的第五个元组

图 7.13 归并连接过程

(1) 初始的时候,pr 和 ps 都指向第一个元组,R 和 S 的第一个元组的连接属性正好相等,mark 指向第一个元组,输出第一个结果集元组$(1,1)$,此时的指针状态如图 7.13(a)所示。

(2) ps 下移到 S 的第二个元组,满足连接条件,输出第二个结果集元组$(1,1)$。

(3) ps 下移到 S 的第三个元组,不满足连接条件,pr 下移到 R 的第二个元组,满足连接条件,mark 指向第三个元组,输出第三个结果集元组(2,2)。

(4) ps 下移到 S 的第四个元组,满足连接条件,输出第四个结果集元组(2,2)。

(5) ps 下移到 S 的第五个元组,不满足连接条件,此时指针的状态如图 7.13(b)所示。pr 下移到 R 的第三个元组,由于 pr[3]=mark.value,ps 需要回退到 mark 的位置,指向第三个元组,此时指针的状态如图 7.13(c)所示,这时满足连接条件,mark 指向第三个元组,输出第五个结果集元组(2,2)。

(6) ps 下移到 S 的第四个元组,满足连接条件,输出第六个结果集元组(2,2)。

(7) ps 下移到 S 的第五个元组,不满足连接条件,pr 下移到 R 的第四个元组,同理,ps 回退到第三个元组,输出第七个结果集元组(2,2)。

(8) ps 下移到 S 的第四个元组,满足连接条件,输出第八个结果集元组(2,2)。

(9) ps 下移到 S 的第五个元组,不满足连接条件,pr 下移到 R 的第五个元组,不满足连接条件,继续下移到第六个元组,满足连接条件,mark 指向第五个元组,输出第九个结果集元组(4,4),此时指针的状态如图 7.13(d)所示。

(10) 以此类推,直到完成所有的操作结束。

从上面的例子可以看到,当外表具有相同连接属性值的时候,需要能够重复地读取内表的元组,这就要求内表是可重复读的。如果内表来自中间结果集,在流水线运行方式下可能并不支持重复读,则需要对内表中具有相同属性值的元组进行保存,对内外表中具有相同连接属性值的元组进行嵌套循环连接。

通常在连接属性上都有索引,或连接的一个输入源排过序,这时会考虑使用归并连接算法。

3. 哈希连接

与归并连接类似,哈希连接(Hash Join,HJ)只能用于自然连接和等值连接。哈希连接的基本思想是:给定两个关系 R 和 S,$R \underset{R.a=S.b}{\bowtie} S$ 表示关系 R 和 S 的等值连接,如果一个 r 元组与一个 s 元组满足连接条件,则它们在连接属性上会取相同的值,若 r 元组的该值被哈希成某个值 i,则 s 元组值需要与哈希成值 i 的元组进行比较,生成满足连接条件的结果元组,而不需要与哈希成其他值的元组比较。

例如,如果 r 是 Customers 表上的元组,s 是 Orders 表上的元组,h 是元组属性 CID 上的哈希函数,则只有在 $h(r.\mathrm{CID})=h(s.\mathrm{CID})$ 时才需要比较 r 和 s。如果 $h(r.\mathrm{CID}) \neq h(s.\mathrm{CID})$,则 r 和 s 在 SNO 上的取值必不相等。但如果 $h(r.\mathrm{CID})=h(s.\mathrm{CID})$,还必须检查 r 和 s 在连接属性上的值是否相同,因为不同的值可能会有相同的哈希值。

哈希连接算法分为两个阶段,即构建(build)阶段和探测(probe)阶段。在构建阶段,假设以表 R 的连接属性作为哈希键创建哈希表,称为构建表,在探测阶段,对另一个表(称为探测表)S 的每个元组使用相同的哈希函数检索和探测 R 中的元组是否在连接属性上匹配,如图 7.14 所示。

假设系统中有 M 个缓存块可用于哈希连接,如果 $B(R)<M$ 或 $B(S)<M$,则使用两个表中较小的表作为构建表,即构建的哈希表可以存放在内存中,则对于 R 和 S 只需要一次遍历就可以完成哈希连接操作,其磁盘 I/O 的次数为 $B(R)+B(S)$。

如果 R 和 S 的哈希表都不能放到内存中,则采用“分而治之”的方式。假设 h_1 是可以将连接属性的值映射到 K 个值 $\{a_1,a_2,\cdots,a_k\}$ 的哈希函数,使用该哈希函数将

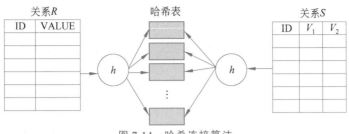

图 7.14　哈希连接算法

R 表划分成 K 个分区 $R_1,R_2,\cdots,R_k$，将 S 表划分成 K 个分区 $S_1,S_2,\cdots,S_k$，则下面的表达式成立：

$$R \underset{R.a=S.b}{\bowtie} S=(R_1 \underset{R_1.a=S_1.b}{\bowtie} S_1) \bigcup (R_2 \underset{R_2.a=S_2.b}{\bowtie} S_2) \bigcup \cdots \bigcup (R_k \underset{R_k.a=S_k.b}{\bowtie} S_k)$$

如果 S_i 可以在内存中构建哈希表，则对于每个 $R_i \underset{R_i.a=S_i.b}{\bowtie} S_i$，可以使用图 7.14 所示的算法进行连接操作，将所有的分区连接的结果集合并就可以获得 R 和 S 的连接结果集，该算法也称为 GHJ(**Grace Hash Join**)。

GHJ 算法也分为两个阶段：

- 阶段 1：使用哈希函数分别把 R 和 S 划分成 K 个分区。
- 阶段 2：对于每对 R_i 和 S_i，进行连接操作，然后合并结果集。

注意：在 GHJ 算法中，阶段 2 中进行哈希连接时使用的哈希函数必须与阶段 1 中对 R 和 S 进行分区使用的哈希函数不同。

在 GHJ 算法中，假设 $B(R)>B(S)$，则使用 S 构建哈希表，我们期望每个 S_i 都可以在内存中构建。通常情况下，只要 K 足够大，则每个分区 S_i 的规模可以小于可用的内存大小。但是，在阶段 1 划分关系 R 或 S 时，每个分区需要一个缓冲区临时存放输出元组，如果 K 的值大于或等于内存块数，则对 R 或 S 的分区就不能一趟完成，完成关系的分区需要多趟，每趟能划分的最多分区数是可用于输出的缓存块的个数。每趟生成的分区在下一趟中作为输入使用不同的哈希函数继续进行分区，直到用于构造哈希表的分区可以放在内存中。这种分区方式称为递归分区(recursive partitioning)。对 R 采用递归分区方式时，S 也必须采用同样的方式进行分区。

当关系 S 中有多个元组在连接属性上取相同值或哈希函数不符合随机性和均匀性要求时，元组在分区间分布就会不均匀，使得某些分区的元组数会远多于平均数，则称该分区发生数据偏斜(data skew)。数据偏斜的分区在构建哈希表时可能发生溢出现象，即内存存放不下。

可以采取以下方式规避哈希表溢出问题：

(1) 适当增加分区的个数，可以处理少量偏斜的问题，增加的数量称为避让因子(fudge factor)，通常取 20%。

(2) 溢出分解(overflow resolution)：对于发生偏斜的分区，使用一个不同的哈希函数将其进一步划分成更小的分区。同理，对应的另一张表也要做相同的划分。

(3) 溢出避免(overflow avoidance)：采用保守的策略，规避哈希表溢出，例如，首先将构造关系 S 划分成更多小的分区，然后把某些分区合并，但是保证每个合并后的分区都能放到内存中。

如果关系 S 中有多个元组在连接属性上取相同值，则上述方法都可能失效，对于这种情况只能采用其他连接算法。

现在分析 GHJ 算法。在不需要递归分区的情况下，在阶段 1，关系 R 和 S 需要进行一次完整的读入并随后将它们写回，在阶段 2，每个分区还需要再读入一次，因此，总的磁盘 I/O 次数是 $3(B(R)+B(S))$。

当内存规模相对较大但还不足以存放整个构造关系时，可以采用混合哈希连接（Hybrid Hash Join，HHJ）方法优化连接操作的性能，其基本思想如下：假设关系 R 和 S 进行连接操作，S 构造哈希表，在进行关系划分时，内存缓存块除了用于输入和输出缓冲区外，如果还有多余的内存，则可利用该内存缓存 S 表的第一个分区 S_1，从而避免把 S_1 写出去再读进来。如果设计的哈希函数使得 S_1 可以完全放入内存，则完成对 S 的分区后，可以直接在 S_1 上构建哈希表。当系统对 R 进行分区时，R_1 中的元组就可以直接跟 S_1 进行连接操作，输出结果元组。这样 R_1 中的元组既不占用内存也不需要写入磁盘，从而提升系统的性能，对于其他分区的元组则正常写入磁盘。

现代计算机通常具有较大的内存，如果构造关系只是略大于可用内存，则混合哈希连接可以极大地提高性能。

7.3.5   去除重复值

SQL 查询中的 DISTINCT 关键字或集合的并操作都需要去除重复的元组，常见实现方法有排序和哈希。

去重可以使用排序方法实现。排序后相同元组相互邻近，删除重复元组只留下一个即可。对于外部归并排序而言，在创建归并段时即可发现部分重复元组，可在将归并段写回磁盘之前就去掉重复元组，剩余的重复元组可以在归并过程中去除。因此，去重的代价估算与排序相同。

哈希表也是把相同值的元组聚在一起，因此也可以使用哈希实现去重。首先使用哈希函数对关系进行分区，对每个分区创建内存哈希表，在创建哈希表时，只有不在哈希表的元组才插入，否则，该元组丢弃。当分区中所有的元组都处理完后，将哈希表中的元组输出。

对关系 R 去重的代价是，如果 R 可以放入内存，则磁盘 I/O 的次数是 $B(R)$，如果不能放入内存，则磁盘 I/O 的次数是 $3B(R)$。可以看出，去重也是数据库中一个代价比较大的操作。

7.3.6   分组聚集

分组聚集操作也是把同一组的元组聚在一起进行运算，因此可以采用与去重类似的方法，只不过是基于分组属性将其聚集成组，总之，实现聚集运算也可以采用两种方法：先排序再计算或使用哈希表分组进行计算。

SUM、MAX、MIN、COUNT、AVG 等聚集函数，不必等收集完一个组的所有元组后再进行聚集运算，在分组的过程中就可以进行。对于 SUM、MIN 与 MAX，当在同一组中发现了两个元组时，DBMS 用包含聚集列上的 SUM、MIN 或 MAX 值的单个元组替换它们。对于 COUNT 运算，DBMS 为每一组维护一个已发现元组的计数值。AVG 运算的实现如下：在组构造过程中，计算每一组的 SUM 及 COUNT，最后用

SUM 除以 COUNT 即获得平均值。

聚集函数的实现一般由 3 部分协同工作完成,如图 7.15 所示。

(1) 初始状态值 INITCOND:初始状态的具体值。

(2) 状态转移函数 SFUNC:根据当前输入值、状态决定下一次状态的值。

(3) 结束收尾函数 FINALFUNC:处理最后一步的状态转换。

对关系 R 进行分组聚集运算的代价与去重相同,如果 R 可以放入内存,则磁盘 I/O 的次数是 $B(R)$,如果不能放入内存,则磁盘 I/O 的次数是 $3B(R)$。

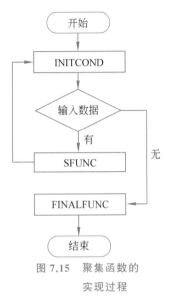

图 7.15 聚集函数的实现过程

7.3.7 集合操作

对于集合的并、交和差操作也可以采用排序和哈希两种方法。

基于排序的方法是首先对参与集合运算的关系 R 和 S 进行排序。集合运算与归并连接算法相似,同时对两个有序的关系进行扫描,计算 $R \cup S$ 时,如果发现在两个关系中存在相同的元组,则只保留一个;计算 $R \cap S$ 时,则只保留在两个关系中都出现的元组。同理,通过只保留 R 中那些不出现在 S 中的元组实现集合的差操作 $(R-S)$。

基于哈希的方法进行集合运算则与哈希连接相似。首先使用相同的哈希函数对两个关系进行分区,分别是 $r_1, r_2, \cdots, r_k$ 和 $s_1, s_2, \cdots, s_k$,然后对每一对分区执行下面的操作。

(1) $R \cup S$:对 r_i 构建内存哈希表;对于 s_i 中的每个元组,检索 r_i 的哈希表,如果其中不存在相同的元组,则加入哈希表;最后将哈希表的元组输入到结果集中。

(2) $R \cap S$:对 r_i 构建内存哈希表;对于 s_i 中的每个元组,检索 r_i 的哈希表,如果其中存在相同的元组,则将该元组加到结果集中。

(3) $R-S$:对 r_i 构建内存哈希表;对于 s_i 中的每个元组,检索 r_i 的哈希表,如果其中存在相同的元组,则将该元组从哈希表中删除;将哈希表的元组输入到结果集中。

7.4 本章小结

用户用高度非过程化语言 SQL 描述了想"做什么"的查询请求,但数据库管理系统要完成"怎么做"的过程又是高度过程化的,完成"做什么"到"怎么做"并"做完它"则是查询处理过程要完成的任务。

本章对查询处理过程做了整体介绍,它包括查询编译和查询执行两个关键阶段。查询编译阶段使用的 SQL 词法分析器和语法分析器使用平台工具开发,采用的分别是正则表达式和 LR 语法。翻译转换后得到的查询表达式树需要进行优化才能得到高效的查询执行计划树。查询执行计划树中的操作算子结点在执行器的调度下完成查询任务。本章对基本的查询操作算子的实现进行了具体说明和简要的代价分析。

通过查询编译和基本关系操作的调度执行,SQL 语句就能够被构造为执行计划并获得查询结果。

习题

1. 设计一个简单的语法规则,使它能够识别图 7.3 所示的语法树所对应的 SQL 语句。

2. 增加或修改上一题的语法规则,使其能够处理具有下列特性的简单 SQL 语句:

(1)没有 WHERE 条件。

(2)包含 DISTINCT 关键字以得到无重复值的结果集。

(3)具有 ORDER BY 子句。

3. 试定义 SQL 查询语句的简化结构,使其能够在生成图 7.3 所示的的语法树时保存上一题所列举的各项特性。

4. 执行选择运算时可以通过全表扫描或索引扫描。如果有索引,是否一定选择索引扫描? 请说明理由,可举例说明。

5. 假设关系 R 中有 1000 个元组,S 中有 100 000 个元组,现需要计算 $R \underset{R.a=S.b}{\bowtie} S$。假设内存工作区中有 11 个缓存块,每个缓存块可以存放 10 个元组,试分析使用归并连接算法时的 I/O 次数。

6. 试给出 SQL 标准中查询语句的 LIMIT 子句的执行算法。

实验

基于数据库原型系统框架 Rucbase(https://gitee.com/DBIIR/rucbase-lab),实现数据库的基本查询处理操作以及支持基本查询子句,包括:

(1)元组插入操作。

(2)元组更新操作。

(3)元组删除操作。

(4)WHERE 子句。

(5)GROUP BY 和 HAVING 子句。

(6)ORDER BY 子句。

第 8 章

查 询 优 化

原始关系代数表达式树结合物理操作符虽然能够完成处理请求，但对关系数据库系统地位的确立还是不够的。关系数据库成功的关键之一就是查询优化。优化之后的查询执行计划能高效运行、快速反馈处理结果。本章集中介绍逻辑查询优化和物理查询优化，前者基于关系代数的等价变换规则得到代价相对小的等价树，而后者则估计执行时可能产生的不同物理代价（以 I/O 为主），做进一步等价变换或确定要选择的物理操作符。本章还将重点介绍多表连接时，如何基于代价选择合适的连接顺序。

8.1 查询优化概述

8.1.1 查询优化的意义

查询优化既是关系数据库管理系统实现的关键技术，又是关系系统的优点所在。它减轻了用户选择存取路径的负担。用户只要提出"干什么"，而不必指出"怎么干"。查询优化不仅降低了用户更好地表达查询以获得较高的效率的负担，甚至可能比用户程序的"优化"做得更好。这是因为：

（1）优化器可以从数据字典中获取许多统计信息，例如每个关系表中的元组数、关系中每个属性值的分布情况、哪些属性上已经建立了索引等。优化器可以根据这些信息作出正确的估算，选择高效的执行计划，而用户程序则难以获得这些信息。

（2）如果数据库的物理统计信息改变了，则系统可以自动对查询进行重新优化以选择相适应的执行计划。

（3）优化器可以考虑千百种不同的执行计划，而程序员一般只能考虑有限的几种可能性。

（4）优化器中包括了很多复杂的优化技术，这些优化技术往往由优秀的程序员掌握着。系统的自动优化相当于使得所有用户都拥有这些优化技术。当然维护上述各类信息也是需要代价的。

下面通过一个简单的例子说明为

什么要进行查询优化。例如,查找订单额在 50 000 元以上的订单和顾客信息,用 SQL
语句表达:

```
SELECT CName, Amount
FROM Customers C, Orders O
WHERE O.CID = C.CID AND Amount > 50 000;
```

假定数据库中有 1000 条顾客记录,10 000 条订单记录,其中订单额大于 50 000
元的订单数记录为 50 条。

DBMS 可以用多种等价的关系代数表达式完成这一查询,下面来看 3 种等价的表
达式:

$$Q_1 = \Pi_{\text{CName, Amount}}(\sigma_{O.\text{CID}=C.\text{CID} \wedge \text{Amount}>50\,000}(\text{Customers} \times \text{Orders}))$$

$$Q_2 = \Pi_{\text{CName, Amount}}(\sigma_{\text{Amount}>50\,000}(\text{Customers} \bowtie \text{Orders}))$$

$$Q_3 = \Pi_{\text{CName, Amount}}(\text{Customers} \bowtie \sigma_{\text{Amount}>50\,000}(\text{Orders}))$$

由于查询执行的策略不同,查询效率相差很大。Q_1 首先生成两个表的笛卡儿积,
产生 10 000 000 个元组,然后再进行选择和投影操作。Q_2 进行自然连接,生成 10 000 个
元组,然后进行选择和投影。Q_3 首先进行选择操作,只选出满足条件的 50 个元组,然
后再进行连接和投影运算,显然,Q_1 中间结果太大,导致中间结果 I/O 开销大,从执
行时间上看,Q_1 会远远大于 Q_2 和 Q_3,Q_3 具有最优的执行时间。

这个简单的例子充分说明了查询优化的必要性,同时也给出查询优化的一些思
路。例如,通过等价的关系代数变换,可以获得更优的执行效果。

8.1.2　查询优化的方法

对一个给定的查询,可能有若干执行方式,查询优化就是给出一个查询的多种执
行方式,并从中选择出较优的查询执行计划。

查询优化按照其优化的内容可以分为逻辑查询优化和物理查询优化。

逻辑查询优化是指关系代数表达式的优化,即按照一定的规则,通过对关系代数
表达式进行等价变换,改变代数表达式中操作的次序和组合,使查询执行更高效。逻
辑查询优化不涉及底层的存取路径。

物理查询优化是要给每个关系运算符选择高效合理的运算方法或存取路径,生成
优化的可执行的查询计划。物理查询优化主要考虑以下几方面:存取路径、多表连接
顺序、表连接算法、操作结果是否排序、数据传递方式等。对于一个 SQL 语句中的操
作符,可以有不同的执行顺序,对于每个操作符,还有多种执行算法,因此一个查询可
以生成多种等价的执行方式,如何从中选出最优的执行计划?理论上讲,查询优化器
可以为任一查询选出最优的查询计划,但是实际系统中,查询计划的候选搜索空间太
大,选出最优的执行计划也需要一笔很大的开销。查询优化器通常采用的方法是基于
规则的启发式优化(RBO)和基于代价估算的优化(CBO)。

基于规则的启发式优化是指根据预定义的启发式规则对 SQL 语句进行优化。基
于规则的优化代价相对小,但是启发式规则基于的假定因素太多,不是在每种情况下
都是最好的规则,准确程度相对较差,一般不单独使用,目前的系统通常使用启发式规
则减少候选执行计划。常见的启发式规则有选择投影运算尽量下推、多表连接时尽量

让小表先进行连接等。

基于代价估算的优化是指使用优化器估算不同执行策略的代价，并选出具有最小代价的执行计划。基于代价估算的优化方法的最大问题是优化代价较大，需要解决的关键技术包括：

（1）执行路径的代价估算，包括统计信息的准确收集、合理的代价模型以及对中间结果的估算方法等。

（2）执行路径的生成以及最优路径选择，如何从指数级增长的执行路径中高效选取代价最小的执行路径。

查询优化器通常会把这些技术结合在一起使用。例如，先使用启发式规则，选取若干较优的候选方案，减少代价估算的工作量；然后分别计算这些候选方案的执行代价，较快地选出最终的优化方案。

近年来 AI 技术发展迅速，特别在深度学习领域的创新，使得基于机器学习的查询优化（ABO）技术得到快速发展。ABO 收集执行计划的特征信息，借助机器学习模型获得经验信息，进而对执行计划进行调优，获得最优的执行计划。ABO 在建模效率、估算准确率、自适应等方面有很大优势，有望在查询优化领域取得突破。

8.1.3　查询优化器的结构

查询优化器的输入是查询分析树，输出是查询执行树。对于多种查询优化的方法，查询优化器如何把它们组织起来实现查询优化的目标呢？

SystemR/Starburst 和 Volcano/Cascades 是目前两个比较经典的查询优化器，它们的架构在目前的数据库系统中得到广泛应用，尽管在一些实现技术上不同，它们具有以下共同点：

（1）具有良好的扩展性，开发者可以添加新的规则，而不需要关心执行计划的搜索空间。

（2）对操作结点使用通用的代价模型。

（3）使用规则系统实现查询表达式或操作树的转换。

SystemR 是 IBM 公司的一个开创性项目，它是 SQL 的第一个工程化实现，同时也是第一个证明关系数据库管理系统可以提供良好的事务处理性能的系统。Starburst 是 SystemR 的一个更优的实现。其主要特点是把查询优化分成两个独立的阶段：逻辑查询优化阶段和物理查询优化阶段。逻辑查询优化阶段基于启发式规则进行查询重写，把查询代数表达式变换成另一个等价的执行更高效的查询代数表达式；在物理查询优化阶段，给查询树中的关系代数表达式关联物理实现的操作符，并评估其代价，选择最优的执行路径，采用自底向上的方式生成物理执行计划。

该查询优化器结构的优点是层次清晰，在实际系统中表现很好，PostgreSQL、DB2 和 Oracle 的优化器都采用类似的结构，缺点是逻辑查询优化与物理查询优化完全独立，在逻辑查询优化的时候，有些规则不能判断其一定有好处，需要计算代价来判断时，通过启发式规则不能获得最优解。后来 Oracle 优化器对该结构进行了优化，在逻辑变换组件中增加基于代价的优化组件，在逻辑查询优化阶段可以调用基于代价的优化器估算逻辑变换后的关系代数表达式是不是更优。

Volcano/Cascades 查询优化器是一个开放的框架，它事先定义了 Operator、

Property 和 Rule 的接口类,数据库系统开发人员通过实现这些接口类的子类可以实现一个查询优化器。

Volcano/Cascades 查询优化器最主要的特点是使用规则进行所有的关系代数变换,包括两类规则,转换规则(transformation rules)进行关系代数的等价变换,实现规则(implementation rules)把关系代数表达式转换成操作符树。它不严格划分两个阶段,所有的转换都基于规则和代价。它采用自顶向下的动态规划算法搜索状态空间,保证只有需要优化的子树和相关的属性才加入到查询计划中,采用 MEMO 结构尽可能共享相同的子树以减少内存的使用。

该查询优化器结构的优点是统一使用规则生成转换,具有更好的扩展性,可以很方便地添加或删除操作符和规则,但是系统结构比较复杂。SQL Server 的优化器采用类似的结构实现。

本章重点讨论查询优化器的关键技术,首先介绍逻辑查询优化的变换规则,然后介绍基于代价的优化器中用到的统计信息、基数估算以及多表连接的优化等。

8.2 关系代数表达式等价变换规则

逻辑查询优化是通过对关系代数表达式进行等价变换提高查询效率。关系代数表达式的等价是指用相同的关系代替两个表达式中相应的关系所得到的结果是相同的。两个关系表达式 E_1 和 E_2 是等价的,可记为 $E_1 = E_2$。

8.2.1 选择运算的相关规则

选择运算选出满足给定谓词的元组。选择运算可以明显减小关系的规模,因此查询优化最重要的规则之一就是在保证正确性的前提下,选择操作在查询表达式树上尽可能下移。

当选择谓词比较复杂时,将谓词分解为某个组成部分,或许更方便在查询表达式树上移动。选择运算的规则如下。

规则 1:选择的分解规则

设 E_1 和 E_2 是关系代数表达式,F_1 和 F_2 是选择运算的谓词,则有

$$\sigma_{F_1 \wedge F_2}(E) = \sigma_{F_1}(\sigma_{F_2}(E)) = \sigma_{F_2}(\sigma_{F_1}(E))$$

$$\sigma_{F_1 \vee F_2}(E) = \sigma_{F_1}(E) \bigcup \sigma_{F_2}(E)$$

这里,E 是关系代数表达式,F_1、F_2 是选择条件。

可以看出,作用在关系 E 上的与($\wedge$)操作连接的多个谓词可以任意顺序作用到关系 E 上。例如,对于关系 $R(a,b,c)$,R 在属性 a 上有索引,则对于 $\sigma_{a=1 \wedge b=3}(R)$ 可以转换为 $\sigma_{b=3}(\sigma_{a=1}(R))$,首先利用属性 a 上的索引进行查找,然后根据条件 $b=3$ 进行选择操作,得出满足条件的结果集。

使用或($\vee$)操作连接的多个条件作用在关系 E 上,通常无法使用索引,通过转换成单个条件的集合操作,或许就可以利用索引提升性能了。例如,对于关系 $R(a,b,c)$,R 在属性 a 和 b 上都有索引,则对于 $\sigma_{a=1 \vee b=3}(R)$,进行选择操作时可能需要进行全表扫描,如果转换成 $\sigma_{a=1}(E) \bigcup \sigma_{b=3}(E)$,则可以分别利用属性 a 和属性 b 上的索引进行扫描,然后使用集合操作把结果集合并。

规则 2：选择与笛卡儿积、连接运算的分配律

设 E_1 和 E_2 是关系代数表达式，F 是选择运算的谓词，θ 是连接运算的谓词，根据 θ 连接的定义，则有

$$\sigma_\theta(E_1 \times E_2) = E_1 \underset{\theta}{\bowtie} E_2$$

$$\sigma_{\theta_1}(E_1 \underset{\theta_2}{\bowtie} E_2) = E_1 \underset{\theta_1 \wedge \theta_2}{\bowtie} E_2$$

在关系的 θ 连接上进行选择操作，选择谓词和连接谓词可以互换。对于 θ 连接，选择运算在下面两种情况下满足分配律。

（1）如果 F 中涉及的属性都是 E_1 中的属性，则

$$\sigma_F(E_1 \underset{\theta}{\bowtie} E_2) = \sigma_F(E_1) \underset{\theta}{\bowtie} E_2$$

（2）如果 $F = F_1 \wedge F_2$，并且 F_1 只涉及 E_1 中的属性，F_2 只涉及 E_2 中的属性，则

$$\sigma_F(E_1 \underset{\theta}{\bowtie} E_2) = \sigma_{F_1}(E_1) \underset{\theta}{\bowtie} \sigma_{F_2}(E_2)$$

若 F_1 只涉及 E_1 中的属性，F_2 涉及 E_1 和 E_2 两者的属性，则仍有

$$\sigma_F(E_1 \underset{\theta}{\bowtie} E_2) = \sigma_{F_2}(\sigma_{F_1}(E_1) \underset{\theta}{\bowtie} E_2)$$

使用该规则可以在连接前先做部分选择操作，把选择操作下推到连接操作下面，从而减小参与连接运算的关系的规模。

例如，关系 $R(a, b)$ 和 $S(b, c)$，对于表达式 $\sigma_{(a=1 \vee a=3) \wedge c<10}(R \bowtie S)$，其含义是 R 与 S 做自然连接，然后再做选择操作。R 与 S 的自然连接有可能产生比较大的中间结果集。可以看到谓词 $(a=1 \vee a=3)$ 只能作用到关系 R 上，谓词 $c<10$ 只能作用在关系 S 上，则根据上述规则，表达式可以变换成

$$\sigma_{(a=1 \vee a=3) \wedge b<c}(R \bowtie S)$$
$$= \sigma_{(a=1 \vee a=3)}(\sigma_{c<10}(R \bowtie S))$$
$$= \sigma_{(a=1 \vee a=3)}(R \bowtie \sigma_{c<10}(S))$$
$$= \sigma_{(a=1 \vee a=3)}(R) \bowtie \sigma_{c<10}(S)$$

通过变换把选择谓词下推到关系上，先进行选择操作，再进行连接操作。

规则 3：选择与集合操作的分配律

若 E_1、E_2 有相同的属性名，则：

（1）对于集合并（$\cup$）操作，选择操作下推到集合的两个参数中：

$$\sigma_F(E_1 \cup E_2) = \sigma_F(E_1) \cup \sigma_F(E_2)$$

（2）对于集合交（$\cap$）操作，选择操作可以下推到集合的一个或两个参数中：

$$\sigma_F(E_1 \cap E_2) = \sigma_F(E_1) \cap E_2 = E_1 \cap \sigma_F(E_2) = \sigma_F(E_1) \cap \sigma_F(E_2)$$

（3）对于集合差（$-$）操作，选择操作必须下推到集合的第一个参数中，下推到第二个参数是可选的：

$$\sigma_F(E_1 - E_2) = \sigma_F(E_1) - E_2 = \sigma_F(E_1) - \sigma_F(E_2)$$

通过上述规则，可以把选择操作下推到集合操作下面，从而减小参与集合运算的关系的规模。

8.2.2 投影运算的相关规则

投影运算是针对列的操作，通常在生成结果集的时候一起完成，它不改变元组个数，只减小元组的长度，因此在查询优化时，对投影运算的关注度不是很高。

　　规则 4：投影的串接规则

$$\Pi_{A_1,A_2,\cdots,A_n}(\Pi_{B_1,B_2,\cdots,B_m}(E))=\Pi_{A_1,A_2,\cdots,A_n}(E)$$

　　这里，E 是关系代数表达式，$A_i(i=1,2,\cdots,n)$，$B_j(j=1,2,\cdots,m)$是属性名，且 $\{A_1,A_2,\cdots,A_n\}$ 构成 $\{B_1,B_2,\cdots,B_m\}$ 的子集。

　　通过该规则，可以简化投影操作。

　　规则 5：投影与选择运算的交换

$$\sigma_F(\Pi_{A_1,A_2,\cdots,A_n}(E))=\Pi_{A_1,A_2,\cdots,A_n}(\sigma_F(E))$$

　　这里，选择谓词 F 只涉及属性 $A_1,\cdots,A_n$。

　　若 F 中有不属于 $A_1,\cdots,A_n$ 的属性 $B_1,\cdots,B_m$，则有更一般的规则：

$$\Pi_{A_1,A_2,\cdots,A_n}(\sigma_F(E))=\Pi_{A_1,A_2,\cdots,A_n}(\sigma_F(\Pi_{A_1,A_2,\cdots,A_n,B_1,B_2,\cdots,B_m}(E)))$$

　　规则 6：投影与笛卡儿积、连接操作的分配律

　　设 E_1 和 E_2 是两个关系表达式，$A_1,\cdots,A_n$ 是 E_1 的属性子集，$B_1,\cdots,B_m$ 是 E_2 的属性子集，则投影操作对于笛卡儿积满足分配律：

$$\Pi_{A_1,A_2,\cdots,A_n,B_1,B_2,\cdots,B_m}(E_1\times E_2)=\Pi_{A_1,A_2,\cdots,A_n}(E_1)\times\Pi_{B_1,B_2,\cdots,B_m}(E_2)$$

　　对于 θ 连接，投影在下面两种情况下满足分配律：

　　(1) 如果 θ 中涉及的属性都是 $\{A_1,A_2,\cdots,A_n,B_1,B_2,\cdots,B_m\}$ 中的属性，则 $\Pi_{A_1,A_2,\cdots,A_n,B_1,B_2,\cdots,B_m}(E_1\underset{\theta}{\bowtie}E_2)=\Pi_{A_1,A_2,\cdots,A_n}(E_1)\underset{\theta}{\bowtie}\Pi_{B_1,B_2,\cdots,B_m}(E_2)$

　　(2) 如果 θ 中涉及 E_1 中不在 $\{A_1,\cdots,A_n\}$ 中的属性 $\{C_1,\cdots,C_i\}$ 和 E_2 中不在 $\{B_1,\cdots,B_m\}$ 中的属性 $\{D_1,\cdots,D_k\}$，则 $\Pi_{A_1,A_2,\cdots,A_n,B_1,B_2,\cdots,B_m}(E_1\underset{\theta}{\bowtie}E_2)=\Pi_{A_1,A_2,\cdots,A_n}$ $(\Pi_{A_1,A_2,\cdots,A_n,C_1,\cdots,C_i}(E_1)\underset{\theta}{\bowtie}\Pi_{B_1,B_2,\cdots,B_m,D_1,\cdots,D_k}(E_2)$

　　规则 7：投影与集合操作的分配律

　　设 E_1 和 E_2 有相同的属性名，$A_1,\cdots,A_n$ 是其属性，则

$$\Pi_{A_1,A_2,\cdots,A_n}(E_1\bigcup E_2)=\Pi_{A_1,A_2,\cdots,A_n}(E_1)\bigcup\Pi_{A_1,A_2,\cdots,A_n}(E_2)$$

可以在查询表达式树的任何地方引入投影，只要它所消除的属性是后面的运算符从来不会用到的并且没有出现在整个表达式的结果之中。

8.2.3　连接运算的相关规则

　　一个运算符的交换律是指该运算符的运算结果与其参数顺序无关。例如算术运算符中的加号＋和乘号×就是满足交换律的运算符，即对于任意的 x 和 y，$x+y=y+x$，$x\times y=y\times x$，但减号－就不满足交换律，$x-y\neq y-x$。

　　一个运算符的结合律是指该运算符出现的两个地方既可以从左边进行组合也可以从右边进行组合。例如加号＋和乘号×就是满足结合律，即 $(x+y)+z=x+(y+z)$，$(x\times y)\times z=x\times(y\times z)$，但减号－就不满足结合律。

　　当一个运算符既满足交换律又满足结合律时，就可以对这个运算符连接起来的任意多个操作数进行随意组合和排列而不会影响运算结果。

　　规则 8：连接、笛卡儿积的交换律

　　设 E_1 和 E_2 是关系代数表达式，θ 是连接运算的谓词，则有

$$E_1\times E_2=E_2\times E_1$$

$$E_1\bowtie E_2=E_2\bowtie E_1$$

$$E_1\underset{\theta}{\bowtie}E_2=E_2\underset{\theta}{\bowtie}E_1$$

规则 9：连接、笛卡儿积的结合律

设 E_1、E_2、E_3 是关系代数表达式，θ_1 和 θ_2 是连接运算的谓词，则有

$$(E_1 \times E_2) \times E_3 = E_1 \times (E_2 \times E_3)$$
$$(E_1 \bowtie E_2) \bowtie E_3 = E_1 \bowtie (E_2 \bowtie E_3)$$
$$(E_1 \underset{\theta_1}{\bowtie} E_2) \underset{\theta_2}{\bowtie} E_3 = E_1 \underset{\theta_1}{\bowtie} (E_2 \underset{\theta_2}{\bowtie} E_3)$$

从上面的规则可以看出，连接、笛卡儿积运算符满足交换律和结合律，因此，如果有多个表进行连接操作，尽可能选择最优连接顺序，尽可能减少中间结果集的大小。

例如，假设有 A、B、C、D 四个表进行连接操作，则连接方式可以是线性的，例如 $((A \bowtie B) \bowtie C) \bowtie D$，如图 8.1(a) 所示，也可以是非线性的，例如 $(A \bowtie B) \bowtie (C \bowtie D)$，如图 8.1(b) 所示。因为连接操作满足交换律和结合率，使用这些连接顺序计算产生的结果都是一样的。

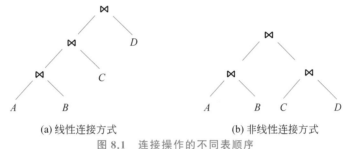

(a) 线性连接方式　　　　(b) 非线性连接方式

图 8.1　连接操作的不同表顺序

如果连接具有连接谓词，则需要注意谓词所涉及的表。例如，假设有 3 个关系 $R(a,b)$, $S(b,c)$, $T(c,d)$，对于关系代数表达式 $(R \underset{R.a>S.b}{\bowtie} S) \underset{a<b}{\bowtie} T$，可以按照结合律转换成 $R \underset{R.a>S.b}{\bowtie} (S \underset{a<b}{\bowtie} T)$。但是 a 既不是关系 S 的属性，也不是关系 T 的属性，所以使用具有连接谓词的结合律时需要注意连接谓词所涉及的表。

下面是一个运用关系代数表达式等价规则进行查询转换的例子，其中 SQL 语句查询顾客 Smith 在 2020 年的订单明细信息。

Q1：

```
SELECT CName,  PID,  Quantity
FROM Customers C , Orders O, OrderItems l
WHERE C.CID = O.CID
    AND O.OID = l.OID
    AND C.CName = 'Smith'
    AND date_part('year', CreateTime) = 2020;
```

该 SQL 查询对应的关系代数表达式如下：

$$\Pi_{\text{CName,PID,Quantity}} (\sigma_{\text{CName='Smith'} \wedge \text{date\_part('year',CreateTime)}=2020}$$
$$(\text{Customers} \bowtie \text{Orders} \bowtie \text{OrderItems}))$$

对于该查询通常做的转换是下推选择操作、投影操作减小中间结果集的规模，关系代数表达式的转换如下：

$$\Pi_{\text{CName,PID,Quantity}}(\sigma_{\text{CName}='\text{Smith}' \wedge \text{date\_part}('\text{year}',\text{CreateTime})=2020}(\text{Customers} \bowtie \text{Orders}$$
$$\bowtie \text{OrderItems}))$$
$$=\Pi_{\text{CName,PID,Quantity}}((\sigma_{\text{CName}='\text{Smith}' \wedge \text{date\_part}('\text{year}',\text{CreateTime})=2020}(\text{Customers} \bowtie \text{Orders})$$
$$\bowtie \text{OrderItems}))$$
$$=\Pi_{\text{CName,PID,Quantity}}((\sigma_{\text{CName}='\text{Smith}'}(\text{Customers}) \bowtie \sigma_{\text{date\_part}('\text{year}',\text{CreatTime})}(\text{Orders})$$
$$\bowtie \text{OrderItems}))$$
$$=\Pi_{\text{CName,PID,Quantity}}(\Pi_{\text{CName,CID}}(\sigma_{\text{CName}='\text{Smith}'}(\text{Customers}))$$
$$\bowtie \Pi_{\text{CID,OID}}(\sigma_{\text{date\_part}('\text{year}',\text{CreatTime})=2020}(\text{Orders}))$$
$$\bowtie \Pi_{\text{OID,PID,Quantity}}(\text{OrderItems}))$$

上述表达式变换的等价关系代数表达式树表示如图 8.2 所示。

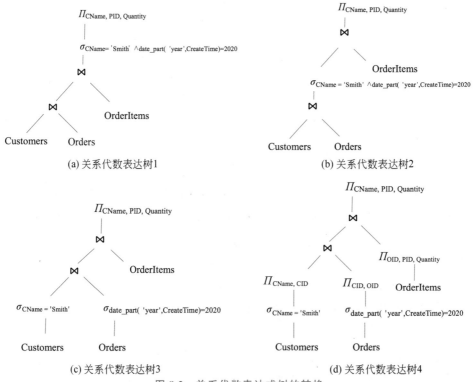

图 8.2　关系代数表达式树的转换

在图 8.2 的转换中,关系代数表达式经过选择、投影操作下推形成图 8.2(a)、图 8.2(b)、图 8.2(c)和图 8.2(d)4 个等价的关系代数表达式树,并且执行效率逐渐提升。根据连接操作的交换律和结合律,还可以调整连接顺序。

规则 10:连接消除

连接运算是数据库系统中代价比较高的运算,尤其是对大数据量的表,如果通过完整性约束可以证明查询中的某些连接运算是冗余的,则这些连接就可以从查询中消除,从而提高查询的性能。

如果参与连接运算是基于参照完整性的主外表,并且连接谓词是主外码的等值连接,则对于外表来说,连接运算的结果集不会增加其元组行数,如果主表只在连接中出现,则该连接就是冗余,主表消除后的查询与原查询等价。

　　例如，数据库中有 Suppliers 和 Products 表，分别存储供应商和商品的信息，Suppliers 和 Products 表之间有参照完整性约束，Products 表中的字段 SID 参照 Suppliers 表的主码 SID。现在有视图 prod_supp_info，可以查询商品的供应商信息。

```
CREATE VIEW prod_supp_info AS
SELECT PID, PName, Category, SName,City
FROM Products P, Suppliers S
WHERE S.SID = P.PID;
```

　　查询 Q2 中用户想查询商品的信息，可能由于访问权限的原因只能查询视图 prod_supp_info。

　　Q2:

```
SELECT PID, PName
FROM prod_supp_info;
```

　　在查询重写阶段，该查询中的视图替换成对基表的查询，如 Q3 所示。

　　Q3:

```
SELECT PID, PName
FROM Products P, Suppliers S
WHERE S.SID = P.PID;
```

　　由于 Products 和 Suppliers 表在连接列上有主外码参照关系，并且主码表 Suppliers 只在连接子句中出现，因此，Q3 与下面消除连接后的查询 Q4 等价。

　　Q4:

```
SELECT PID, PName
FROM Products
WHERE SID IS NOT NULL;
```

　　注意：Q4 中增加了 WHERE 子句 SID IS NOT NULL，因为外码列的值是空值的元组在连接运算中不满足连接谓词，这些元组不会出现在结果集中，所以消除连接后的查询需要增加相应的选择谓词。

　　从上面的例子可以看出，连接可以消除的本质是参与连接的表有下面的特点。

　　(1) 参与连接的表只出现在该连接操作中，SQL 的其他子句未引用该表的列。

　　(2) 连接谓词中该表的列具有唯一性（通过连接不会增加元组的行数）。

　　对于内连接，消除连接后需要对另一个表的连接列增加 IS NOT NULL 谓词，对于外连接，则直接消除连接的表即可。

　　连接谓词中该表的列是否具有唯一性，可以通过多种情况来判断。

　　(1) 该表的列是主码或有 UNIQUE 索引。

　　(2) 如果参加连接的是子查询，则可以判断子查询中是否具有 DISTINCT 关键字、分组聚集运算的结果，或者是集合并、交、差运算的结果（不含 UNION ALL）。

8.2.4　去重运算的相关规则

　　去重运算符 δ 用于去掉集合中的重复元组，通常采用排序或哈希算法实现，也是一个比较耗时的运算符。但它同时也可以减小中间结果集的规模,因此将去重运算符 δ 下推可能获益。下面介绍去重运算的相关规则。

规则 11:消除去重运算符

若关系 E 没有重复元组,则

$$\delta(E)=E$$

关系 E 可以是下面的情形:包含主码,或者是分组运算的结果,或者是集合并、交、差运算的结果(不含 UNION ALL)。

例如,DISTINCT 列上如果有主码约束,则此列不可能为空,且无重复值,可以消除 DISTINCT 操作。

```
CREATE TABLE T1( c1  INT  PRIMARY KEY,  c2 INT);
SELECT DISCINCT(c1) FROM T1 ;
```

可以转换为

```
SELECT c1 FROM T1
```

规则 12:去重与笛卡儿积、连接的分配律

设 E_1 和 E_2 是关系代数表达式,则有

$$\delta_{(E_1 \times E_2)} = \delta_{(E_1)} \times \delta_{(E_2)}$$

$$\delta_{(E_1 \bowtie E_2)} = \delta_{(E_1)} \bowtie \delta_{(E_2)}$$

规则 13:去重与选择的交换

设 E 是关系代数表达式,F 是选择谓词,则有

$$\delta(\sigma_F(E)) = \sigma_F(\delta(E))$$

规则 14:去重与集合的分配律

去重操作符可以移到集合交操作的其中一个或两个参数上,但是不适用于集合的并、差操作。设 E_1 和 E_2 是关系代数表达式,则有

$$\delta_{(E_1 \cap E_2)} = \delta_{(E_1)} \bigcap \delta_{(E_2)} = \delta_{(E_1)} \bigcap E_2 = E_1 \bigcap \delta_{(E_2)}$$

8.2.5　聚集运算的相关规则

聚集运算可以分为两类:标量聚集和向量聚集。

标量聚集是指没有分组列,即没有 GROUP BY 子句,无论其进行聚集操作的基本表中有无数据,其查询结果集中总是返回 1 个元组。向量聚集则具有分组列,即具有 GROUP BY 子句,当其进行聚集操作的基表中没有数据时,查询结果集返回 0 个元组,否则,查询结果的大小取决于分组列中值的分布。

用 $\mathcal{G}_{1,F}$ 表示标量聚集,用 $\mathcal{G}_{A,F}$ 表示向量聚集,其中 F 代表要计算的聚集函数,F 中涉及的属性列称为聚集列,A 代表分组列。标量聚集可以看作向量聚集的特殊形式: $\mathcal{G}_{1,F} = \mathcal{G}_{\varnothing,F}$。对于空集上的聚集运算,标量聚集返回一行结果集,而向量聚集则不返回结果集。

规则 15:聚集运算中聚集列的消减

如果聚集操作中的聚集列中包含唯一键,则该聚集操作的聚集列只需要保留该唯

一键即可。通过该规则可以减少聚集操作的聚集列，从而减小聚集操作的开销。

设 E 是关系代数表达式，U 是 E 上的一个唯一键，$U \subseteq A$，则有

$$\mathcal{G}_{A,F}(E) = \mathcal{G}_{U,F}(E)$$

规则 16：聚集与去重

聚集操作的结果集在聚集列上是唯一的，因此，聚集操作后的去重操作可以消除。设 E 是关系代数表达式，则有

$$\delta_{(\mathcal{G}_{A,F}(E))} = \mathcal{G}_{A,F}(E)$$

有时可以把去重运算看作聚集运算的特殊情况，即去重运算是没有聚集函数的聚集运算。

如果聚集函数是 max() 或 min()，则该聚集操作的结果跟操作对象是否有重复值无关，对这类聚集函数，则可以消除该操作对象上的去重操作。

设 E 是关系代数表达式，则有

$$\mathcal{G}_{A,F}(\delta_{(E)}) = \mathcal{G}_{A,F}(E)$$

其中，F 是聚集函数 max() 或 min()。

规则 17：聚集与投影

在聚集操作之前，只要需要，就可以使用投影操作去除操作对象中无用的属性。

设 E 是关系代数表达式，则有

$$\mathcal{G}_{A,F}(E) = \mathcal{G}_{A,F}(\Pi_M(E))$$

其中，M 是至少包含 A 中涉及所有属性的列表。

规则 18：聚集与选择的交换

设 E 是关系代数表达式，P 是选择谓词，如果 P 涉及列是分组列 A 的子集，则有

$$\mathcal{G}_{A,F}(\sigma_P(E)) = \sigma_P(\mathcal{G}_{A,F}(E))$$

例如，Q6 查询 2022 年的销售总额，其中的 HAVING 子句中的谓词只涉及查询的分组列，则谓词可以上提到 WHERE 子句中，如查询 Q7 所示。

Q6：

```
SELECT date_part( 'year',CreateTime)  AS year, sum(amount)
FROM Orders
GROUP BY Year
HAVING date_part( 'year',CreateTime) = 2022
```

Q7：

```
SELECT date_part( 'year',CreateTime)  AS year, sum(amount)
FROM Orders
WHERE date_part( 'year',CreateTime) = 2022
GROUP BY Year
```

规则 19：聚集与连接运算

传统查询优化器对聚集运算的处理都是在该查询的其他部分（连接、选择等）均已处理完之后才进行。随着数据分析应用的广泛使用，聚集运算的性能得到更广泛的关注，人们对其进行了更深入的研究。

研究发现，聚集运算能大大减小关系的规模，若将其下移，先进行分组，然后再进

行连接操作,连接的效率可以得到很大提高。例如下面的查询 Q8,查询每个顾客的订单总额。

Q8:

```
SELECT C.CID, C.CName, SUM(amount)
FROM Orders O, Customers C
WHERE O.CID = C.CID
GROUP BY C.CID, C.CName;
```

传统优化器中,Q8 的执行方式如图 8.3(a)所示:首先将 Orders 表和 Customers 表进行连接,得出每个顾客的订单信息,然后按照顾客号对连接结果进行分组,计算出每个顾客的订单总额。根据该查询的语义可知,图 8.3(b)中的执行方式也是正确的:首先对 Orders 表按照顾客号进行分组,计算每个顾客号对应的顾客的订单总额,然后,将分组和聚集结果与 Customers 表进行连接,得到顾客的名字信息。当每个顾客有多个订单时,首先进行聚集操作可以大幅减少与 Customers 表进行连接的数据量,从而提高连接操作的性能。

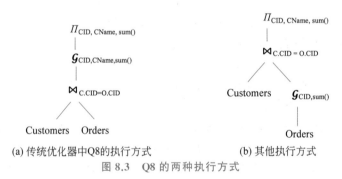

(a) 传统优化器中Q8的执行方式   (b) 其他执行方式

图 8.3   Q8 的两种执行方式

但这种变换并不保证一定得到更优的计划,例如,如果只需要查询部分顾客(假设某个城市的顾客)的订单总额,Orders 表和 Customers 表的连接操作可以过滤掉很多订单元组,则推迟聚集操作的执行可能更加高效。因此,是否需要进行聚集运算的下推需要交给基于代价的优化器去选择。

下面讨论什么样的查询才可以进行聚集运算下推。

设 E_1 和 E_2 是关系代数表达式,θ 是连接运算的谓词,E_1 和 E_2 进行连接运算,然后进行聚集运算,记作 $\mathcal{G}_{A,F}(E_1 \underset{\theta}{\bowtie} E_2)$,其中 θ 中涉及的列称为连接列,A 中的列称为分组列,聚集函数 F 中涉及的列称为聚集列。

如果查询 $\mathcal{G}_{A,F}(E_1 \underset{\theta}{\bowtie} E_2)$ 满足下面的条件,则称其在 E_1 上具有不变分组(invariant grouping)特性。

(1)聚集列是 E_1 中定义的列,并且不是连接列和分组列。

(2)E_1 中的连接列必须是分组列。

(3)E_2 上有主码,连接谓词是 E_1 中连接列与 E_2 的主码之间的等值连接。

如果查询 $\mathcal{G}_{A,F}(E_1 \underset{\theta}{\bowtie} E_2)$ 在 E_1 上具有不变分组特性,则有

$$\mathcal{G}_{A,F}(E_1 \underset{\theta}{\bowtie} E_2) = \mathcal{G}_{A',F}(E_1 \underset{\theta}{\bowtie} E_2)$$

其中,A' 是 A 中的分组列去掉 E_2 中的列。

条件(1)确保了聚集运算可以只在 E_1 上进行计算,条件(2)和(3)说明连接列都是分组列,连接操作不会增加每组元组的个数,因此,在 E_1 上进行分组聚集运算后再进行连接操作,与先进行连接运算再进行分组聚集,结果集是相同的。例如查询 Q8 满足不变分组特性,通过聚集运算下推可能会提高查询的性能。

8.2.6 集合运算的相关规则

规则 20:集合并、交的交换律

设 E_1 和 E_2 是关系代数表达式,则有

$$E_1 \bigcup E_2 = E_2 \bigcup E_1$$
$$E_1 \bigcap E_2 = E_2 \bigcap E_1$$

规则 21:集合并、交的结合律

设 E_1、E_2、E_3 是关系代数表达式,则有

$$(E_1 \bigcup E_2) \bigcup E_3 = E_1 \bigcup (E_2 \bigcup E_3)$$
$$(E_1 \bigcap E_2) \bigcap E_3 = E_1 \bigcap (E_2 \bigcap E_3)$$

8.3 统计信息

现代关系数据库系统普遍采用基于代价的查询优化技术,即根据对可能的执行计划的代价估算,选择高效的低代价执行计划。代价估算的准确性直接影响所选查询执行计划的性能。在代价估算中,优化器根据系统处理能力、对象大小以及需要读取的数据量等信息估算出代价,而这些信息主要是系统收集统计数据以及对中间结果集的估算。

统计信息可分为系统统计信息和对象统计信息。它是基于代价的查询计划的基础,也是计算查询代价的原始材料,统计信息的准确度直接影响查询优化的结果。

系统处理能力是影响执行计划中操作代价的重要因素,系统统计信息主要包括 CPU 转速、单数据块的 I/O 时间、多数据块读的 I/O 时间、多数据块平均每次读取的数据块的数量等。

对象统计数据包括表级统计数据、列级统计数据和多列统计数据。

(1)表级统计数据包括元组的数量、表占用的页面数等,这些数据决定了全表扫描、连接的代价和内存需求。

(2)列级统计数据要能推测出列中数据的分布,可以根据条件估算出选择率,例如该列的值域、不同值的个数、空值的比例等。

(3)多列统计数据通常包括列之间的关系,即相关度,对于多个列条件,可以估算出选择率。

在大多数的数据库系统中,数据的分布采用直方图的形式表示。直方图是被广泛应用的一种统计图表,它把一个列的取值分成 k 个区间,k 的大小决定了直方图描述该列数据值分布的精确性和内存的使用量。

根据统计方法的不同,直方图可分为等宽直方图和等频直方图。

(1)等宽直方图(equi-width histogram):将值的范围划分成值域相等的区间,即对于给定的宽度 w,对于一组数据,假设最小值为 v_0,则统计区间 $[v_0, v_0+w)$,$[v_0+$

w，v_0+2w），$[v_0+2w,v_0+3w$），…中元组的个数。图 8.4 展示了一个属性值在
1~25 的等宽直方图。

（2）等频直方图（equi-depth histogram）：也叫等高直方图，给定一个频度，对于
一组数据，假设最小值为 v_0，统计列出一组数据的序列 $\{v_0,v_1,v_2,\cdots,v_k\}$ 使得在每个
区间 $[v_0,v_1$），$[v_1,v_2$），…，$[v_{k-1},v_k]$ 中数据元素的个数占总数据量的比例相等。

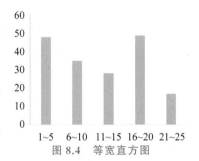

例如，对于图 8.4 中的等宽直方图，调整其边
界，使得每个区间具有相同数量的值，假设在这些
区间 $[1,4)$、$[4,8)$、$[8,14)$、$[14,19)$ 和 $[19,25)$
中具有相同数量的值，则 $\{0,4,8,14,19,25\}$ 就表示
了一个与图 8.4 中的等宽直方图对等的等频直方
图，其中每个区间值的数量是总体数量的 1/5。

等频直方图仅需存储区间划分的边界，而不需
要存储值的数量。因此等频直方图提供了更好的
估算信息，并占用更少的空间，在数据库系统中得

图 8.4   等宽直方图

到广泛应用。例如，PostgreSQL 采用等频直方图描述属性值的分布。

无论是等宽直方图还是等频直方图，对于每个桶中的值的分布通常假设是均匀
的，但在许多数据库应用中，某些值出现的频率非常高，为了更准确地估算查询的选择
率，许多数据库系统还会统计出现频率最高的前 N 个数值，称为最频值（Most
Common Value，MCV），以及每个数值出现的频率（Most Common Value frequency，
MCVf）。

数据库系统的统计信息通常保存在系统表中，由系统自动或手动进行更新。比如
等宽直方图的系统表中要维护表标识、区间定义、区间元组数等。当数据量比较大时，
统计信息的采集会是不小的开销。对于像表的页面数和表中元组数这样的统计信息
可以通过一次全表扫描得到，而像直方图这样的数据分布统计信息的收集需要排序操
作。优化器一般并不需要准确的统计信息，百分之几的误差通常是可以接受的，因此
统计信息的采集可以采用抽样的方法。

8.4   基数估算

系统的统计信息通常来自基础数据，但是一个查询通常由多个操作符组成，查询
树上一个操作的输出是其父结点操作的输入，为了计算其父结点操作的代价，需要对
中间结果集的规模进行估算，称为基数估算（Cardinality Estimation，CE）。基数估算
通常使用系统的统计信息，对数据分布假设等估计一个操作符运算后的结果集大小。
统计信息采用下面的符号表示：

（1）$B(R)$：关系 R 的数据块数。

（2）$T(R)$：关系 R 的元组数。

（3）$V(R,a)$：关系 R 中字段 a 上所具有的不同值的个数。

（4）$S(R)$：关系 R 中元组的宽度。

8.4.1　选择运算结果集的估算

选择运算结果集的估算依赖选择谓词。选择谓词过滤出的数据占总数据量的比例称为选择率。

首先来看等值谓词的选择率估算。设 $S=\sigma_{A=c}(R)$，其中 A 是 R 的属性，c 是一个常量。分以下几种情况讨论。

（1）如果系统的统计数据中有 A 的 MCV 信息，并且 c 是其中的一个取值，则可以直接使用该值的 MCVf 作为选择率，$T(S)=T(R)\mathrm{MCVf}(c)$。

（2）如果在属性 A 上有直方图，直方图中桶的个数为 K，则可以找出包含值 c 的桶，假设该桶中的数据值个数（等宽直方图）或桶的宽度（等频直方图）是 N，并且取值是均匀分布的，则 $T(S)=T(R)/(KN)$。

（3）如果没有直方图，则假设属性 A 中的取值是均匀分布的，即每个取值以相同的概率出现，关系 R 中属性 A 上所具有的不同值的个数为 $V(R,A)$，则 $T(S)=T(R)/V(R,A)$。

对于不等值谓词 $S=\sigma_{A\neq c}(R)$ 的选择率估算，可以使用 $\sigma_{A=c}(R)$ 的选择率计算。例如，如果 $\sigma_{A=c}(R)$ 的选择率是 $1/V(R,A)$，则 $T(S)=T(R)(1-1/V(R,A))$。

对于范围选择谓词的选择率估算，设 $S=\sigma_{A\leqslant c}(R)$，其中 A 是 R 的属性，c 是一个常量。如果属性 A 上的统计信息有最大值 $\mathrm{Max}(R,A)$ 和最小值 $\mathrm{Min}(R,A)$，可以假设属性 A 中的值是均匀分布的，则 $T(S)$ 可以估算如下。

如果 $c<\mathrm{Min}(R,A)$，则 $T(S)=0$；

如果 $c\geqslant\mathrm{Max}(R,A)$，则 $T(S)=T(R)$；

否则，$T(S)=\dfrac{c-\mathrm{Min}(R,A)}{\mathrm{Max}(R,A)-\mathrm{Min}(R,A)}\cdot\dfrac{1}{V(R,A)}\cdot T(R)$。

例如，假设 $\mathrm{Max}(R,A)=20,\mathrm{Min}(R,A)=0,V(R,A)=10,S=\sigma_{A\leqslant 15}(R)$，则

$$T(S)=\frac{15-0}{20-0}\cdot\frac{1}{10}\cdot T(R)=\frac{3}{40}T(R)$$

如果属性 A 上有更多的统计信息，则可以得到更精确的估计。例如需要估计 col$<$1000 的选择率，可以获得的 col 列上的统计信息，如表 8.1 所示。

表 8.1　col 列上的统计信息

统 计 类 别	统 计 值
直方图	{0,993,1997,3050,4040,5036,5957,7057,8029,9016,9995}
MCV	{12,9994,123,415,4235,3245,125,6745,212,234}
MCVf	{0.003 333 33,0.003,0.003,0.003,0.003,0.003,0.003,0.003,0.003,0.003}
空值占比（null_frac）	0.1

可以看到 1000 位于直方图的第二个区间[933，1997)中，假设在每个直方图的区间中，数据是均匀分布的。要计算 col $<$ 1000 的选择率，首先可以知道第一个区间[0，993)中的元组都是满足条件的，然后考察 1000 所在的区间，通过均匀分布的假设，很容易计算出 1000 所在区间中满足条件的元组个数，然后二者合并即可得到选择

率。col $<$ 1000 的选择率计算如下：

$$hist\_selectivity = (1 + (1000 - seg[2].min)/(seg[2].max - seg[2].min))/$$
$$num\_segs$$
$$= (1 + (1000 - 993)/(1997 - 993))/10$$
$$\approx 0.100\ 697$$

hist_selectivity 忽略了 MCV 和空值对选择率的影响，如果考虑 MCV 和空值的情况会是怎样呢？

满足 col $<$ 1000 的 MCV 值共有 6 个，它们的 MCVf 分别是 0.003 333 33，0.003，0.003，0.003，0.003 和 0.003，则

$$mcv\_selectivity = sum(relevant\ mvcf)$$
$$= 0.003\ 333\ 33 + 0.003 + 0.003 + 0.003 + 0.003 + 0.003$$
$$= 0.018\ 333\ 33$$

通过统计所有 MCV 值的 MCVf 的和计算 MCV 在全部数据中的比例。

$$mcv\_fraction = sum(MCVf)$$
$$= 0.003\ 333\ 33 + 0.003 + 0.003 + 0.003 + 0.003$$
$$+ 0.003 + 0.003 + 0.003 + 0.003 + 0.003$$
$$= 0.030\ 333\ 33$$

经过 MCV 修正后的选择率如下：

$$selectivity = mcv\_selectivity + hist\_selectivity(1 - mcv\_fraction)$$
$$= 0.018\ 333\ 33 + 0.100\ 697 \times 0.969\ 666\ 67$$
$$\approx 0.115\ 975\ 9$$

最后来看看空值对选择率的影响。

$$selectivity = mcv\_selectivity + hist\_selectivity(1 - mcv\_fraction - null\_frac)$$
$$= 0.018\ 333\ 33 + 0.100\ 697 \times 0.869\ 666\ 67$$
$$\approx 0.105\ 906\ 15$$

上面这个例子中 MCV 对选择率影响不大，其实是因为这个例子中的数据分布比较均匀，对于分布不均匀的数据，MCV 对选择率的修正非常重要。

上面讨论范围选择运算的选择率时，一直假设直方图的每个区间中的数据是均匀分布的，这个假设其实是个很强的假设。直方图越大，每个区间越小，区间内的数据分布越接近均匀分布。MCV 越大，MCV 对不均匀分布情况下修正的效果就越好。

对于其他类型的范围选择运算，例如 10 $<$ col $<$ 1000，或者 col $>$ 1000 的选择率估计，均可转换为"$<$"类型的选择率计算。

当范围选择运算的两个操作数均为变量的时候，则无法使用上面的方法估算选择率，实际上这个时候计算选择率是一件非常困难的事情，此时，数据库系统会使用系统给出的一个默认值。例如，将选择率指定为 1/3，虽然这个估算非常不精确，但在没有进一步信息的情况下，这是一个简单而基本有效的做法。

当选择条件由多个谓词组成，如何计算其选择率呢？首先想到的方式就是使用概率计算。每个选择谓词的选择率就相当于条件为 true 的概率。对于多个选择谓词构成的合取范式或析取范式的选择率估计可以借用计算概率的方法。

假设 A 和 B 是两个相互独立的条件，$P(A)$ 和 $P(B)$ 分别是条件 A 和 B 为 true

的概率,则可以使用概率公式进行下面的计算。

$$P(A \text{ and } B) = P(A)P(B)$$
$$P(A \text{ or } B) = 1 - (1 - P(A))(1 - P(B))$$
$$= 1 - (1 - P(A) - P(B) + P(A)P(B))$$
$$= P(A) + P(B) - P(A)P(B)$$
$$P(\text{not } A) = 1 - P(A)$$

对于多个选择谓词构成的合取范式,设 $S = \sigma_{F_1 \wedge F_2 \wedge \cdots \wedge F_n}(R)$,其中 R 是关系代数表达式,$F_i (i = 1, 2, \cdots, n)$ 是选择谓词。对于每个 F_i 可以按照前面介绍的方法估算其选择率为 f_i,假设各个选择谓词是相互独立的,则 $\sigma_{F_1 \wedge F_2 \wedge \cdots \wedge F_n}(R)$ 的选择率可以估算为

$$f(S) = f_1 f_2 \cdots f_n$$
$$T(S) = T(R) f_1 f_2 \cdots f_n$$

例如,$R(a, b, c)$ 是一个关系,$S = \sigma_{a=10 \wedge b<20}(R)$,$V(R, a) = 50$,$T(R) = 3000$,则怎么估算 $T(S)$? 先单独估算每个谓词的选择率。

$$f(\sigma_{a=10}(R)) = 1/V(R, a) = 1/50$$
$$f(\sigma_{b<20}(R)) = 1/3$$
$$T(S) = 1/50 \times 1/3 T(R) = 20$$

对于多个选择谓词构成的析取范式,设 $S = \sigma_{F_1 \vee F_2 \vee \cdots \vee F_n}(R)$,其中 R 是关系代数表达式,$F_i (i = 1, 2, \cdots, n)$ 是选择谓词。对于每个 F_i 可以按照前面介绍的方法估算其选择率为 f_i,假设各个选择谓词是相互独立的,则 $\sigma_{F_1 \vee F_2 \vee \cdots \vee F_n}(R)$ 的选择率可以估算为 1 减去该元组不满足任何一个条件的概率。

$$f(S) = 1 - (1 - f_1)(1 - f_2) \cdots (1 - f_n)$$
$$T(S) = T(R) f(S)$$

还是上面的例子,谓词换成析取范式,$S = \sigma_{a=10 \vee b<20}(R)$,则

$$T(S) = (1/50 + 1/3 - (1/50 \times 1/3))T(R) = 1040$$

使用概率的方法计算多个选择谓词构成的选择率的一个重要的前提假设是多个谓词是相互独立的,但实际情况中不同的列之间可能存在函数依赖关系,这时就可能导致选择率的计算不准确。

在实际的系统数据库中,某些列之间也可能存在部分相关性,表示为部分函数依赖关系。函数依赖关系的存在直接影响某些查询中估计值的准确性。如果查询同时包含独立列和依赖列上的条件,则依赖列上的条件不会进一步减小结果大小;但是如果不知道函数依赖关系,假定这些条件是独立的,从而导致低估结果大小。当前很多数据库系统都提供创建多列统计信息的功能跟踪函数依赖,从而提高估算包含多列的谓词选择率的准确性。

我们来看下面的例子,$R(a, b)$ 是一个关系,$T(R) = 10\ 000$,$T(\sigma_{a=1}(R)) = 100$,$T(\sigma_{b=1}(R)) = 100$,属性 a、b 有函数依赖关系:每一行中 $a = b$,设 $S = \sigma_{a=1 \wedge b=1}(R)$,则采用不同的方法估算 $T(S)$ 是什么效果呢?

$$f(\sigma_{a=1}(R)) = 100/10\ 000 = 0.01$$
$$f(\sigma_{b=1}(R)) = 100/10\ 000 = 0.01$$

采用计算概率的方法:

$$T(S) = 0.01 \times 0.01 \times 10\,000 = 1$$

如果生成了多列统计信息,则可以计算出

$$T(S) = 100$$

8.4.2   连接运算结果集的估算

本节首先讨论自然连接的结果集估算。设 $R(X,Y)$ 和 $S(Y,Z)$ 是关系代数表达式,自然连接 $U = R(X,Y) \bowtie S(Y,Z)$,其中 Y 是单个属性,X、Z 可以代表任何属性集。结果集 U 中元组个数与关系 R 和 S 在连接属性 Y 中的取值有直接关系,先看下面的特殊情况。

(1)R 中的 Y 值和 S 中的 Y 值完全没有交集,则 $R(X,Y) \bowtie S(Y,Z) = \varnothing$,$T(R \bowtie S) = 0$。

(2)R 中的 Y 值和 S 中的 Y 值是主外码关系,假设 Y 是 S 的主码,则对于 R 中的每个元组最多与 S 中的一个元组连接,$T(R \bowtie S) = T(R)$。

但是最常见的情况是 R 中的 Y 值和 S 中的 Y 值不知道什么关系,既然 R 和 S 在属性 Y 上做连接操作,它们在 Y 属性上的取值应该有一定的相关关系,为了方便对结果集规模的估算,通常做两个简化的假设。

(1)值集包含。值集包含是指如果 Y 是出现在多个关系中的一个属性,如果 $V(R,Y) \leqslant V(S,Y)$,则 R 中的每个 Y 值将是 S 的一个 Y 值。直白地说,就是 R 和 S 在 Y 属性上的取值集合具有包含关系,假设 R 在属性 Y 上的取值是 $\{1,3,6,9,10\}$,如果 S 在属性 Y 上的取值个数小于 5,则 S 在属性 Y 上的取值只能是 $\{1,3,6,9,10\}$ 中的数值。

(2)值集保持。值集保持是指如果 A 是 R 的一个属性,但不是 S 的属性,则 $V(R \bowtie S, A) = V(R, A)$。直白地说,就是当一个关系 R 与其他关系进行连接操作时,不是连接属性的列取值集合在结果集的该值取值集合保持不变,不会增加新的取值,原有的取值也不会丢失。

在这两个假设下对 $U = R(X,Y) \bowtie S(Y,Z)$ 的结果集规模进行估算。

设 r 是 R 中的一个元组,s 是 S 中的一个元组。如果 $V(R,Y) \geqslant V(S,Y)$,根据值集包含的假设,s 中的 Y 值肯定出现在 R 的 Y 值集合中,对于 S 中的每个元组,与 R 进行连接时,可以生成多少个结果集元组呢?其实相当于估算 $\sigma_{R.y=S.y}(R)$,等值谓词的选择率为 $1/V(R,Y)$,因此,S 中的每个元组与 R 进行连接运算时,可以生成 $T(R)/V(R,Y)$ 个元组。由此可以得出 S 中的所有元组与 R 进行连接 $R \bowtie S$ 后的结果集个数为

$$T(R \bowtie S) = T(S)(T(R)/V(R,Y))$$

同理,如果 $V(R,Y) \leqslant V(S,Y)$,可以得出

$$T(R \bowtie S) = T(S)(T(R)/V(S,Y))$$

因此对 $U = R(X,Y) \bowtie S(Y,Z)$ 的结果集可以使用下面的公式估算:

$$T(R \bowtie S) = (T(S)T(R))/\max\{V(R,Y), V(S,Y)\}$$

例如,假设有 3 个关系和它们的统计值,如表 8.2 所示,下面估算 $U = R \bowtie S \bowtie W$ 的结果集大小。

表 8.2　3 个关系和它们的统计值

关系	$R(a,b)$	$S(b,c)$	$W(c,d)$
统计值	$T(R)=1000$ $V(R,b)=20$	$T(S)=2000$ $V(S,b)=50$ $V(S,c)=100$	$T(W)=5000$ $V(W,c)=500$

可以先做 $U_1=R \bowtie S$，再与 W 连接，结果如下：

$$T(U_1)=T(R)T(S)/\mathrm{Max}(V(R,b),V(S,b))=40\,000$$

$$V(U_1,c)=100 \qquad /* \ 根据值集保持假设 \ */$$

$$T(U)=T(U_1)T(W)/\mathrm{Max}(V(U_1,c),V(W,c))=400\,000$$

也可以先做 $U_1=S \bowtie W$，再与 R 连接，结果如下：

$$T(U_1)=T(S)T(W)/\mathrm{Max}(V(S,c),V(W,c))=20\,000$$

$$V(U_1,b)=50 \qquad /* \ 根据值集保持假设 \ */$$

$$T(U)=T(R)T(U_1)/\mathrm{Max}(V(R,b),V(U_1,b))=400\,000$$

多连接属性的自然连接结果集怎么估算呢？设 $R(X,Y)$ 和 $S(Y,Z)$ 是关系代数表达式，其中 Y 是多个属性，X、Z 可以代表任何属性集。$U=R(X,Y) \bowtie S(Y,Z)$ 相当于多个连接条件的自然连接，则估算 U 结果集规模时可以先对其中的每个连接条件按照上面介绍的方法进行结果集大小的估算。

设 R 与 S 有两个公共属性 (y_1,y_2)，$U=R(x,y_1,y_2) \bowtie S(y_1,y_2,z)$，假设连接条件独立，则可以得出下面的公式：

$$T(U)=\frac{T(R)T(S)}{\mathrm{Max}\{V(R,y_1),V(S,y_1)\}\mathrm{Max}\{V(R,y_2),V(S,y_2)\}}$$

如果 R 与 S 有任意多个公共属性 $y_1,\cdots,y_n$，则有

$$T(U)=\frac{T(R)T(S)}{\prod_{i=1}^{N}\mathrm{Max}\{V(R,y_i),V(S,y_i)\}}$$

但是连接条件独立的假设条件并不总是成立，当连接条件有较强的相关性时，选择率计算会偏小。当要连接的两个关系有参照关系，并且连接条件恰是主码和外码连接时，连接结果集的大小就是外表的大小。通过主外码关系可以对连接运算的结果集大小估算进行一定程度的修正。

本节主要讨论自然连接的结果集估算。设 R 和 S 是关系代数表达式，θ 是连接运算的谓词，对于其他形式的连接运算可以采用下面的方式估算。

（1）R 和 S 做笛卡儿积，则结果集的元组数是所涉及关系元组数的乘积，即 $T(R \times S)=T(R)T(S)$。

（2）如果 θ 是等值连接，则可以按照自然连接的方式估算。

（3）对于其他的 θ 连接，可以看作笛卡儿积之后进行选择运算的估算。

8.4.3　其他运算结果集的估算

前面讨论了查询中最常见的选择和连接运算结果集大小的估算方法，投影运算不减少元组个数，对于其他关系运算，例如去重运算、分组聚集运算、集合运算等，其结果集大小估算不太好确定。

1. 去重运算

假设 $R(a_1, a_2, \cdots, a_n)$ 是一个关系,去重运算后的元组个数有两种极端情况。

(1) R 中无重复元组,$T(\delta(R)) = T(R)$。

(2) R 中的元组全部相同,$T(\delta(R)) = 1$。

如果可以获得 R 中每个列的不同值个数 $V(R, a_i)$,$T(\delta(R))$ 可以使用所有 $V(R, a_i)$ 的乘积计算。建议取 $T(R)/2$ 和所有 $V(R, a_i)$ 乘积中较小的一个。

2. 分组聚集运算

分组聚集运算 $\mathcal{G}_{A,F}$ 的结果集中的元组个数就是分组属性 A 的不同取值个数 $V(R, A)$。

如果得不到该值,也可以采用与去重操作相同的估算方式,取 $T(R)/2$ 和所有 $V(R, a_i)$ 乘积中较小的一个。

3. 集合运算

如果集合运算的两个输入是同一个关系,则可以把集合操作改写成析取、合取等操作,使用前面介绍的方法进行结果集大小的估算。例如:

$$\sigma_{F_1}(R) \bigcup \sigma_{F_2}(R) = \sigma_{F_1 \vee F_2}(R)$$

$$\sigma_{F_1}(R) \bigcap \sigma_{F_2}(R) = \sigma_{F_1 \wedge F_2}(R)$$

如果集合运算的两个输入是不同的关系,则:

(1) 并,如果是 UNION ALL,则是两个关系元组数之和,如果是 UNION,可能是两个关系元组数之和,也可能是两者中的最大值,建议取较大者加上较小者的一半。

(2) 交,结果的元组个数可以在 0 到两个关系元组数中的较小者之间取值,建议取较小者的一半。

(3) 差,结果的元组个数可以是 $T(R)$ 到 $(T(R) - T(S))$ 之间的取值,建议取其平均值 $(T(R) - T(S))/2$。

8.5　多表连接的优化

8.5.1　多表连接的查询计划树

SQL 中最常见的查询类型就是包含多个关系的连接,连接运算满足交换律和结合律,多个关系的连接操作按照任何顺序执行都是等价的。但是,不同的连接顺序其执行代价可能差别巨大,甚至可能不是一个数量级,因此,对于多表连接查询来说,连接顺序的选择是查询优化器的一个关键问题。

连接运算虽然满足交换律,但是连接运算的执行方法大多是不对称的,例如嵌套循环连接和哈希连接,因此,连接运算的左右两个参数具有不同的含义。对于嵌套循环连接,左参数通常是外层关系;对于哈希连接,左参数通常是构建表,右参数是探测表。

当只有两个关系进行连接时,连接树只有两种,选择其中的一个关系作为左参数。但是当连接两个以上的关系时,连接树的数量会迅速增长。例如,4 个表连接可能出现如图 8.5 所示的查询计划树。

多表连接顺序表示了查询计划树的基本形态。

（1）左深树（left deep tree）：当且仅当连接树的每个非叶结点的右孩子都是叶结点时，如图 8.5(a)所示。

（2）右深树（right deep tree）：当且仅当连接树的每个非叶结点的左孩子都是叶结点时，如图 8.5(b)所示。

（3）稠密树（bushy tree）：如果一棵连接树既不是左深树也不是右深树，则称其为稠密树，如图 8.5(c)所示。

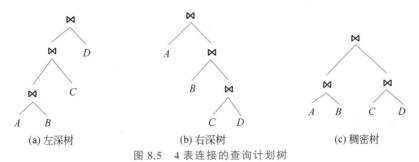

| (a) 左深树 | (b) 右深树 | (c) 稠密树 |

图 8.5 4 表连接的查询计划树

不同形态的查询计划树的执行方式以及占用的内存数量是不一样的，以哈希连接为例，假设构造哈希表的关系（左参数）可以存储在内存，则左深树的执行方式如下。

（1）执行 $A \bowtie B$，此时需要在内存中保留 A，并且在计算 $A \bowtie B$ 连接的过程中，需要在内存中保留结果，因此总共需要 $B(A)+B(A \bowtie B)$ 的内存缓冲区。

（2）算出 $A \bowtie B$ 后，继续将该关系与 C 进行连接，此时，存放 A 的缓冲区不再需要，可以用来存储 $A \bowtie B \bowtie C$ 的中间结果。

（3）同理，将该关系与 D 进行连接时，不再需要保留 $A \bowtie B$ 的缓冲区。

因此，使用左深树计算需要的内存空间最多是两个临时关系所需的空间。

如果使用右深树执行，则首先将 A 读入内存构造哈希表，构建 $B \bowtie C \bowtie D$ 用于根连接的探查关系。要计算 $B \bowtie C \bowtie D$，需要将 B 读入内存缓冲区，然后计算 $C \bowtie D$ 用作 B 的探查关系。计算 $C \bowtie D$ 时，需要把 C 读入内存，现在内存中同时有了 A、B 和 C。一般来说，如果计算一个有 n 个叶结点的右深树，需要将 $n-1$ 个关系同时读入内存。

当然，整个 $B(A)+B(B)+B(C)$ 的大小可能会小于在对左深树进行计算时的任意两个中间结果所需的内存空间。如果 A 很小，可以预期 $A \bowtie B$ 远小于 B 以及 $A \bowtie B \bowtie C$ 会小于 C，在概率上，使用左深树计算连接需要的内存量会小于右深树。

因此，有些数据库系统在考虑多个表的连接顺序时，为了减小搜索空间，只考虑左深树，以提高生成执行计划的效率。

如果内存足够大，右深树在并行计算时会发挥其优势，由于构建表都在内存中，这样右深树中的各个连接操作可以并行执行，形成流水线提高查询的执行效率。

8.5.2 多表连接顺序的搜索空间

给定 n 个关系的集合 $S_n = \{R_1, R_2, \cdots, R_n\}$，计算这 n 个关系按照什么顺序连接执行的总代价最小，最直接的想法是穷举法，列出所有可能的连接方式，计算其代价，找出其中代价最小的连接方式。有关代价的估算在前面的章节中已经介绍，假设任意两个关系进行连接的最小代价可以使用函数 $\mathrm{Mincost}(x, y)$ 计算，下面来计算这种方式的工作量如何。

对于 n 个关系的连接,其连接方式的数量可以按下面的方式计算。

(1) n 个关系的排列方式有 $n!$ 种。

(2) 对于每种排列方式,又可以有 $T(n)$ 种树形结构,$T(n)$ 可以使用下面的递归公式给出:

$$T(n) = \begin{cases} 1, & n=1 \\ \sum_{i=1}^{n-1} T(i)T(n-i), & n>1 \end{cases}$$

该公式的含义是对于一个 n 个关系的排列,可以任选一个 $i\,(1 \leqslant i < n)$,i 把 n 个关系分成两个分别有 i 和 $n-i$ 个关系的集合,前 i 个关系有 $T(i)$ 个树形结构,后 $n-i$ 个关系有 $T(n-i)$ 个树形结构,对于每个 i,树形结构的个数是 $T(i)T(n-i)$ 个,因此,$T(n)$ 是所有 i 的树形结构总和。

表 8.3 给出了 $T(n)$ 的一些取值。

表8.3 $T(n)$ 的一些取值

n	1	2	3	4	5	6
$T(n)$	1	1	2	5	14	42

假设有 4 个关系 $\{A,B,C,D\}$,则关系的排列有 $4!=24$ 种,对于其中的一种排列 $ABCD$ 又有 5 种执行方式。

(1) $((A \bowtie B) \bowtie C) \bowtie D$。

(2) $(A \bowtie (B \bowtie C)) \bowtie D$。

(3) $(A \bowtie B) \bowtie (C \bowtie D)$。

(4) $A \bowtie ((B \bowtie C) \bowtie D)$。

(5) $A \bowtie (B \bowtie (C \bowtie D))$。

其中,(1)对应图 8.5(a)中的左深树,(3)对应图 8.5(c)中的稠密树,(5)对应图 8.5(b)中的右深树。(2)和(4)对应的树形结构如图 8.6 所示。

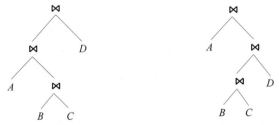

(a) $(A \bowtie (B \bowtie C)) \bowtie D$ 对应的树形结构   (b) $A \bowtie ((B \bowtie C) \bowtie D)$ 对应的树形结构

图 8.6   4 表连接操作的树形结构

可以看出,4 个关系进行连接的执行方式有 $4! \times 5 = 120$ 种,并且随着 n 的增大,连接的执行方式是指数级增长,例如,当 $n=6$ 时,有 $6! \times 42 = 30\ 240$ 种执行方式,显然,穷举法不是一个很有效的方法。

8.5.3 动态规划

给定 n 个关系的集合 $S_n=\{R_1,R_2,\cdots,R_n\}$，为方便起见，将 S 中所有关系连接 $R_1\bowtie R_2\bowtie\cdots\bowtie R_n$ 记作 $\text{Join}(S_n)$。我们需要求出 $\text{Join}(S_n)$ 中关系的连接顺序，使得计算 $\text{Join}(S_n)$ 的代价最小。现在将 S_n 分成两个集合 S_i 和 (S_n-S_i)，则 $\text{Join}(S_n)=\text{Join}(S_i)\bowtie\text{Join}(S_n-S_i)$，计算 $\text{Join}(S_n)$ 的代价则是分别计算 $\text{Join}(S_i)$ 和 $\text{Join}(S_n-S_i)$ 代价之和，再加上 $\text{Join}(S_i)\bowtie\text{Join}(S_n-S_i)$ 的计算代价。

可以观察到计算 $\text{Join}(S_n)$ 的最优连接顺序所包含的计算 $\text{Join}(S_i)$ 和 $\text{Join}(S_n-S_i)$ 的连接顺序也是最优的。事实上，如果有一个连接顺序计算 $\text{Join}(S_i)$ 的代价更小，可以使用该连接顺序替换原来计算 $\text{Join}(S_i)$ 的顺序，则计算 $\text{Join}(S_n)$ 的代价将更小，这是矛盾的。同理，计算 $\text{Join}(S_n)$ 所包含的计算 $\text{Join}(S_n-S_i)$ 的连接顺序也是最优的。因此，求 n 个关系进行连接的连接顺序的最优解包含求其子问题的最优解。这种性质称为最优子结构性质。

一个问题的最优子结构性质是该问题可以使用动态规划算法求解的显著特征。在动态规划算法中，问题的最优子结构特性使我们能够以自底向上的方式递归地从子问题的最优解逐步构造出整个问题的最优解，可以在相对小的子问题空间中考虑问题。

设计动态规划算法需要递归定义最优值。对于 n 个关系的连接顺序最优解问题，假设以最优连接顺序计算 $\text{Join}(S_i)(1\leqslant i<n)$ 的代价为 $\text{JCost}(S_i)$，利用其最优子结构性质，则原问题的以最优连接顺序计算 $\text{Join}(S_i)$ 的代价可以递归定义成

$$\text{JCost}(S_n)$$
$$=\begin{cases}0, & n=1\\ \text{Min}\{\text{JCost}(S_i)+\text{JCost}(S_n-S_i)+\text{Mincost}(S_i,S_n-S_i),1\leqslant i<n\}, & n>1\end{cases}$$

如果使用递归算法计算 $\text{JCost}(S_n)$，将耗费指数级的计算时间。可以看到，在用递归算法自顶向下计算此问题时，每次产生的子问题并不总是新问题，子问题会重复计算多次，这种特性称为子问题的重叠性质。动态规划算法正是利用这一特性，对每个子问题只求解一次，然后将其保存起来，当再次需要求解该问题时，只需要简单地查询结果，从而规避了大量的重复计算，获得较高的解题效率。

用动态规划算法解此问题，可依据其递归公式以自底向上的方式进行计算，在计算的过程中，保存已解决的子问题答案。以 R、S、T 和 U 的连接为例，看看如何使用动态规划算法求出最优的连接顺序。假设每个关系的大小分别是 600 个、800 个、1000 个和 1200 个元组，关系的属性以及相应的统计信息如表 8.4 所示。

表 8.4　关系的属性以及相应的统计信息

关系	$R(a,b)$	$S(b,c)$	$T(c,d)$	$U(d,a)$
统计信息	$V(R,a)=60$ $V(R,b)=120$	$V(S,b)=60$ $V(S,c)=400$	$V(T,c)=20$ $V(T,d)=50$	$V(U,a)=30$ $V(U,d)=1200$

为了简单起见，定义两个关系 X 和 Y 连接的最小代价 $\text{Mincost}(X,Y)$ 是该连接使用的中间结果关系大小的和：

$$\mathrm{Temp}T(R) = \begin{cases} 0, & \text{如果 } R \text{ 是基表} \\ T(R), & \text{如果 } R \text{ 是中间临时关系} \end{cases}$$

$$\mathrm{Mincost}(X,Y) = \mathrm{Temp}T(X) + \mathrm{Temp}T(Y)$$

两个关系连接结果关系大小使用前面章节中介绍的公式计算。

对于多表连接的连接顺序的最优解问题,需要计算每个子问题的连接代价,对子问题 $\mathrm{JCost}(S_i)$ 采用表格记录以下信息。

(1) 关系集合 S_i 中所有关系连接后的结果集大小的估计值。

(2) 该连接执行的代价。

(3) 该子问题的解:最优连接顺序。

根据递归公式采用自底向上的方式从 $n=1$ 开始逐层计算 S_n 的最优解。

当 $n=1$ 时,S_1 中只有一个关系,并且是基表,不存在连接顺序的问题,其信息表格如表 8.5 所示。

表 8.5　$n=1$ 的信息

信　息	$\{R\}$	$\{S\}$	$\{T\}$	$\{U\}$
大小	600	800	1000	1200
代价	0	0	0	0
最优顺序	R	S	T	U

当 $n=2$ 时,4 个关系有 6 种组合 $\{R,S\}$、$\{R,T\}$、$\{R,U\}$、$\{S,T\}$、$\{S,U\}$ 和 $\{T,U\}$,对每种组合求出其最优顺序和最小连接代价。以 $\{R,S\}$ 为例,参加连接运算的都是基表,代价为 0,结果集大小使用公式估算,两表的连接顺序根据不同的连接算法可以选择不同的表作为左参数和右参数,这里简化成按照字母顺序给出连接顺序作为最优解的顺序,其结果集大小估算如下:

$$T(R \bowtie S) = 600 \times 800 / \mathrm{Max}\{V(R,b), V(S,b)\} = 4000$$

其他组合可以采用同样的方式计算,因此,$n=2$ 的信息表格如表 8.6 所示。

表 8.6　$n=2$ 的信息

信　息	$\{R,S\}$	$\{R,T\}$	$\{R,U\}$	$\{S,T\}$	$\{S,U\}$	$\{T,U\}$
大小	4000	600 000	12 000	2000	960 000	1000
代价	0	0	0	0	0	0
最优顺序	$R \bowtie S$	$R \bowtie T$	$R \bowtie U$	$S \bowtie T$	$S \bowtie U$	$T \bowtie U$

当 $n=3$ 时,4 个关系有 4 种组合 $\{R,S,T\}$、$\{R,S,U\}$、$\{R,T,U\}$ 和 $\{S,T,U\}$,对每种组合求出其最优顺序和最小连接代价。以 $\{R,S,T\}$ 为例,子问题是分成两个关系集合和一个关系集合,有以下连接方式:

$$\mathrm{JCost}(\{R,S,T\})$$
$$= \mathrm{Min} \begin{cases} \mathrm{JCost}(\{R,S\}) + \mathrm{JCost}(\{T\}) + \mathrm{Mincost}(\{R,S\},\{T\}) = 0+0+4000 \\ \mathrm{JCost}(\{R,T\}) + \mathrm{JCost}(\{S\}) + \mathrm{Mincost}(\{R,T\},\{S\}) = 0+0+600\,000 \\ \mathrm{JCost}(\{S,T\}) + \mathrm{JCost}(\{R\}) + \mathrm{Mincost}(\{S,T\},\{R\}) = 0+0+2000 \end{cases}$$

因此,对于$\{R,S,T\}$来说,最小代价是 2000,最优顺序是$(S\bowtie T)\bowtie R$,其结果集大小是 $2000\times 600/120=10\ 000$。其他组合可以采用同样的方式计算,因此,$n=3$ 的信息表格如表 8.7 所示。

表 8.7 $n=3$ 的信息

信 息	$\{R,S,T\}$	$\{R,S,U\}$	$\{R,T,U\}$	$\{S,T,U\}$
大小	10 000	80 000	10 000	2000
代价	2000	4000	1000	1000
最优顺序	$(S\bowtie T)\bowtie R$	$(R\bowtie S)\bowtie U$	$(T\bowtie U)\bowtie R$	$(T\bowtie U)\bowtie S$

当 $n=4$ 时,只有一个组合$\{R,S,T,U\}$,子问题有两个。

(1) 分成三个关系集合和一个关系集合。

(2) 分成两个关系集合和两个关系集合。

因此,有以下连接方式:

$\text{JCost}(\{R,S,T,U\})=$

$$\text{Min}\begin{cases}\text{JCost}(\{R,S,T\})+\text{JCost}(\{U\})+\text{Mincost}(\{R,S,T\},\{U\})=2000+0+10\ 000=12\ 000\\\text{JCost}(\{R,T,U\})+\text{JCost}(\{S\})+\text{Mincost}(\{R,T,U\},\{S\})=1000+0+10\ 000=11\ 000\\\text{JCost}(\{S,T,U\})+\text{JCost}(\{R\})+\text{Mincost}(\{S,T,U\},\{R\})=1000+0+2000=3000\\\text{JCost}(\{R,S,U\})+\text{JCost}(\{T\})+\text{Mincost}(\{R,S,U\},\{T\})=4000+0+80\ 000=84\ 000\\\text{JCost}(\{S,T\})+\text{JCost}(\{R,U\})+\text{Mincost}(\{S,T\},\{R,U\})=0+0+14\ 000=14\ 000\\\text{JCost}(\{S,U\})+\text{JCost}(\{R,T\})+\text{Mincost}(\{S,U\},\{R,T\})=0+0+1\ 560\ 000=1\ 560\ 000\\\text{JCost}(\{T,U\})+\text{JCost}(\{R,S\})+\text{Mincost}(\{T,U\},\{R,S\})=0+0+5000=5000\end{cases}$$

从上面的计算结果可以看出最小代价是$\{S,T,U\}$与$\{R\}$的连接,代价是 3000,因此,本问题的最优解:最优顺序是$((T\bowtie U)\bowtie S)\bowtie R)$。

多个关系连接的最优连接顺序的求解问题主要是根据连接运算的代价使用动态规划算法找出以最小代价进行连接运算的关系连接顺序。在上面的例子中重点介绍了动态规划算法的过程,简化了连接运算代价的计算,在实际的数据库系统中,可以在算法中使用真正的计算两个关系 X 和 Y 连接的最小代价 $\text{Mincost}(X,Y)$。

动态规划算法的主要思想是利用求解问题最优子结构和子问题重叠这两个重要性质,在计算的过程中,保存已经解决的子问题答案,在需要的时候直接去查找,避免大量的重复计算,从而提高性能。

求 n 个关系连接的最优连接顺序的动态规划算法其基本思路是自底向上,计算每层(i 个关系的连接,$2\leqslant i\leqslant n$)的最优解。使用哈希表 BestJoinOrder 保存每个子问题的信息,包括参加连接的关系集合(哈希表的 key)、最优连接顺序 joinorder 和该连接顺序执行代价 cost。

在计算第 i 层的最优解时,计算其中的每个组合的执行代价,找出最优执行顺序作为该层的最优解。第 i 层的所有组合的构建方式是把 S_i 中的关系分成两个集合 S_k 和 (S_i-S_k),其中 $1\leqslant k\leqslant i$。计算该层执行代价时需要查找哈希表 BestJoinOrder 中记录的底层执行代价信息。

动态规划算法形式化表示如下:

```
FOR S 中的每个关系 R
    Join.key = {R}; Join.cost = 0; Join.joinorder = R;
    把 Join 插入哈希表 BestJoinOrder;
END
FOR i=2; i<=n; i++
    FOR S 中 i 个关系的每种组合 Si
        Mincost = ∞;
        FOR k=1; k<=i; k++
            把 Si 中的关系分成两个集合 Sk 和(Si-Sk)
            对每一种分法计算 Si 的最优执行代价:
                JCost(Si) = JCost(Sk) + JCost(Si-Sk) + Mincost(Sk, Si-Sk);
            IF   JCost(Si) < Mincost
            Mincost = JCost(Si);
            Join.key = Si; Join.cost = JCost(Si);
            Join.joinorder =  Sk 和(Si-Sk)的最优连接顺序;
            ENDIF
            //Join 中记录了 Si 的最优执行顺序和执行代价
            把 Join 插入哈希表 BestJoinOrder;
        END
    END
END
```

动态规划算法是求解 n 个关系连接最优连接顺序的问题的常用方法,没有多余的计算,还可利用其规则的记录项存放方式减少计算时间和空间开销。PostgreSQL系统采用动态规划算法进行多表连接的顺序选择。

8.5.4　贪心算法

动态规划算法对于一组相同的关系连接操作,可以找出其中最小代价的执行顺序,以此缩小了优化连接操作的搜索空间,但当参与连接的关系数量较多(比如超过5 个)时,其效率依然会较低。如果连接的关系数量过多,则可以采用启发式方法寻找最优执行顺序。

最普遍的启发式方法就是贪心算法。贪心算法通过一系列选择得到一个问题的解。它所作的每一个选择都是当前状态下某种意义的最好选择,即贪心选择,通过每次所作的贪心选择形成的最终结果是问题的一个最优解。贪心算法并不能保证最终能产生最优解,但在很多情况下可以产生整体最优解,即使不能得到最优解,但其结果可能是最优解的近似解。

下面还以 R、S、T 和 U 的连接为例,看看如何使用贪心算法求出最优连接顺序。

当 $n=1$ 时,与动态规划算法没有区别。

当 $n=2$ 时,从表 8.6 可以看出 $T \bowtie U$ 的代价最小,就选择 $T \bowtie U$ 为当前最优解。

当 $n=3$ 时,只需要考虑 $T \bowtie U \bowtie R$ 和 $(T \bowtie U) \bowtie S$ 两种情况,从表 8.7 可以看出 $(T \bowtie U) \bowtie S$ 的代价最小。

当 $n=4$ 时,没有可选的,只有 $((T \bowtie U) \bowtie S) \bowtie R$,得出问题的最优解。

在本例中,贪心算法和动态规划算法所得到的结果是相同的,但这不意味着贪心算法和动态规划算法的结果总是相同的。与动态规划算法相比,贪心算法丢失最佳计划的可能性更大,但其计算量明显减少。MySQL系统采用贪心算法求解该问题。

8.6   本章小结

查询编译的最终输出是一个优化的查询执行计划,而优化的目标就是使计划的执行代价尽可能小。本章系统介绍了查询优化的基本概念、方法以及关键问题,即在优化过程中如何充分利用各种运行数据和历史数据实施优化。

本章的逻辑查询优化采用经典的基于启发式规则的方法对关系代数表达式进行等价变换,获得有可能具有相对较小预估成本的计划。预估成本需要的运行数据和历史数据都是系统的统计信息,它的维护也需要系统开销,这些统计信息由数据库管理系统统一维护。统计信息可以用来估算关系运算的结果集的大小,这个估算结果对查询计划的物理查询优化非常重要。物理查询优化涉及操作符选择、操作顺序、执行方式等。本章重点介绍确定多表连接顺序的动态规划算法和贪心算法,后者虽然不能保证获得最优解,但是能够降低查询计划的选择代价。

习题

1. 8.1节的第一个例子认为 Q_3 具有最优的执行时间,但如果考虑到数据的具体存储组织情况,Q_2 是否有可能执行时间最少?说明理由。

2. 在对单一关系 R 应用"选择分解规则"时,可能将与($\wedge$)操作连接的多个谓词调整顺序后逐一作用到 R 上,比如 $\sigma_{F_1 \wedge F_2}(R) = \sigma_{F_1}(\sigma_{F_2}(R)) = \sigma_{F_2}(\sigma_{F_1}(R))$。试举例讨论这样的物理计划是否一定更优。

3. 举例说明"投影与集合操作的分配律"的作用并简要说明该规则对包也成立。

4. 试给出"消除去重运算符"的算法描述。

5. 假设关系 $R(a, b, c)$、$S(b, c, d)$ 和 $W(b, e)$ 的统计信息如表 8.8 所示。

表 8.8   关系 $R(a, b, c)$、$S(b, c, d)$ 和 $W(b, e)$ 的统计信息

关系	$R(a, b, c)$	$S(b, c, d)$	$W(b, e)$
统计信息	$T(R)=1000$ $V(R, a)=100$ $V(R, b)=20$ $V(R, c)=200$	$T(S)=2000$ $V(S, b)=50$ $V(S, c)=100$	$T(W)=5000$ $V(W, b)=200$

对 3 表连接 $U = R \bowtie S \bowtie W$:

(1) 试求出 $V(U, a)$、$V(U, b)$、$V(U, c)$、$V(U, d)$、$V(U, e)$。

(2) 试设计一个直方图表,模拟保存本题所涉及的 $V(R, a)$ 等统计信息。

实验

基于数据库原型系统框架 Rucbase(https://gitee.com/DBIIR/rucbase-lab),实现数据库简单查询优化功能,包括:

(1) 选择下推。

(2) 基于代价的物理查询优化。

(3) 多表连接的操作顺序选择。

第 9 章

查 询 执 行

查询执行是从 SQL 查询获得用户所需结果关系的最后环节。它将按照设计好的机制执行优化后的查询计划（也称查询执行计划）。执行过程主要是使关系在执行计划树中的各个操作符结点间有序流动，最后在根结点输出结果集。本章将介绍操作符结点的执行模型，包括经典的火山模型，也有向量执行模型。同时简要介绍目前流行的并行执行和编译执行技术。

9.1 查询执行概述

查询执行是查询处理的第二个阶段，查询编译阶段将输入的 SQL 语句翻译为查询执行计划树后交给查询执行器执行。在查询编译器制定好"怎么干"之后，由执行器（executor）完成"谁来干"这个任务。

查询编译阶段将用户的 SQL 命令转变成数据库上的操作序列，并形成内部的可执行计划。它可以是一棵由各种操作符所构成的执行计划树，也可以是编译并被序列化的操作序列。例如，查询订单额大于 5000 元的顾客姓名，该查询的 SQL 语句如下：

```
SELECT CName
FROM Customers
WHERE c_custkey IN (
        SELECT o_custkey
        FROM Orders
        WHERE o_totalprice >5000);
```

SQL 语句经过编译处理后，生成图 9.1 所示的查询执行树。在查询执行阶段，执行器遍历执行计划，启动操作结点并将执行结果及时反馈给请求提交者。

第 7 章介绍了每个物理操作符的执行算法，而在一个查询执行树中通常有多个物理操作符，那么如何执行一个查询执行树呢？查询执行树中的操作符通常有两种执行方式，即物化和流水线，下面分别介绍。

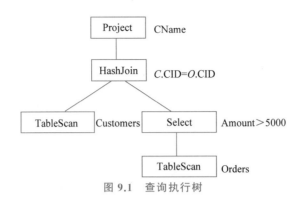

图 9.1   查询执行树

9.1.1   物化

对于一个查询执行树,最直观的执行方式就是物化,即查询执行时以一种特定的顺序每次只执行一个运算,执行的结果存储到一个临时关系中以备后用。

图 9.1 中的查询执行树,如果采用物化的方法执行,可以先从查询执行树的最底层开始,在示例中对 Orders 表进行扫描和选择运算,其输入是数据库中的关系表 Orders,将选择操作的结果保存在临时关系表 T 中,然后计算查询执行树中的上一层运算,示例中是 HashJoin 操作,进行该操作的两个表,一个是临时关系表 T,一个是数据库中的关系表 Customers,计算结果仍然保存在临时关系表中,再计算其上一层的操作,以此类推,直到计算查询执行树的根结点,从而得到查询的最终结果,如图 9.2 所示。

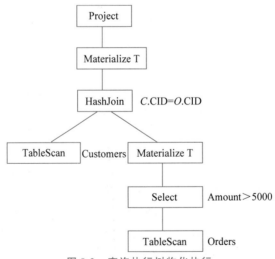

图 9.2   查询执行树物化执行

在物化方式中每个操作符执行时,其输入要么是来自数据库中的关系,要么是临时关系,计算结果仍然保存在临时关系中,因此,物化模型的代价不仅仅是查询执行树中物理运算符的执行代价总和,还必须加上把中间结果写到磁盘的代价。显然物化模型的缺点就是临时关系需要写到磁盘上,从而影响查询的执行效率。

9.1.2 流水线

为了减少物化执行方式产生的临时关系,可以将多个关系运算组合成一个运算的流水线,其中一个运算的结果将传送给流水线中的下一个运算,这种执行方式称为流水线(pipeline)。

对应地,仍以图 9.1 中的查询执行树为例。如果采用流水线的执行方式,扫描 Customers 表的元组并根据连接条件创建哈希表,然后对 Orders 表的选择操作生成一个元组就可以传送给哈希连接操作去处理,生成连接结果元组给投影操作,通过将选择、连接和投影操作结合起来,避免了中间结果的创建,直接产生最终结果。

流水线执行方式一次同时进行几个操作,由一个操作产生的元组直接传递给使用它的操作,不需要将中间元组存储在磁盘上,减少磁盘 I/O 次数,从而减少查询执行代价。另外,如果查询执行树的根结点及其输入合并在流水线中可以迅速产生查询结果,让用户感觉响应更快,给用户更好的使用体验。

流水线可以采用下面两种方式执行。

1. 需求驱动的流水线

需求驱动的流水线(demand-driven pipeline)采用自顶向下的执行方式。系统反复地向流水线顶端的操作符发出需求元组的请求,每当一个操作符收到需要元组的请求时,就计算下一个(几个)元组并返回这些元组。

若该操作符的输入不是来自流水线,则下一个(几个)元组可以由输入关系中计算得到,同时系统记载目前为止已返回了哪些元组。若该操作符的某些输入来自流水线,则该操作符也发出请求以获得来自流水线输入的元组。使用来自流水线输入的元组时,子操作符计算输出元组,然后把它们传给父层。

2. 生产者驱动的流水线

生产者驱动的流水线(producer-driven pipeline)是一种自底向上的执行方式,各操作符并不等待元组请求,而是积极主动地产生元组。

流水线底部的每个操作符不断地产生元组并将它们放在输出缓冲区中,直到缓冲区满为止。流水线中任何其他层的操作符只要获得较低层的输入元组就产生输出元组,直到其输出缓冲区满为止。

一个操作符使用流水线输入的一个元组后,将其从输入缓冲区中删除。一旦输出缓冲区已满,操作符必须等待,直到其父操作符将元组从该缓冲区取走而为更多的元组腾出空间。此时,该操作符接着产生更多的元组,直到缓冲区再次满了为止。这个过程不断重复,直到该操作符产生所有的输出元组为止。

生产者驱动的流水线中的每一个运算通常由系统中一个单独的进程或线程执行,它从其流水线化的输入中取出元组流,并产生一个元组流作为其输出。在并行处理系统中,一个流水线中的各个运算可以在不同的处理器上并行执行。

使用生产者驱动的流水线方式可以看成将数据从一棵操作符树的底层推(push)上去的过程;而使用需求驱动的流水线方式可看成从树顶将数据拉(pull)上来的过程。在生产者驱动的流水线中,元组的产生是积极的;而在需求驱动的流水线中,元组消极地(lazily)按需求产生。

目前主流的数据库管理系统中通常采用需求驱动的流水线,但是,生产者驱动的流水线在并行处理系统中非常有用,并且生产者驱动的流水线减少了函数调用的次数,在现代 CPU 上的效率更高。

9.1.3   查询计划的执行

有些关系操作运算符只有在所有的输入完成才能进行运算,输出结果数据,例如排序,它们天生是阻塞操作,因此在查询执行树中,执行结点之间有些边是流水线边(pipelined edge),有些边是阻塞边(blocking edge)。由流水线边连接的两个算子可以同时流水线执行。一个查询执行树可以有多条流水线边,因此一组由流水线边连接起来的所有算子都可以同时执行。一个查询执行树可以拆分成多个子树,每个子树内只有流水线边,两个子树之间的边是非流水线的。每个这样的子树称为流水线段(pipeline stage),查询处理器一次执行一条流水线段,并在单个流水线段内同时执行所有的算子。

例如,对于下面的 SQL 语句,其经过查询编译生成的查询执行树如图 9.3 所示。

```
SELECT *
FROM R1, R3, (SELECT R2.z, count(*)
        FROM R2
        WHERE R2.y=3
        GROUP BY R2.z) R2
WHERE R1.x=7 AND R1.a=R3.b AND R2.z=R3.c
```

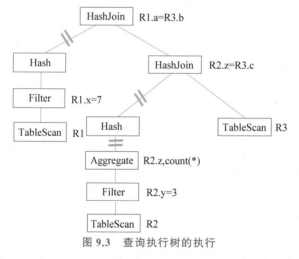

图 9.3   查询执行树的执行

在图 9.3 的查询执行树中,表 R1 的扫描、选择和创建哈希表的操作构成一条流水线,如果哈希表不能放在内存,则必须进行物化。聚集操作是个阻塞操作,必须等待处理完所有的元组才能输出结果集,表 R2 的扫描、选择和聚集操作构成一条流水线,然后创建哈希表。一旦哈希表创建完成,表 R2 的扫描和两个哈希连接操作可以构成一条流水线。

可以看出,该查询执行树被划分成 4 棵子树,查询执行器将按从左至右的顺序执行这些子树,而每一棵子树的执行均采用流水线方式。

9.2 查询执行模型

查询执行器将执行树的操作符结点及其执行方式抽象成执行模型。目前比较常见的执行模型有火山模型(volcano model)、物化模型(materialization model)、向量化模型(vectorized model)等。火山模型是基础模型,物化模型是引入前面物化执行方式后的火山模型,相对简单。

9.2.1 火山模型

火山模型,又称迭代执行模型,是最常见的实现需求驱动的流水线的查询执行模型。目前流行商业或开源的 RDBMS 几乎都采用该模型,例如 PostgreSQL、MySQL 等。

火山模型中将查询执行树中的每个运算符抽象实现为迭代算子(iterator,也称为迭代器、循环子等)。迭代算子是物理操作符的一种实现方法,能够实现物理查询计划中各操作符之间传递对元组的请求以及结果,可以同时进行多个操作。迭代算子通常由 3 个方法组成。

(1) Open():初始化执行操作所需的任何数据结构,本身不获得元组。

(2) Next():返回结果集中的下一个元组,并对数据结构进行必要的调整以得到后续元组。同时设置一个元组是否已产生或已没有元组可产生的信号,用变量 found 表示。

(3) Close():工作完成,释放资源,结束迭代。

在迭代模型中,执行器对输入的查询计划首先会遍历执行树中的每个结点,调用该结点中运算符的 Open(),初始化执行操作所需的任何数据结构和执行环境,然后,从根结点开始,父结点的 Next()请求会调用子结点的 Next(),返回需要处理的元组数据。从根结点到叶结点自上而下递归调用 Next()函数,每次一个元组把数据自底向上拉取处理。处理完所有的元组数据后,调用 Close()清理执行环境,释放资源。

迭代算子维护两次调用之间的执行状态,使得相继的 Next()请求可以接收到相继的结果元组。例如,具有选择运算的全表扫描操作,Open()操作对表加锁,并开始表的扫描。迭代算子的状态记录了对该表已经扫描的位置,当调用 Next()时,扫描从当前扫描位置继续执行,找到满足条件的下一个元组,记录该元组的位置,并将元组返回,调用 Close()时,表示扫描结束。

例如图 9.1 中的查询执行树采用火山模型执行,如图 9.4 所示。

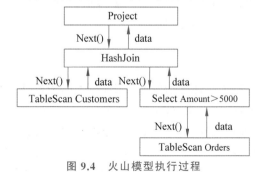

图 9.4 火山模型执行过程

(1) 进行执行环境的初始化。

(2) 开始执行：循环向根结点的投影操作发出需求元组的请求。

(3) 初始时,投影操作尚未收到输入,于是它调用连接操作符的 Next()。

(4) 连接操作符需要两个输入,它首先调用全表扫描操作符 TableScan 的 Next() 请求 Customers 表的元组创建哈希表。

(5) 全表扫描操作符执行 Customers 表的扫描操作,获取一个元组返回给连接操作符。

(6) 连接操作符获得元组后,创建哈希表,继续调用全表扫描操作符的 Next() 请求输入元组,直到收到所有元组已经扫描完成的信息,完成哈希表的创建。

(7) 连接操作符接着调用选择操作符的 Next() 请求 Orders 表中的元组。

(8) 选择操作符继续调用全表扫描操作符的 Next() 请求 Orders 表的元组。

(9) 全表扫描操作符执行 Orders 表的扫描操作,获取一个元组返回给选择操作符,选择操作符获得元组后,判断是否满足条件,如果满足则将输出提供给连接操作符,否则,继续调用全表扫描操作符的 Next() 请求 Orders 表的元组。

(10) 连接操作符接收到 Orders 表的元组进行哈希连接操作,如果满足连接条件,则将结果元组提供给投影操作符,否则调用选择操作符的 Next() 请求 Orders 表中的元组。

(11) 投影操作符将结果元组按投影列重装成新元组返回给系统。

(12) 系统接收到返回数据后,再次向根结点投影操作发出需求元组的请求,重复上述过程,直到全部数据处理完。

按照这个运转模式,通过系统反复向根结点的投影操作发出需求元组请求,从上到下,驱动了整个流水线的运转。

火山模型的接口简单灵活,可以组装任意的满足接口要求的运算符,而且每个运算符实现时不需要关注其他运算符的实现逻辑,具有非常好的扩展性。

火山模型虽然带来了实现简单灵活的好处,但是它采用每次 Next() 调用返回一个元组(tuple-at-a-time)的策略,每次计算一行结果都会有一个很长的 Next() 虚函数调用链。虽然虚函数调用本身开销并不算特别大,但是仍需要花费一定的时间,而虚函数内部的操作可能就是一个简单的轻量级计算,但每一行数据都需要若干次的虚函数调用,当数据量非常大的时候,就会造成大量的函数调用,导致 CPU 的利用率不高,并且 CPU 的缓存很难发挥作用。

因此,火山模型查询处理在磁盘 I/O 为主要瓶颈的时代非常高效,但是随着计算机硬件的发展,内存越来越大,CPU 成为系统瓶颈的时候,为了能充分利用 CPU 资源,让计算更快,于是出现了向量执行模型。

9.2.2 向量执行模型

向量执行模型随着计算机硬件的发展而出现,也称为批处理模型(batch model),它是利用现代 CPU 的特性提高系统的计算能力。

众所周知,中央处理单元(CPU)是执行指令的计算机系统的一部分计算机程序。它执行程序的每个指令系统的算术、逻辑和输入/输出操作。CPU 操纵的数据可以存储在寄存器、缓存、RAM 内存(从最快到最慢)等多级存储体系中。它执行的指令也存储在内存或缓存中。CPU 存取数据速度不同,会提前通过预读取技术将慢速存储的数据读取到更快速的存储中。同时,现代处理器能够支持对不同的数据执行同样的一个或一批指令,或者把指令应用于一个数组/向量,实现单指令、多数据(简称SIMD)。这时对一个数组所进行的连续操作,即可视作向量化。

向量化执行模型是以火山模型为基础的,规避火山模型中每个操作符的 Next() 只返回一个元组的问题。在向量化模型中,Next() 返回一批元组,批量处理可以减少调用 Next() 的次数,特别是在 OLAP 查询需要处理大数据量元组的场景。

向量执行模型的基本思想就是通过批量处理均摊开销。假设在查询执行时生成一行结果的开销是 C,火山模型计算框架总开销就是 CN,其中 N 为参与计算的总行数,假设每次生成一批数据,因为每次函数调用的开销是相对恒定的,所以计算框架的总开销就可以减小到 CN/M,其中 M 是每批数据的行数,当然 M 也不能无穷大,毕竟受到内存大小的限制。

向量化的计算模式不再是每次只处理一行数据,而是每次能处理一批数据,就有可能在计算中使用 SIMD 的特性处理多行数据,并且在计算过程中具有更好的数据局部性,从而提高了 CPU 缓存的命中率。因此,向量执行模型非常适合需要提高计算能力的复杂分析查询,可以将 OLAP 查询的性能提高几十倍。

9.3　查询并行执行

9.3.1　并行执行概述

在大数据时代,越来越多的应用需要查询非常多的数据或每秒需要处理大量的事务,随着计算机 CPU 和核数的增加,数据库管理系统可以通过使用并行执行更大限度地使用多个 CPU 和磁盘,有效提高处理速度和 I/O 速度,加速处理这些查询和事务。

前面章节提到,根据处理机与磁盘及内存的相互关系可以将并行硬件平台分为 3 种基本的体系结构:共享内存结构(Shared_Memory,SM)、共享磁盘结构(Shared_Disk,SD)和无共享结构(Shared_Nothing,SN)。目前的主流服务器计算机都具备了多 CPU 多核的能力,一般采用共享内存结构(SM)。下面重点介绍和讨论单机数据库系统的并行执行。

关系数据库系统非常适合并行执行。首先关系的查询处理在一个执行树上操作,执行树中的多个操作可以并行执行,另外,其中的每个操作的操作对象是关系集合,结果集也是关系集合,因此可以对数据进行分片,由多个进程/线程并行执行。因此,在数据库系统中可以通过两种方式进行并行处理:第一种是查询间并行(InterQuery Parallelism),第二种是查询内并行(IntraQuery Parallelism)。查询间并行是指多个查询分别在多个 CPU 上并行执行,但是单个查询还是在某个 CPU 上串行执行。查询间并行可以有效提高事务的吞吐量,但是单个查询的响应时间并没有减少。查询内并行是指单个查询的不同部分在多个 CPU 上并行执行,可以缩短一些大数据量上复杂查询的执行时间。本节将重点讨论查询内并行执行。

单个查询的执行过程会涉及多个操作,例如选择运算、投影运算、连接运算、分组聚集、排序等操作。查询的执行以两种不同的方式并行化。

（1）操作内并行：指多个 CPU 并行处理单个运算符，例如排序、连接这些非常耗时的操作，加快查询速度。

（2）操作间并行：指多个 CPU 分别并行处理查询的多个运算符，通过这些运算符的并行执行加快查询速度。操作间并行有两种模式。

- 操作运算符之间是独立的，例如参加集合运算的两个查询，称为独立并行。
- 操作运算符之间是有关联的，例如，一个操作符的输出是另一个操作符的输入，这种方式也称为垂直并行，操作间通常采用流水线方式并行执行。

这两种并行方式是互补的，可以在一个查询中同时运用。例如图 9.5 中的 3 表连接查询，其中的 Join 操作和 Scan 操作可以并行执行，这种方式的并行就是操作间并行，A 和 B 表的扫描是独立的两个操作，即独立并行；而 Join 操作的输入依赖 A 和 B 的扫描操作的输出，它们之间是相关联的，则是垂直并行方式。A 和 B 表的扫描又可以采用多个进程/线程同时并行执行，这是操作内并行，进程/线程的个数称为并行度。

9.3.2　并行执行模型

当一个串行的执行计划在多处理器计算机上运行时，如何能够不做大的改动就能充分利用多个处理器并行执行以提升查询性能呢？

基于交换子（exchange）的操作模型做查询的并行化。在这个模型中，所有的并行化控制都封装在该操作符中，它负责进程/线程的并行执行和同步，实现查询的操作间并行和操作内并行执行，并提供标准的迭代操作的 Open、Next 和 Close 接口。交换子操作符可以插入查询树的任意位置或在一个复杂的查询树上可以插入多个交换子操作符。增加交换子操作符将一个串行的执行计划转换成并行执行计划需要优化器来完成，优化器根据系统的资源状况、操作的类型以及代价评估操作的并行度以达到最优的执行效果。增加了交换子操作的查询树如图 9.6 所示。

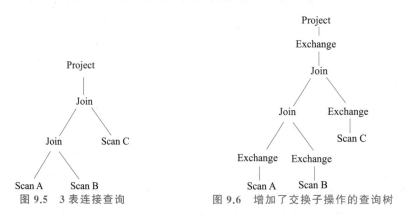

图 9.5　3 表连接查询　　　　图 9.6　增加了交换子操作的查询树

本节主要介绍如何通过交换子操作符实现一个查询的垂直并行和水平并行。

1. 垂直并行

垂直并行是操作间并行的一种，下层操作 A 的输出是上层操作 B 的输入，两个操作间可以流水线方式执行。在串行计算中流水线执行的主要优点是可以执行一系列这样的操作，无须将中间结果写入磁盘。如果使用不同的处理器并行执行 A 和 B，则 B 在 A 产生元组的同时就并行执行消耗掉 A 产生的元组。这种形式的并行也称为流水线并行(pipelined parallelism)。

交换子操作符可以提供垂直并行的功能。交换子操作符的 Open 操作首先创建一个在共享内存的缓冲区,用于进程间的同步和数据交换,然后创建一个子进程执行下层操作。父子进程就构成生产者-消费者模型,父进程充当消费者执行上层操作,其执行方式与串行时基本相同,唯一的区别就是通过进程间的通信(IPC)获取元组,而不是从下层的迭代器中获取元组。创建完子进程后,父进程交换子操作符的 Open 操作结束。父进程交换子操作符的 Next 操作则是等待数据到达缓冲区,然后一次一个元组向上层返回。Close 操作则是通知生产者它要关闭,等待确认,然后返回。生产者进程中的交换子操作符则驱动查询树下层操作的执行,将生成的元组放到缓冲区中,生成最后一个元组时,会带上结束标记,通知消费者执行完成。如图 9.7(a)所示,执行 Join 操作的进程是消费者,执行 Scan 操作的进程是生产者。

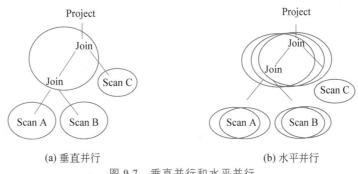

(a) 垂直并行　　　　　　　　　(b) 水平并行

图 9.7　垂直并行和水平并行

2. 水平并行

水平并行是指并行执行的两个进程不相关,它有两种形式,一种是操作间的独立并行,另一种是操作内的并行。

操作间的独立并行可以使用不同的 CPU 执行一个复杂查询树的不同子树,在查询树中插入交换子操作符实现。例如,对于归并排序连接操作(mergejoin),参加连接操作的两个输入可能需要排序,就可以创建两个进程分别并行对两个输入进行排序。

操作内的并行是多个 CPU 执行同一个操作,这就需要对操作的输入数据进行分区,每个 CPU 操作数据的不同子集。操作的输入数据可能来自磁盘上的关系表,也可能是操作的中间结果集。如果是中间结果集可以在缓冲区中使用多个队列实现。生产者使用一个分区函数决定其产生的元组应该放到哪个队列中。分区函数可以实现轮转(round-robin)、范围(key range)、哈希(hash)等分区方式。

如图 9.7(b)所示,Join 操作由 3 个进程并行执行,Scan 操作由 1 个或 2 个进程执行。水平并行后,与垂直并行的主要区别就是在创建生产者时有个并行度的概念,可创建多个生产者并行执行一个操作符。

当一个操作或一个操作子树需要一组进程并行执行时,有多种方式创建多个子进程,一种是指定其中的一个子进程为 master,由它负责创建所有的子进程,也可以在系统中事先创建进程池,根据需要使用其中的进程,用完再归还,这种方式相对性能更优。当创建所有的生产者进程后,它们就会独立执行。

可以看出,生产者和消费者之间是通过数据流驱动查询的执行,当生产者比消费者速度快时,生产者就会阻塞,当消费者速度快时,因为没有数据可用,它就会等待。

因此整个查询树的并行执行过程是自调度的。

基于交换子操作的并行执行模型在一个模块中实现了操作间和操作内的并行,并且是自调度的,对原有的串行执行算法的修改非常小,因此该模型在目前的 DBMS 中得到广泛应用。

9.3.3　并行执行算法

实现一个查询的操作间并行执行,要求该操作可以分解为多个不相关的子操作,才可以交给不同的 CPU 去执行,本节将介绍查询操作的几个最基础的并行执行算法,包括并行扫描、并行排序、并行连接。

1. 并行扫描

扫描操作是查询最底层的操作,如果关系表不在内存中,需要进行磁盘 I/O,则扫描也是比较耗时的操作,对大数据量表进行并行扫描可以大幅提升查询的性能。

假设对关系 R 进行扫描,如果 R 已经进行了分区,则可以对每个分区分别进行并行扫描,通过并行访问,最好情况下,读取整个关系的时间为原来的 $1/n$。

如果 R 没有分区,因为关系中的元组是集合,没有顺序区别,可以把该关系的物理数据块按并行度进行划分,每个 CPU 负责扫描其中的一部分数据块,也可以达到并行扫描的效果。

这种在不同数据集上并行执行相同的运算称为数据并行(data parallelism)。数据并行通常是并行计算的基础。

2. 并行排序

对大数据量数据进行排序,最常用的方法就是外部归并排序(external merge sort)。该方法分为如下两个步骤。

(1) 排序(Sort):将数据划分成多个小块分别进行排序。

(2) 归并(Merge):对已经排过序的数据块进行归并,生成总体有序的数据集。

对排序操作的并行执行可以在排序和归并之间插入交换子操作符,如图 9.8 所示,其中排序和归并操作分别可以有多个进程并行执行。

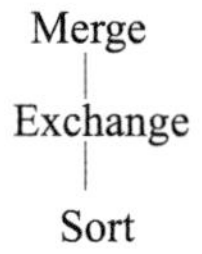

Merge

|

Exchange

|

Sort

图 9.8　并行排序

对于该交换子操作符,则需要注意其上层的归并操作需要对下层的多个有序输入进行区分,不能混在一起,例如可以在交换子中的缓冲区对每个输入都留一个队列解决该问题。

如果进行排序的输入数据已经按照排序的属性进行了范围分区,则可以对每个分区分别进行排序,并将结果连接起来,就可以得到完整的有序数据集。如果排序的输入数据不满足上面的条件,则必须进行归并操作。

3. 并行连接

并行连接算法的基本思路是将输入关系的元组划分到多个处理器上,每个处理器计算其中的一部分,然后收集结果产生最终结果。下面介绍两个经典的并行连接算法。假设关系 R 和 S 进行连接,有 N 个处理器可以同时进行操作。

(1) 嵌套循环并行连接算法。

通常情况下,嵌套循环连接算法被认为是效率较低的连接算法,但它是基线连接算法,可以计算任何条件的连接操作,嵌套循环连接算法也很容易并行化。其基本的原理是:将关系 S 划分成 N 个分区,设 S_i 是第 i 个分区的元组子集合,则

$$R \bowtie S = (R \bowtie S_1) \cup (R \bowtie S_2) \cup \cdots \cup (R \bowtie S_n)$$

连接操作有两个输入数据流,连接操作的并行执行可以在其输入操作和输出操作之间插入交换子操作符,如图 9.9 所示。对于嵌套循环连接来说,两个交换子对数据交换的处理方式不同,对于关系 S 上的交换子,其中的缓冲区有 N 个队列,供 N 个消费者(Join)获取数据,对于关系 R 上的交换子,则需要把其中的数据广播给 N 个消费者。

（2）哈希并行连接算法。

如果是两个大表上的等值连接,哈希连接算法应该是首要选择。哈希连接算法很容易并行化。它通过一个定义在连接属性上的哈希函数把连接关系分解为 N 个子集合,然后使用 N 个处理机并行地完成连接操作。如果哈希函数能够将连接关系均匀地分布为 N 个子集合,则算法具有线性时间复杂性。

哈希连接并行化的基本原理是：分别将关系 R 和 S 根据等值连接的属性划分成 N 个分区,设 R_i 和 S_i 分别是第 i 个分区的元组子集合,则

图 9.9　并行连接

$$R \bowtie S = (R_1 \bowtie S_1) \cup (R_2 \bowtie S_2) \cup \cdots \cup (R_n \bowtie S_n)$$

通过对数据的划分将连接操作分解成多个子操作给多个处理器分别执行。对于哈希连接来说,图 9.9 中关系 R 和 S 上的两个交换子对数据交换的处理方式相同。

9.4　查询编译执行

为了提高计算效率,查询执行器也可以引入编译执行技术,即采用即时编译(Just-In-Time Compiler,JIT)技术对查询的整体或部分进行编译执行。JIT 将运行时解释性程序的求值工作转化为本地机器语言程序。例如对谓词 WHERE a.col＝3,它不使用能够对任意 SQL 表达式求值的机制,而是编译生成 CPU 能够直接执行的本机函数处理该表达式,从而加快执行速度。

下面以 SQL 中表达式的计算方式说明编译执行所带来的好处,假设拟执行如下SQL 语句：

```
SELECT * FROM  Customers c, Orders o
WHERE c.CID = o.CID
AND CName= 'zhangsan'
AND Amount >5000;
```

其中的选择条件在查询编译阶段就会生成如图 9.10 所示的表达式树。系统对表达式树中的每个操作结点都会有对应的函数处理。

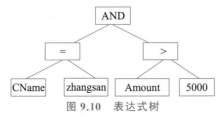

图 9.10　表达式树

在以解释方式执行该查询时，对 Orders 表中的每个元组都会触发该表达式中的操作结点函数执行一遍。实际上，这个表达式树的效果与下面这段代码是等价的：

```
(row.getFloat("o_totalprice")) >5000 && (row.getString("o_clerk") ==
"zhangsan")
```

其中，row 是 TableScan 操作符返回的元组。

如果在查询执行前，能够根据查询执行树中的表达式树生成类似的代码，并进行编译，则尤其是在处理大量数据时，可以获得更好的性能。对于 SQL 查询的其他操作符同样如此，编译执行可以很好地解决解释执行中遇到的问题。

SQL 查询的编译执行的基本思路是在编译期利用查询执行树中已有的信息，例如操作符类型、操作数据的特点等，重新编码，生成中间代码，使得执行期代码会非常精简，减少在执行过程中为了判断这些类型而增加的各种分支判断、函数调用和虚函数的使用，从而可以大大地提高 CPU 使用率。

可以只对查询执行器中的部分操作符进行编译，例如对表达式求值而言，它由多个小操作符组成，是最适合进行编译执行的部分。

在实际的开发过程中，要把查询转换成更高效的代码可以采用 LLVM（Low Level Virtual Machine）编译框架，它提供了很好的支持并且很方便开发者使用。LLVM 是一个模块化、可重用的编译器和工具链技术的集合。编译器分为前端、优化和后端。前端主要包括语法解析、语义分析以及中间代码生成，后端则包括汇编代码、目标文件的生成以及连接等过程。

LLVM 设计了一个中间表示语言 LLVM IR（the LLVM Intermediate Representation）。通过 LLVM IR 连接前端和后端，中间优化阶段均针对 IR 进行优化，使得优化阶段更加通用，并且前端和后端高度模块化，均可重用。当需要支持新的编程语言或者新的硬件设备时，都不需要对优化阶段做任何修改。

LLVM JIT 可以将优化后的 IR 代码最终转化为机器码。SQL 查询的编译执行的实现工作主要是将 SQL 中的某些部分转化为 IR 代码，对于 IR 代码的优化及编译生成机器码，LLVM 提供了相应的接口可快速使用。更多 LLVM 的功能及特性可以自行查看 LLVM 官网资料。

9.5   本章小结

查询执行是查询处理的最后环节，数据库系统的执行引擎在这个阶段按照执行模型的设计调度执行计划树中的各个物理操作符按预定的流水线或物化方式处理数据，生成最后的查询结果集。

本章介绍了经典的火山模型，它是一个需求驱动的查询执行模型，通过抽象成的各类循环子能够以流水线的方式执行完查询计划。同时也介绍了向量执行模型（火山模型的变形）。它采用单指令多数据的方式处理数据流，也称为批处理模型，能够更好地利用现代 CPU 的特性提高系统计算能力。利用好系统的硬件能力对提升数据库系统的性能特别重要。现代数据库系统利用系统能力的设计之一是提供并行执行的特性。本章介绍了基于交换子的并行执行模型以及并行扫描、并行排序和并行连接算法。而查询编译执行则是为了提高查询执行计划中重复执行的子计划的效率,这一执行模式已经在很多商用系统中得到了广泛实现。

习题

1. 物化模型中的执行结点的结果是一个临时关系,由于它被写入磁盘而可能影响到查询性能,但同时它不需要考虑常规基本表的持久化问题,则是否可以为临时关系表设计合理的结构,从而提高性能? 如果能,试给出设计方案。

2. 流水线执行模式下,操作符生成的元组需要放在输出缓冲区中,试说明这个缓冲区与数据库的共享缓冲区有何异同。

3. 火山模型中的迭代算子是抽象接口,试给出图 9.2 的查询执行树中的执行结点 HashJoin 的 Open()、Next() 和 Close() 的主要处理算法。

4. 试根据图 9.4 的描述,给出图中全表扫描和哈希连接的 Open() 初始化执行环境的过程。

5. 查询执行中的某些操作是可以通过划分为若干子任务并行完成的,请查阅相关资料,给出一个可并行化的操作列表,并尝试对其中的操作给出并行化执行方案。

实验

基于数据库原型系统框架 Rucbase(https://gitee.com/DBIIR/rucbase-lab),实现数据库基本执行策略,包括:

(1) 使用临时表的物化模型。

(2) 简单的流水线模型。

(3) 并行扫描(选做)。

第四篇

事务处理篇

本篇将介绍事务处理的两项关键技术：并发控制和故障恢复。

第 10 章是事务处理概述。首先，介绍什么是事务。其次，通过介绍数据库管理系统中事务的执行逻辑，详细描述不合理调度下，并发事务可能出现的各类数据异常。最后，给出了什么是正确的并发事务调度。

第 11 章是并发控制。本章介绍了保证并发事务正确调度的 3 类经典方法：两阶段封锁协议、时间戳排序协议、乐观并发控制协议。此外，本章也介绍了系统中常用的三级封锁协议和多版本并发控制技术。

第 12 章是故障恢复。首先，介绍数据库管理系统中可能出现的各类故障。其次，介绍各类故障下，数据库恢复的基本技术和实现原理。最后，介绍实际系统中常用的 ARIES 恢复技术。

为了叙述方便，本篇以一个完整的例子贯穿始终。

> 假设有银行账户 A 和账户 B，两个账户的余额分别为 25 元和 5 元。这两个账户可以相互转账，单个账户也可以进行存钱或取钱，要求满足现实中的语义要求，例如取钱后的银行账户余额不能小于 0。

第 10 章

事务处理概述

本章要回答 3 个问题：

（1）为什么需要事务处理？

（2）什么是事务处理？

（3）在数据库管理系统中，实现事务处理的关键技术是什么？

关于后面两个问题，将在 10.1 节和 10.2 节进行回答。

首先回答第一个问题，即"为什么需要事务处理"。在许多数据库应用中，用户的多个操作需要作为一个独立的单元被执行，这组操作要么全部被执行，要么全部不被执行，是一个不可分割的执行单元。以两个账户间的银行转账为例（假设账户 A 为转出账户，账户 B 为转入账户），银行转账包括两个操作：

（1）账户 A 减去转出的金额。

（2）账户 B 加上转入的金额。

显然，资金从账户 A 转出而未转入账户 B 的情况是不可接受的。此外，银行转账还有一个隐式的完整性约束，即账户 A 和账户 B 的存款余额总和在转账前后不会发生变化。即使中间出现系统故障，在数据库管理系统恢复正常运行后，系统也必须能确保用户的多个操作，要么全部执行，要么全部不执行，以及用户的完整性约束不会被破坏。

显然，在银行、证券、电信等国民经济关键行业中，这样的例子还有很多，数据库管理系统需要一种机制，确保数据不出错、不丢失，这种机制就是事务处理。本章将介绍事务的基本概念，并着重介绍数据库应用中可能出现的典型数据异常，最后讨论在不出现故障下，如何进行正确的并发控制，确保数据无异常。

10.1 事务基本概念

10.1.1 事务的定义

事务是用户定义的一个数据库操作序列，这组操作要么全部被执行，要么全部不被执行，是一个不可分割的执行单元。通常情况下，事务由用户显式地进行设定，一个事务

的开始由关键词 Begin Transaction(简化成 Begin)表示,一个事务的结束由关键词
Commit 或 Abort 表示,Commit 表示全部执行事务的所有操作,Abort 表示撤销事务
已发生的更新操作。事务由 Begin 与 Commit/Abort 之间的所有操作组成。

本章中,如未特别说明,使用的 SQL 语句均遵循 SQL92 的语法标准。

【例 10.1】 账户 A 转账 10 元到账户 B 中。

完整的事务执行语句如下:

```
Begin Transaction;
UPDATE account SET balance = balance - 10 WHERE accountID = A;
UPDATE account SET balance = balance + 10 WHERE accountID = B;
Commit;
```

事务提交后,事务包含的这组操作对数据库中数据的修改必须生效。因此,当查
询数据库中账户信息时,账户 A 和账户 B 的余额分别为 15 元。

```
SELECT * FROM account;
+-----------+-------+
| accountID | balance |
+-----------+-------+
|        A | 15    |
|        B | 15    |
+-----------+-------+
2 rows in set
```

注意:如果事务的执行语句如下,即事务的结束标记是回滚,则意味着该事务的
所有操作对数据库的修改都会被撤销。

```
Begin Transaction;
UPDATE account SET balance = balance - 10 WHERE accountID = A;
UPDATE account SET balance = balance + 10 WHERE accountID = B;
Abort;
```

当再一次查询数据库中账户信息时,账户 A 和账户 B 的余额分别被恢复为该事
务开始执行时的值,即分别是 25 和 5。

事务的符号化表示。事务包含的操作分为读操作和写操作,用 A、B 表示数据库
中的数据项,数据项通常情况下为数据库中的一条记录。事务 T_1 对数据项 A 的读操
作表示为 $R_1(A)$,当读取数据项 A 的值为 25 时,该读操作也可表示为 $R_1(A,25)$;事
务 T_1 对数据项 B 的写操作表示为 $W_1(B)$,当写入数据项 B 的值为 15 时,该写操作
也可表示为 $W_1(B,15)$;用 C_1 和 A_1 分别表示事务 T_1 的 Commit 操作和 Abort 操
作,为了方便阅读,示意图或表格中的提交操作仍然保留 Commit 符号。注意:一旦
出现事务提交或回滚操作,之后就不能出现该事务的读写操作。

在例 10.1 中的转账事务中,可以用 A 表示账户 A,用 B 来表示账户 B。第一条
更新账户 A 余额的 UPDATE 语句中,包括两个操作:①读取 A 的账户余额(表达为
$R_1(A)$);②更新 A 的账户余额(表达为 $W_1(A)$)。类似地,第二条更新账户 B 余额

的 UPDATE 语句中,包括两个操作:①读取 B 的账户余额(表达为 $R_1(B)$);②更新 B 的账户余额(表达为 $W_1(B)$)。因此,第一个转账事务 T_1 的符号化表示如下:

$$R_1(A)W_1(A)R_1(B)W_1(B)C_1 \quad 或 \quad R_1(A,25)W_1(A,15)R_1(B,5)W_1(B,15)C_1$$

【SQL 语句到读写操作之间的转换】　在事务的符号化表示中,实际上是将事务中包含的 SQL 语句转换成对相应数据项的读写操作。例如,给定以下 SQL 语句:

```
UPDATE account SET balance = balance - 10 WHERE accountID = A;
```

该 SQL 语句的含义是对 account 表中 accountID 为 A 的记录的账户余额减 10 元。由于属性 accountID 是 account 表的主码,因此,该 SQL 语句最多返回一个元组。记该元组为 A,该 SQL 语句可以转换成如下操作:A.balance＝A.balance－10。由于修改 A.balance 需要事先读取 A.balance 的值,因此,该 SQL 语句需要转换成 $R_1(A,25)W_1(A,15)$ 两个操作。

10.1.2　事务的 ACID 特性

事务具有 4 个特性:原子性(atomicity)、一致性(consistency)、隔离性(isolation)和持久性(durability)。这 4 个特性简称为 ACID 特性。

1. 原子性

事务对数据库数据的修改要么全部执行,要么全部不执行。

【例 10.2】　用户从 A 账户转出 10 元到 B 账户中。该转账事务 T_1 共包括如下 4 个操作。①$R_1(A,25)$:读取 A 的账户余额。②$R_1(B,5)$:读取 B 的账户余额。③$W_1(A,15)$:更新 A 的账户余额为 15。④$W_1(B,15)$:更新 B 的账户余额为 15。该场景对应的事务执行序列如图 10.1 所示。当系统执行完第三步 $W_1(A,15)$ 出现故障,而无法执行第四步 $W_1(B,15)$ 时,数据库中的数据可能会处于不正确的状态(从用户的角度来看,用户余额总和少了 15 元)。因此,事务的原子性要求事务对数据库数据的修改要么全部执行,要么全部不执行。在这个例子中,事务已经执行的操作需要全部回滚,即撤销对数据项的修改。

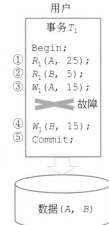

图 10.1　原子性

2. 一致性

事务执行的结果必须是使数据库从一个一致性状态变到另一个一致性状态,确保完整性约束不被破坏,也就是说,一旦事务提交,其对数据库状态的改变,不能破坏完整性约束。

【例 10.3】　用户 1 从账户 A 转出 5 元到账户 B 中,用户 2 从账户 B 转出 5 元到账户 A 中,即账户 A 和账户 B 同时相互转 5 元给对方。假设 A 与 B 的初始账户余额分别为 25 元和 5 元。用户 1 和用户 2 的转账事务如图 10.2 所示。完整性约束条件为:转账前 A 与 B 的账户余额总和与转账之后两者的账户余额总和相同。从如图 10.2 所示的执行结果来看,转账结束后 A 与 B 的账户余额分别为 10 元和 30 元,显然破坏了数据库的一致性状态。

3. 隔离性

一个事务的执行不能被其他事务干扰,即一个事务的内部操作及使用的数据对其他并发事务是隔离的,并发执行的各个事务之间不能相互干扰。

【例 10.4】　用户 1 查询了 A 账户的余额,用户 2 取走了同一账户 A 的所有金额,当用户 1 再次查询账户余额时,与第一次查询到的账户余额不一致。具体的执行流程如图 10.3 所示。显然,用户 1 发起的事务 T_1,在执行过程中,被用户 2 发起的事务 T_2 所干扰,使得事务 T_1 分两次读取同一变量返回的值不一致,这样的调度方式破坏了事务的隔离性。

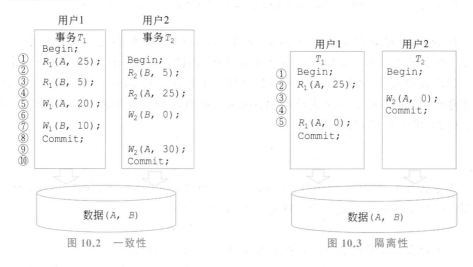

图 10.2　一致性　　　　　　　　　　　　　　图 10.3　隔离性

4. 持久性

一个事务一旦提交,它对数据库中数据的改变就应该是永久性的,接下来的其他操作或故障不应该对其执行结果有任何影响。

【例 10.5】　用户发起一个事务 T_1,该事务从账户 A 取走了 10 元(账户 A 原来余额为 25 元,取走 10 元后余额更新为 15 元),并完成了事务的提交。之后,系统发生了故障,待系统重启故障恢复后,该用户继续发起了另外一个事务 T_2,查询该账户的余额,其值为 25 元,即事务 T_1 更新前的值。如图 10.4 所示。由于事务 T_1 已经完成提交,根据事务的持久性特性,事务一旦提交,它对数据库中数据的改变就应该是永久性的,因此,事务 T_2 必须能够查询到事务 T_1 的更新,即应该读到 15 元。显然,上述事务的调度违背了事务的持久性特性。

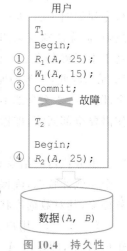

图 10.4　持久性

在事务的执行过程中,数据库管理系统确保事务的 ACID 特性不被破坏,其中并发控制子系统是保证事务的一致性和隔离性,故障恢复子系统是保证事务的原子性、一致性和持久性。

10.2　数据异常与隔离级别

10.2.1　事务的执行模型

事务的执行模型是与操作系统的进程/线程执行模型息息相关的,操作系统的进程/线程执行模型包括串行执行、并发执行、并行执行、并行与并发混合执行 4 种方式。

图 10.5 给出了计算机系统中线程在 2 核 CPU 的执行模型。

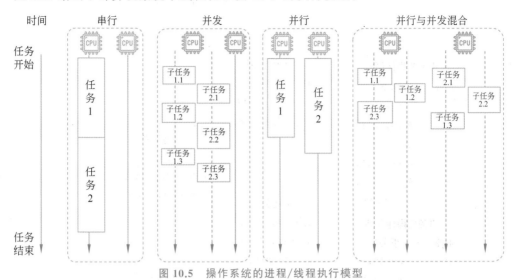

图 10.5 操作系统的进程/线程执行模型

（1）在串行执行模型中，单核 CPU 在执行完一个任务后再开始执行一个新的任务。

（2）在并发执行模型中，每个线程被安排执行各自的任务，各个线程切换 CPU 的时间片交替运行（也称分时复用）。

（3）在并行执行模型中，每个 CPU 单独执行任务。

（4）在并行与并发混合执行模型中，每个线程被安排执行各自的任务，同一个 CPU 的多个线程，切换该 CPU 的时间片交替运行。

一个事务会交由一个线程或进程执行，对应如图 10.6 所示的任务。子任务对应事务的一个子操作序列。事务 T_1 从 A 账户中转出 10 元到 B 账户中，事务 T_2 从 X 账户（假设 X 账户的初始值为 100）中转出 50 元到 A 账户中。事务 T_1 的操作序列为 $R_1(A,25)R_1(B,5)W_1(A,15)W_1(B,15)C_1$，子任务 1.1、子任务 1.2 可以分别为 $R_1(A,25)R_1(B,5)$、$W_1(A,15)W_1(B,15)C_1$；事务 T_2 的操作序列为 $R_2(A,25)R_2(X,100)W_2(A,75)W_2(X,50)C_2$，子任务 2.1、子任务 2.2 可以分别为 $R_2(A,25)R_2(X,100)$、$W_2(A,75)W_2(X,50)C_2$。在实际的执行过程中，线程 1 可以先执行子任务 1.1，即 $R_1(A,25)R_1(B,5)$，随后由于等待 I/O 等原因造成 CPU 的时间片切换，线程 2 被调度开始执行子任务 2.1，即 $R_2(A,25)R_2(X,100)$，由于等待 I/O 或封锁等待等原因，线程 2 被挂起，线程 1 再次获得调度执行。子任务 1.2 完成并提交事务 T_1 后，线程 2 获得调度执行子任务 2.2，并完成事务 T_2 的提交。从上述事务的执行过程来看，两个事务的执行过程之间存在时间上的重叠，如果不进行合适的控制，就会出现如图 10.2 和图 10.3 所示的破坏事务一致性和隔离性的情况。

10.2.2　数据异常

数据异常的种类很多。SQL92 给出了 4 类数据异常，包括脏写（dirty write）、脏读（dirty read）、不可重复读（non-repeatable read）和幻读（phantom read）。

脏写。给定两个事务 T_1 和 T_2，T_1 先修改了某一数据项 A，在 T_1 提交之前，T_2

事务 T_1 与事务 T_2 的并发执行

事务 T_1 操作序列

步骤	事务 T_1
①	Begin;
②	$R_1(A, 25)$;
③	$R_1(B, 5)$;
④	$W_1(A, 15)$;
⑤	$W_1(B, 15)$;
⑥	Commit;

事务 T_2 操作序列

步骤	事务 T_2
①	Begin;
②	$R_2(A, 25)$;
③	$R_2(X, 100)$;
④	$W_2(A, 75)$;
⑤	$W_2(X, 50)$;
⑥	Commit;

子任务1.1

①	Begin;
②	$R_1(A, 25)$;
③	$R_1(B, 5)$;

子任务1.2

④	$W_1(A, 15)$;
⑤	$W_1(B, 15)$;
⑥	Commit;

子任务2.1

①	Begin;
②	$R_2(A, 25)$;
③	$R_2(X, 100)$;

子任务2.2

④	$W_2(A, 75)$;
⑤	$W_2(X, 50)$;
⑥	Commit;

图 10.6　事务执行模型举例

也修改了 A 的值,之后,T_1 和 T_2 均提交。T_2 的提交导致 T_1 的修改被 T_2 的修改覆盖了。脏写数据异常可以被符号化表示为 $\cdots W_1(A)\cdots W_2(A)\cdots(C_1\cdots C_2$ 或 $C_2\cdots C_1)$。

【例 10.6】　如图 10.7 所示,用户 1 发起事务 T_1 查询了 A 账户余额,用户 2 发起事务 T_2 也查询了 A 账户余额;之后,用户 1 往 A 账户里存了 25 元,用户 2 也往 A 账户里存了 25 元;最后,用户 1 提交了事务 T_1,用户 2 提交了事务 T_2。可以看到,两个用户向 A 账户里共存了 50 元,但从最终 A 账户的余额中可以看到,A 的余额仅增加了 25 元,这是因为 T_1 的修改被 T_2 的修改覆盖了,从而出现了脏写的数据异常。

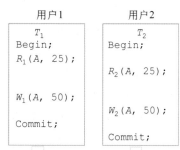

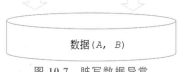

图 10.7　脏写数据异常

脏读。给定两个事务 T_1 和 T_2,T_1 先修改了某一数据项 A 的值,在 T_1 提交之前,T_2 读取了 A 的值,之后,T_1 回滚,从而导致 T_2 读取了未提交事务 T_1 的写。脏读数据异常可以被符号化表示为 $\cdots W_1(A)\cdots R_2(A)\cdots A_1\cdots$。

【例 10.7】　如图 10.8 所示,用户 1 发起事务 T_1 查询了 A 账户余额($A=25$),并往 A 账户里存了 25 元(A 更新后的值为 50);之后,用户 2 发起了事务 T_2,并读到了事务 T_1 更新的 A 值(即 50);之后,事务 T_1 回滚,即 T_1 事务撤销了本次的存款,导致 T_2 读到了未提交事务 T_1 的写,从而出现了脏读的数据异常。

不可重复读。给定两个事务 T_1 和 T_2，T_1 先读了某一数据项 A，随后 T_2 修改了 A 的值并进行了提交；当 T_1 再次读取数据项 A 时，读到了 T_2 修改后的 A 值，此时，T_1 发现前后两次读取相同数据项 A 的值各不相同。不可重复读数据异常可以被符号化表示为 $\cdots R_1(A)\cdots W_2(A)C_2\cdots R_1(A)\cdots$。

【例 10.8】　如图 10.9 所示，用户 1 发起事务 T_1 查询了 A 账户余额（$A=25$）；之后，用户 2 发起事务 T_2 查询了 A 账户余额（$A=25$），往 A 账户里存了 25 元（A 更新后的值为 50），并提交事务 T_2；当 T_1 再次读取数据项 A 时，读到了 T_2 修改后的 A 账户余额（更新后的 A 值 50）。此时，T_1 发现前后两次读取相同数据项 A 的值各不相同，从而出现了不可重复读的数据异常。

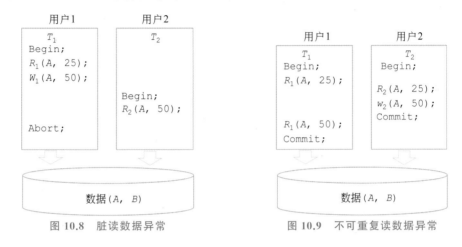

图 10.8　脏读数据异常　　　　图 10.9　不可重复读数据异常

幻读。给定两个事务 T_1 和 T_2，T_1 先按照某个条件（称为条件谓词）查询数据库中符合条件谓词的数据项，随后 T_2 插入了符合上述条件谓词的数据项，当 T_1 再次按照之前相同的条件谓词查询数据库时，前后两次相同查询得到的结果不一样。记 $R_1(P)$ 表示事务 T_1 按照条件谓词 P 读取数据库中符合查询条件 P 的数据项集合，$W_2(A\ in\ P)$ 表示事务 T_2 插入了符合条件谓词 P 的数据项 A，则幻读数据异常可以被符号化表示为 $\cdots R_1(P)\cdots W_2(A\ in\ P)\cdots C_2\cdots R_1(P)\cdots$。

【例 10.9】　如图 10.10 所示，条件谓词 P 表示余额不为 0 的所有账户。用户 1 发起事务 T_1 查询了余额不为 0 的所有账户（返回的集合为 $\{A,B\}$）；之后，用户 2 创建了账户 X，存入 25 元并提交事务 T_2；最后，当 T_1 再次读取余额不为 0 的所有账户时，返回的集合为 $\{A,B,X\}$。此时可以发现，T_1 前后两次按照相同的条件谓词 P 查询得到的结果不一样，从而出现了幻读的数据异常。

除了 SQL92 给出了 4 类数据异常之外，现实场景中还存在其他类型的数据异常，例如丢失修改（lost update）、写偏序（write skew）、读偏序（read skew）等。需要注意的是：可以举出无数的数据异常实例，比如 2 个事务构成的数据异常，3 个事务构成的数据异常，一直到 n 个事务构成的数据异常。

为了加深大家对数据异常的理解，以下给出了丢失修改的数据异常描述及其符号化表示。

丢失修改。给定两个事务 T_1 和 T_2，T_1 先读取了某一数据项 A；之后，T_2 修改了 A 的值并提交；接着，T_1 也修改了 A 的值并进行了提交。

T_1 修改了某一数据项 A，在 T_1 提交之前，T_2 也修改了 A 的值，之后，T_2 和 T_1 均提交。T_1 的提交导致 T_2 的修改被 T_1 的修改覆盖了。丢失修改数据异常可以被符号化表示为 $R_1(A)\cdots W_2(A)\cdots C_2 \cdots W_1(A)\cdots$。

【例 10.10】 如图 10.11 所示，用户 1 发起事务 T_1 查询了 A 账户余额，用户 2 发起事务 T_2 也查询了 A 账户余额（此时 $A=25$）；之后，用户 2 往 A 账户里存了 25 元（T_2 发起了写入操作 $W_2(A, 50)$），用户 2 提交了事务 T_2；接着，用户 1 往 A 账户里存了 25 元（T_1 发起了写入操作 $W_1(A, 50)$），并提交了事务。可以看到，两个用户向 A 账户里共存了 50 元，但从最终 A 账户的余额中可以看到，A 的余额仅增加了 25 元，这是因为 T_2 的修改被 T_1 的修改覆盖了，从而出现了丢失修改数据异常。

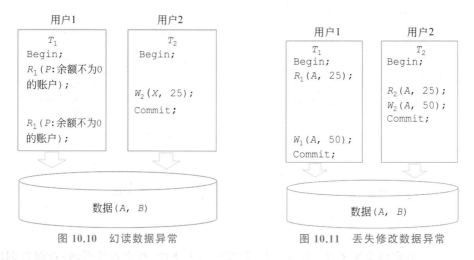

图 10.10   幻读数据异常   图 10.11   丢失修改数据异常

讨论：丢失修改和脏写有什么联系和区别？

这两类数据异常都会导致一个事务的写被另外一个事务的写所覆盖，两者的区别在于数据异常的符号化表示。特别要注意的是：在脏写的符号化表示中，两个事务的写之间，不存在前一个事务的提交操作，而丢失修改发生在后一个事务执行写操作之前，前一个事务已经执行了提交操作。

10.2.3   隔离级别

事务的隔离级别是通过如何避免相应的数据异常定义的。SQL92 给出了事务的 4 类隔离级别，由低到高分别是读未提交、读已提交、可重复读、可串行化。所有的隔离级别都不允许出现"脏写"数据异常，但对其他数据一致性的保障程度各异。

1. 读未提交

"读未提交"（read uncommitted）不允许"脏写"数据异常，但允许"脏读"、"不可重复读"和"幻读"数据异常。因此，运行在该隔离级别上的事务被允许读取当前页面上的任何数据，而不管该数据是否是已提交事务写入的，因此，事务可能出现脏读、不可重复读和幻读的情形。

2. 读已提交

"读已提交"（read committed）不允许"脏写""脏读"数据异常，但允许"可重复读"和"幻读"数据异常。具体地，对于一个事务的读操作，其读取的数据项，必须是由一个已提交事务写入的,也就是说,对于未提交事务写入的数据项,其他事务是不能读到的。例如,在图 10.8 中,由于 T_2 读取数据项 A 时,T_1 尚未提交,因此 T_1 写入的数据项 A 的值,T_2 是不能读到的。在实际的系统实现中,"不能读到"表现为两种形式:要么 T_2 等待,直到 T_1 提交;要么 T_2 读到 A 的旧值,也就是 T_2 开始时,最后一个已提交事务修改 A 的值。显然,运行在该隔离级别上的事务可以有效避免读"脏"数据,但是它不能保证可重复读和不幻读。

3. 可重复读

"可重复读"(repeatable read)要求避免"脏写""脏读""不可重复读"数据异常,但允许"幻读"数据异常。具体地,一个事务如果再次访问同一数据,与此前访问相比,数据不会发生改变。换句话说,一个事务开始读取数据后,其他事务就不能再对该数据执行更新或删除操作。由于脏读和不可重复读是由一个事务读取数据,另一个事务对该数据进行更新造成的,运行在该隔离级别上的事务可以保证不出现脏读、不可重复读,但此时其他事务仍然可以执行插入操作,所以它不能保证不幻读。

4. 可串行化

"可串行化"(serializable)是最高的事务隔离级别,在该级别下,事务执行顺序是可串行化的,可以避免脏写、脏读、不可重复读和幻读等所有数据异常。

表 10.1 给出了事务 4 类隔离级别与数据异常的关系。例如,若数据库管理系统的事务隔离级别是"读未提交",则不可能产生丢失修改的情况,但可能产生脏读、不可重复读和幻读的情况。若是"读已提交",则不可能产生丢失修改、脏读的情况,但可能产生不可重复读和幻读的情况。

表 10.1　事务 4 类隔离级别与数据异常的关系

事务隔离级别	数据异常			
	脏　写	脏　读	不可重复读	幻　读
读未提交	不允许	允许	允许	允许
读已提交	不允许	不允许	允许	允许
可重复读	不允许	不允许	不允许	允许
可串行化	不允许	不允许	不允许	不允许

注意:"可串行化"隔离级别的定义是给定一组事务的调度,其执行结果等价于某一串行调度的结果。因此,在该级别下,可以规避脏写、脏读、不可重复读和幻读这些数据异常。但是,给定一组事务的调度,该调度避免出现上述几类数据异常,并不能保证该调度是可串行化的。

10.3　正确的调度

10.3.1　调度与串行调度

在数据库管理系统中,可能会同时存在多个事务处理请求,这组事务的操作在系统中的执行顺序,称为事务的调度。

【定义 10.1】　给定 n 个事务,这 n 个事务上的一个调度 S 指的是 n 个事务的所有操作的一个序列,这个序列表示这些操作的执行顺序,并且满足:对于其中的每个事务 T,如果操作 O_i 在 T 中先于操作 O_j 执行,则在调度 S 中的操作 O_i 也先于操作 O_j 执行。

从定义 10.1 可以看出,任何一个合法的调度必须保证两点:第一,调度必须包含了所有事务的所有操作;第二,一个事务中所有操作的顺序在该调度中必须保持不变,但是不同事务的操作可以交叉执行。下面还以银行转账系统为例介绍事务调度的概念,假设账户 A 和 B 的初始值分别是 25 元和 5 元,T_1 和 T_2 是两个转账事务,其中事务 T_1 从账户 A 转 5 元给账户 B,事务 T_2 从账户 B 转 5 元给账户 A。以下给出了 T_1 和 T_2 事务的两个调度 S_1 和 S_2,如表 10.2 和表 10.3 所示。

表 10.2　调度 S_1

T_1	T_2
Begin	
$R_1(A,25)$	
$W_1(A,20)$	
$R_1(B,5)$	
$W_1(B,10)$	
Commit	
	Begin
	$R_2(B,10)$
	$W_2(B,5)$
	$R_2(A,20)$
	$W_2(A,25)$
	Commit

表 10.3　调度 S_2

T_1	T_2
	Begin
	$R_2(B,5)$
	$W_2(B,0)$
	$R_2(A,25)$
	$W_2(A,30)$
	Commit
Begin	
$R_1(A,30)$	
$W_1(A,25)$	
$R_1(B,0)$	
$W_1(B,5)$	
Commit	

调度 S_1 执行完后,账户 A 和 B 的余额分别为 25 和 5;调度 S_2 执行完后,账户 A 和 B 的余额分别为 25 和 5。调度 S_1 和 S_2 都是一个事务的所有操作都执行完才执行另一个事务的所有操作,这样的调度被称为串行调度。串行调度可以保证数据库的正确状态。

当多个事务并发执行时,操作系统可能先对一个事务执行一个时间片,然后切换上下文环境,对第二个事务再执行一个时间片(如图 10.6 所示),这样,来自不同事务的各个操作可能是交叉执行的,这个调度称为并发调度。以下给出了 T_1 和 T_2 事务的两个并发调度 S_3 和 S_4。

并发调度不一定是正确的调度。事务并发执行的控制如果完全由操作系统负责,则会出现多种调度的可能性,很可能会造成数据库处于不一致的状态。例如,调度 S_3 执行完后,账户 A 和 B 的余额分别为 25 和 10;调度 S_4 执行完后,账户 A 和 B 的余额分别为 20 和 5;按照事务一致性的要求,转账前后账户 A 和 B 的余额总和不变,均为 30 元。可以看到,执行调度 S_3 和 S_4,会使数据库中的数据处于不一致的状态,如

表 10.4 和表 10.5 所示。

表 10.4 调度 S_3	
T_1	T_2
Begin	
$R_1(A,25)$	
$W_1(A,20)$	
	Begin
	$R_2(B,5)$
$R_1(B,5)$	
	$W_2(B,0)$
$W_1(B,10)$	
Commit	
	$R_2(A,20)$
	$W_2(A,25)$
	Commit

表 10.5 调度 S_4	
T_1	T_2
Begin	
$R_1(A,25)$	
	Begin
	$R_2(B,5)$
	$W_2(B,0)$
	$R_2(A,25)$
	$W_2(A,30)$
	Commit
$W_1(A,20)$	
$R_1(B,0)$	
$W_1(B,5)$	
Commit	

10.3.2 可串行化调度

数据库管理系统对并发事务不同的调度可能会产生不同的结果,那么什么样的调度是正确的呢? 显然,串行调度是正确的。执行结果等价于串行调度的调度也是正确的,这样的调度称为可串行化调度。

【定义 10.2】 多个事务的并发执行是正确的,当且仅当其执行的结果与按某一次序串行地执行这些事务时的结果相同时,称这种调度策略为可串行化(Serializable)调度。

可串行化是并发事务正确调度的准则。按这个准则规定,一个给定的并发调度,当且仅当它是可串行化的时,才认为是正确调度。

S_1 和 S_2 的调度可以表示为

S_1:$R_1(A,25)W_1(A,20)R_1(B,5)W_1(B,10)C_1R_2(B,10)\underline{W_2(B,5)}R_2(A,20)$ $\underline{W_2(A,25)}C_2$

S_2:$R_2(B,5)W_2(B,0)R_2(A,25)W_2(A,30)C_2R_1(A,30)\underline{W_1(A,25)}R_1(B,0)$ $\underline{W_1(B,5)}C_1$

在 S_1 中,S_1 执行了 T_1 事务的所有操作之后才执行 T_2 的所有操作,因此,S_1 等价的串行顺序为 T_1T_2;在 S_2 中,S_2 执行了 T_2 事务的所有操作之后才执行 T_1 的所有操作,因此,S_2 等价的串行顺序为 T_2T_1。标记下画线的操作指的是数据项的最终状态,例如在调度 S_1 中,数据项 B 和 A 最终的值分别是由操作 $\underline{W_2(B,5)}$ 和操作 $\underline{W_2(A,25)}$ 写入的。

注意:虽然分别执行调度 S_1 和 S_2,数据库的状态是一样的,即 A 均为 25,B 均为 5,但是多个事务不同串行执行顺序可能会造成不同的数据库状态。例如,假设账

户 A 和 B 的初始值分别是 25 元和 5 元，T_1 和 T_2 是两个转账事务，其中事务 T_1 从账户 A 转 5 元给账户 B，事务 T_2 从账户 B 转出 40% 的账户余额给账户 A，则串行执行 T_1T_2 的调度 S_5 和串行执行 T_2T_1 的调度 S_6 如下：

S_5：$R_1(A,25)W_1(A,20)R_1(B,5)W_1(B,10)C_1R_2(B,10)\underline{W_2(B,6)}R_2(A,20)$ $\underline{W_2(A,24)}C_2$

S_6：$R_2(B,5)W_2(B,3)R_2(A,25)W_2(A,27)C_2R_1(A,27)\underline{W_1(A,22)}R_1(B,3)$ $\underline{W_1(B,8)}C_1$

可以看到，按照调度 S_5 串行执行 T_1T_2 后，数据库的状态是 $A=24,B=6$；按照调度 S_6 串行执行 T_2T_1 后，数据库的状态是 $A=22,B=8$。因此，多个事务不同串行执行顺序可能会造成不同的数据库状态，但这些串行执行顺序都会使数据库处于一致的状态。

给定一个并发调度，当且仅当它是可串行化的时，才认为是正确调度。那如何评价一个调度是可串行化调度？理论上，给定一组事务的一个并发调度，只有将该组事务所有可能的串行顺序的执行结果都枚举出来，然后将该并发调度的执行结果与上述所有枚举的结果逐一比较，如果与其中某一次串行地执行这些事务时的结果相同，则说明该调度是可串行化调度，也就是说该调度是正确的。然而，在实际的系统实现中，由于执行事务量巨大，枚举事务所有可能的串行执行结果不具备可操作性，因此，衡量一个事务是否是可串行化调度，只有理论指导的意义，不具备实际的工程指导价值。在实际的系统实现中，衡量一个调度是否是正确的调度，是按照冲突可串行化的标准要求的。

10.3.3   冲突可串行化调度

冲突可串行化是可串行化的一个子集，即一组事务的一个并发调度 S 如果是冲突可串行化的，则 S 一定是可串行化的，因此 S 是正确的调度。

冲突可串行化的核心在于"冲突"，在形式化给出其定义之前，先给出"冲突"的定义。给定一个调度 S 中任意来自不同事务的两个操作 O_i、O_j，如果 O_i 和 O_j 操作相同的数据项，并且其中至少一个操作是写操作，则称 O_i 和 O_j 是冲突操作。可以看出，冲突操作只有 3 种可能，分别是读写冲突、写读冲突和写写冲突，具体定义如下。

(1) 读写冲突：$R_i(A)W_j(A)$。

(2) 写读冲突：$W_i(A)R_j(A)$。

(3) 写写冲突：$W_i(A)W_j(A)$。

基于冲突的定义，在调度 S_3 中，存在读写冲突 $R_1(A,25)W_2(A,25)$、$R_1(B,5)W_2(B,0)$；写读冲突 $W_1(A,20)R_2(A,20)$；写写冲突 $W_1(A,20)W_2(A,25)$、$W_2(B,0)W_1(B,10)$。

对于调度 S 中来自不同事务两个不冲突的连续操作，如果交换这两个操作的顺序产生一个新的调度，则不管初始系统状态如何，这两个调度都产生相同的最终系统状态。例如：在如下调度 S_7：

S_7：$R_1(A)W_1(A)R_2(A)W_2(A)R_1(B)W_1(B)R_2(B)W_2(B)$

由于交换 $W_2(A)R_1(B)$，得到新的调度 S'_7，S_7 和 S'_7 是等价的。

S'_7：$R_1(A)W_1(A)R_2(A)R_1(B)W_2(A)W_1(B)R_2(B)W_2(B)$

【**定义 10.3**】 如果一个调度 S 通过一系列交换来自不同事务的两个不冲突的连续操作得到新的调度 S'，则称 S 和 S' 是冲突等价的。

【**定义 10.4**】 如果一个调度 S 冲突等价于一个串行调度，则称 S 是冲突可串行化的。

对于调度 S_7，交换序列如下：

$$R_1(A)W_1(A)R_2(A)\underline{W_2(A)R_1(B)}W_1(B)R_2(B)W_2(B)$$
$$\Rightarrow R_1(A)W_1(A)\underline{R_2(A)R_1(B)}W_2(A)W_1(B)R_2(B)W_2(B)$$
$$\Rightarrow R_1(A)W_1(A)R_1(B)R_2(A)\underline{W_2(A)W_1(B)}R_2(B)W_2(B)$$
$$\Rightarrow R_1(A)W_1(A)R_1(B)\underline{R_2(A)W_1(B)}W_2(A)R_2(B)W_2(B)$$
$$\Rightarrow \boxed{R_1(A)W_1(A)R_1(B)W_1(B)}\ \boxed{R_2(A)W_2(A)R_2(B)W_2(B)}$$

如上所示，S_7 经过一系列冲突等价交换，转换成串行调度 T_1T_2，因此，S_7 是一个可串行化调度。

注意：冲突可串行化调度是可串行化调度的充分条件，不是必要条件。还有不满足冲突可串行化条件的可串行化调度。

例如，有 3 个事务 T_1：$W_1(B)W_1(A)$，T_2：$W_2(B)W_2(A)$，T_3：$W_3(A)$。

调度 S_8：$W_1(B)W_1(A)W_2(B)W_2(A)W_3(A)$ 是一个串行调度。

调度 S_9：$W_1(B)W_2(B)W_2(A)W_1(A)W_3(A)$。

直观上看，T_1 和 T_2 写入的 A 值是无效的，因为 T_3 覆盖了它们的值，因此 S_9 执行的结果与调度 S_8 相同，B 的值都是由 T_2 写入的，A 的值都是由 T_3 写入的，故调度 S_9 是可串行化的。但是 S_9 调度中既不能交换 $W_1(B)W_2(B)$，也不能交换 $W_2(A)$ $W_1(A)$，因此不能通过交换将 S_9 转换成串行调度。也就是说，S_9 是可串行化的，但不是冲突可串行化的。

10.3.4　基于优先图的冲突可串行化验证

优先图（precedence graph）是冲突可串行化调度的常用检验方法。给定一组事务的调度 S，优先图中的每一个顶点，对应调度中的每一个事务。不失一般性，记事务 T_i 对应优先图中的顶点为 V_i。对于 S 中的任意两个事务 T_i、T_j，如果存在 $R_i(A)$ $W_j(A)$、$W_i(A)R_j(A)$ 或 $W_i(A)W_j(A)$ 冲突，则优先图中 T_i 和 T_j 对应的顶点 V_i 和 V_j，构建一条 V_i 指向 V_j 的边，记为 $V_i{\rightarrow}V_j$，边的标签为两个事务之间存在的写读、读写、写写冲突。

【**定理 10.1**】 基于调度 S 构建的优先图中，如果存在环，则 S 不是一个冲突可串行化调度；否则，S 是一个冲突可串行化调度。

【**例 10.11**】 在调度 S_3 中，共包含两个事务 T_1 和 T_2，因此在对应的优先图中创建两个顶点 V_1 和 V_2。从 T_1 出发，由于存在读写冲突 $\{R_1(A,25)W_2(A,25)$、$R_1(B,5)W_2(B,0)\}$、写读冲突 $(W_1$ $(A,20)R_2(A,20))$、写写冲突 $(W_1(A,20)W_2(A,25))$，因此存在 $V_1{\rightarrow}V_2$。从 T_2 出发，由于存在读写冲突 $(R_2(B,5)W_1$ $(B,10))$、写写冲突 $(W_2(B,0)W_2(B,10))$，因此存在 $V_2{\rightarrow}$ V_1。可以看到，对应的优先图中存在环（如图 10.12 所示），

图 10.12　调度 S_3 对应的优先图

S_3 不是一个冲突可串行化调度。

10.4　本章小结

　　事务处理是数据库管理系统的核心技术之一,是数据库管理系统从实验室的原型系统真正走向市场、支撑关键行业核心业务的基石。数据库的典型特征之一是可共享,可共享意味着可能有多个用户同时访问数据库中的数据,事务处理本质上就是为了保证多个用户同时存取数据的正确性。数据库管理系统作为三大基础软件之一,需要处理系统故障、节点故障、数据中心故障等极端情况,确保极端情况下数据不出错,甚至是数据存取访问不中断,事务处理也是其中的核心技术。

　　本章系统地讲解了事务的 ACID 特性,即事务的原子性、一致性、隔离性和持久性。通过给出事务的符号化表示,以及事务在数据库管理系统中的执行模型,介绍了在缺少合理调度情况下系统可能出现的各类数据异常,并给出了 SQL92 中 4 类数据异常的符号化表示及其对应的隔离级别。最后,介绍了什么是正确的调度,以及如何判断一个调度是冲突可串行化调度。

习题

　　1. 简述事务与线程(或进程)之间的关系。是否执行事务的线程数(进程数)越多,数据库系统的吞吐量就越高?

　　2. 如果 3 个事务分别有 3 个、4 个、5 个读写操作,它们的调度有多少种可能?

　　3. 下列操作的符号化表示分别代表哪种数据异常?($W_1(x,1)$ 表示事务 T_1 写数据项 x 值为 1,$R_1(x,1)$ 表示事务 T_1 读数据项 x 值为 1,A_1 表示事务 T_1 回滚,C_1 表示事务 T_1 提交。)

　　(1) $\cdots W_1(x,2)\cdots R_2(x,2)\cdots A_1\cdots$

　　(2) $\cdots W_1(x,1)\cdots W_2(x,2)\cdots C_1\cdots C_2$

　　(3) $\cdots R_1(x,1)\cdots W_2(x,2)\cdots C_2\cdots W_1(x,3)\cdots$

　　(4) $\cdots R_1(x,1)\cdots W_2(x,2)\cdots C_2\cdots R_1(x,2)\cdots$

　　4. 对于以下每种隔离级别,请给出一个满足指定隔离级别但不是可串行化调度的示例。

　　(1) 读未提交。

　　(2) 读已提交。

　　(3) 可重复读。

　　5. 判断下列调度是否是冲突可串行化的,并说明理由。

　　(1) $R_1(x)\ R_2(x)\ W_1(y)\ W_2(x)\ W_1(x)\ W_2(y)$

　　(2) $R_1(x)\ R_2(x)\ W_1(y)\ W_1(x)\ W_2(x)\ W_2(y)$

　　(3) $R_1(x)\ W_2(y)\ W_1(x)\ R_2(x)\ W_1(y)\ W_2(x)$

　　6. 现有两个事务 T_1、T_2,它们可以写作:

$T_1: R_1(x)\ W_1(x,\ x+1)\ R_1(y)\ W_1(y,\ 4)$

$T_2: R_2(x)\ W_2(x,\ x+3)\ R_2(y)\ W_2(y,\ y*2)$

　　执行事务 T_1、T_2 之前 x、y 的初值分别为 0、1,求这两个事务存在的可串行化调度的所有可能情况。

实验

　　在数据库原型系统框架 Rucbase(https://gitee.com/DBIIR/rucbase-lab)基础上,实现开启事务(Begin)、提交事务(Commit)、回滚事务(Abort)3 条事务控制语句。考查的知识点包括事务基本概念、事务的执行模型等,通过该实验,考查学生对事务概念和事务执行的理解。

第 11 章

并 发 控 制

并发控制的目的是确保事务执行的一致性(C)和隔离性(I)。按照可串行化理论,给定一组事务的调度执行,如果其结果等价于某一串行调度的结果,则这组事务的调度是可串行化的。可以推断,按照可串行化的要求对每个事务进行调度执行,可以保证事务执行的一致性和隔离性。由于可串行化调度只有理论指导的意义,不具备实际的工程指导价值。因此,在实际的数据库管理系统实现中,并发事务的可串行化调度,都是按照冲突可串行化调度来进行的。11.1～11.3 节将介绍冲突可串行化下的并发控制实现技术,包括 11.1 节的两阶段封锁协议(Two-Phase Locking protocol,2PL)、11.2 节的时间戳排序协议(Timestamp Ordering protocol,T/O)和 11.3 节的乐观并发控制协议(Optimistic Concurrency Control protocol,OCC)。

冲突可串行化对并发调度的执行有严格的要求,其核心的理念可以归结为 6 个字:"先定序,后检验"。

(1) 先定序:对并发事务调度等价的可串行化调度做一个规定。假设有 3 个并发事务 T_1、T_2、T_3,在并发事务执行的过程中,按照"某一个标准"对存在冲突的事务之间规定一个顺序,例如 $T_2 \rightarrow T_1 \rightarrow T_3$。注意:这个顺序可以在事务执行前规定(例如 T/O),也可以在事务执行过程中规定(例如 2PL 或 OCC)。

(2) 后检验:在并发事务执行的过程中,如果事务的读写操作违背了事先规定的顺序,则回滚该事务。例如,假设事先规定的顺序为 $T_2 \rightarrow T_1$,当 T_2 读取数据项 A 时违背了事先规定的顺序 $T_2 \rightarrow T_1$(T_2 读取的数据项 A 已被 T_1 修改),此时 T_2 回滚,从而保证并发事务执行的可串行化调度。

不同并发控制算法的区别在于"什么时候定序"、"如何定序"、"什么时候检验"以及"检验什么"4 方面。读者在阅读 11.1～11.3 节 3 类并发控制实现技术时要注意区分。

值得注意的是,在实际的数据库管理系统中,还支持 SQL 标准中定义的非可串行化隔离级别,包括读未提交、读已提交、可重复读。当数据库设置为某一个隔离级别时,每个事务在执行过程中读写均能满足隔离级别规定的要求,即不会出现隔离级别中要求规避的数据异常。表 11.1 给出了当前主流数据库管理系统支持的默认隔离级别以及最高能够支持的隔离级别。11.4 节、11.5 节将介绍非可串行化隔离级别下的并发控制实现技术,包括三级封锁协议、多版本并发控制(Multi-Version Concurrency Control,MVCC)技术。

表 11.1　当前主流数据库管理系统支持的默认隔离级别以及最高能够支持的隔离级别

编号	数据库管理系统	默认隔离级别	最高支持的隔离级别
1	Oracle 11g	读已提交	快照隔离
2	PostgreSQL 15.4	读已提交	可串行化
3	MySQL 8.0	可重复读	可串行化
4	KingBaseES V8	读已提交	可串行化
5	OpenGauss 5.0	读已提交	可串行化
6	SQL Server 2016	读已提交	可串行化

从表 11.1 可以看到,这些主要的商用数据库管理系统,其默认都是非可串行化隔离级别。这是什么原因呢? 主要还是性能的问题,一般情况下,隔离级别越低,事务的吞吐量越高。在非可串行化隔离级别下,数据库中数据的一致性会不会出现问题呢? 这个问题有两个回答。一是很多的应用,特别是互联网的应用,以读为主,不会出现并发的写读和写写冲突,这种情况下,即使设置在较低隔离级别下,也不会出现数据一致性的问题;二是将数据一致性问题提到业务层或中间件来做,但是该方法容易忽略一些异常情况,造成数据一致性的漏洞。

11.1　两阶段封锁协议

11.1.1　基本实现技术

目前数据库管理系统普遍采用两阶段封锁协议的方法实现并发调度的冲突可串行性,从而保证调度的正确性。

【定义 11.1】　两阶段封锁协议是指所有事务必须分两个阶段对数据项加锁和解锁。

(1) 在对任何数据进行读写操作之前,首先要申请并获得对该数据的封锁。

(2) 在释放一个封锁之后,事务不再申请和获得任何其他封锁。

"两阶段"封锁的含义是,事务分为两个阶段,第一阶段是获得封锁,也称为扩展阶段,在这个阶段,事务可以申请获得任何数据项上的任何类型的锁,但是不能释放任何锁;第二阶段是释放封锁,也称为收缩阶段,在这个阶段,事务可以释放任何数据项上的任何类型的锁,但是不能再申请任何锁。

常见数据项上的封锁类型有两种:共享锁和排他锁。

(1) 共享锁(shared lock):如果事务 T 获得了数据项 A 上的共享锁(记为 Slock),则 T 可以读但不可以写数据项 A,故共享锁又称读锁。

(2) 排他锁(exclusive lock):如果事务 T 获得了数据项 A 上的排他锁(记为

Xlock),则 T 既可以读又可以写数据项 A,故排他锁又称写锁。

【定理 11.1】 若并发执行的所有事务均遵守两阶段封锁协议,则对这些事务的任何并发调度策略都是可串行化的。

【例 11.1】 给定如下银行转账场景:事务 T_1 从账户 A 转出 5 元到账户 B 中,事务 T_2 从账户 B 转出 5 元到账户 A 中,即账户 A 和账户 B 同时相互转 5 元给对方。假设 A 与 B 的初始账户余额分别为 25 元和 5 元。事务 T_1 和事务 T_2 的转账事务如表 11.2 所示。事务 T_1 和事务 T_2 先后开始,之后 T_1 申请并获得数据项 A 上的排他锁(步骤 3);此时,在锁表中,数据项 A 上排他锁的持有者为 T_1,即 A:Xlock-T_1;之后,T_1 申请并获得数据项 B 上的排他锁(步骤 4),并更新锁表中数据项 B 上锁的持有者,即 B:Xlock-T_1;当事务 T_2 申请数据项 B 上的排他锁时,在检查锁表中数据项 B 上锁的持有者后,T_2 事务等待。当 T_1 释放了数据项 B 上的排他锁之后(步骤 9),即 A:Xlock-Φ,T_2 获得了 B 上的排他锁,并进行相应的读写操作,直至事务提交。值得注意的是:当 T_2 获得数据项 B 上的排他锁时,其读到的值是由 T_1 更新后的值,即 $R_2(B,10)$;类似地还有 $R_2(A,20)$。

表 11.2　两阶段封锁协议示例

步骤	T_1	T_2	锁　　表
1	Begin		A:Xlock-Φ;A:Slock-Φ B:Xlock-Φ;B:Slock-Φ
2		Begin	A:Xlock-Φ;A:Slock-Φ B:Xlock-Φ;B:Slock-Φ
3	Xlock(A) $R_1(A,25)$		A:Xlock-T_1;A:Slock-Φ B:Xlock-Φ;B:Slock-Φ
4	Xlock(B) $R_1(B,5)$		A:Xlock-T_1;A:Slock-Φ B:Xlock-T_1;B:Slock-Φ
5		Xlock(B) 等待	A:Xlock-T_1;A:Slock-Φ B:Xlock-T_1;B:Slock-Φ
6	$W_1(A,20)$	等待	A:Xlock-T_1;A:Slock-Φ B:Xlock-T_1;B:Slock-Φ
7	$W_1(B,10)$	等待	A:Xlock-T_1;A:Slock-Φ B:Xlock-T_1;B:Slock-Φ
8	Unlock(A)	等待	A:Xlock-Φ;A:Slock-Φ B:Xlock-T_1;B:Slock-Φ
9	Unlock(B)		A:Xlock-Φ;A:Slock-Φ B:Xlock-T_2;B:Slock-Φ
10	Commit	$R_2(B,10)$	A:Xlock-Φ;A:Slock-Φ B:Xlock-T_2;B:Slock-Φ
11		Xlock(A) $R_2(A,20)$	A:Xlock-T_2;A:Slock-Φ B:Xlock-T_2;B:Slock-Φ
12		$W_2(B,5)$ $W_2(A,25)$	A:Xlock-T_2;A:Slock-Φ B:Xlock-T_2;B:Slock-Φ
13		Unlock(B)	A:Xlock-T_2;A:Slock-Φ B:Xlock-Φ;B:Slock-Φ

续表

步骤	T_1	T_2	锁　　表
14		Unlock(A)	A：Xlock-Φ；A：Slock-Φ B：Xlock-Φ；B：Slock-Φ
15		Commit	A：Xlock-Φ；A：Slock-Φ B：Xlock-Φ；B：Slock-Φ

虽然 2PL 可以确保事务的执行服从可串行化调度，但是 2PL 仍然存在如下两个问题：级联回滚和死锁。

11.1.2　严格与强严格两阶段封锁协议

给定两个事务 T_1 和 T_2，T_1 写了数据项 A，并释放了 A 上的锁；之后 T_2 申请并获得了 A 上的共享锁，并读取了 A 上的值；在事务 T_1 提交之前，T_2 事务不能提交，并且一旦 T_1 回滚，则 T_2 也需要回滚，由于 T_2 的回滚是由 T_1 回滚引发的，因此称为级联回滚。

【例 11.2】　给定如下场景：假设账户 A 的初始余额为 25 元，事务 T_1 往账户 A 中存入 50 元，事务 T_2 读取账户 A 中的余额，事务 T_1 和事务 T_2 如表 11.3 所示。具体地，事务 T_1 和事务 T_2 先后开始，之后 T_1 申请并获得数据项 A 上的排他锁（步骤 3），读取并更新 A 的值为 75 元之后，事务 T_1 释放了 A 上的排他锁。之后，事务 T_2 申请并获得数据项 A 上的共享锁，读完之后释放了 A 上的共享锁。T_2 准备提交，但由于 T_1 尚未提交，T_2 无法先于 T_1 提交。这是因为，一旦 T_2 先于 T_1 提交，而 T_1 之后由于某种原因发生了回滚，则事务 T_2 会发生脏读现象。为此，T_2 的提交必须等待，直到 T_1 提交之后，T_2 才能提交。一旦 T_1 发生回滚，则 T_2 也必须进行级联回滚。

表 11.3　两阶段封锁协议中发生的级联回滚示例

步骤	T_1	T_2	锁　　表
1	Begin		A：Xlock-Φ；A：Slock-Φ
2		Begin	A：Xlock-Φ；A：Slock-Φ
3	Xlock(A) $R_1(A, 25)$		A：Xlock-T_1；A：Slock-Φ
4	$W_1(A, 75)$		A：Xlock-T_1；A：Slock-Φ
5	Unlock(A)		A：Xlock-Φ；A：Slock-Φ
6		Slock(A) $R_2(A, 75)$	A：Xlock-Φ；A：Slock-T_2
7		Unlock(A)	A：Xlock-Φ；A：Slock-Φ
8		Commit 等待	A：Xlock-Φ；A：Slock-Φ
9	Abort	Commit 等待	A：Xlock-Φ；A：Slock-Φ
10		级联回滚	

如何解决级联回滚的问题呢？在解决这个问题之前，先分析产生级联回滚的原因。在例 11.2 中，可以看出，级联回滚产生的原因是事务 T_1 修改了数据项，过早释放了在 A 上的写锁，事务 T_2 就可以继续修改数据项 A，使得事务 T_2 对 T_1 产生依赖，这样，T_1 回滚时，T_2 也必须回滚。级联回滚可以通过严格两阶段封锁协议避免。

【定义 11.2】　严格两阶段封锁协议（Strict Two-Phase Locking protocol，S2PL）是指所有事务的执行必须满足两阶段封锁协议，并且所持有的所有排他锁必须在事务提交后方可释放。

【例 11.3】　继续例 11.2。在表 11.3 所示的步骤 5 中，数据项 A 上的排他锁在事务 T_1 提交之前不会释放。因此，事务 T_2 中的读操作 $R_2(A,75)$ 只有在 T_1 提交之后才能获得数据项 A 上的共享锁，从而避免了 T_2 发生读中间数据的数据异常，也就不会发生级联回滚的情况。表 11.4 给出了针对例 11.2 对应的遵守严格两阶段封锁协议的调度示例。

表 11.4　遵守严格两阶段封锁协议的调度示例

步骤	T_1	T_2	锁　表
1	Begin		A：Xlock-Φ；A：Slock-Φ
2		Begin	A：Xlock-Φ；A：Slock-Φ
3	Xlock(A) $R_1(A,25)$		A：Xlock-T_1；A：Slock-Φ
4	$W_1(A,75)$		A：Xlock-T_1；A：Slock-Φ
5	Commit		A：Xlock-T_1；A：Slock-Φ
6	Unlock(A)		A：Xlock-Φ；A：Slock-Φ
7		Slock(A) $R_2(A,75)$	A：Xlock-Φ；A：Slock-T_2
8		Unlock(A)	A：Xlock-Φ；A：Slock-T_2
9		Commit	A：Xlock-Φ；A：Slock-Φ

【定义 11.3】　强严格两阶段封锁协议（Strong Strict Two-Phase Locking protocol，SS2PL）是指所有事务必须满足两阶段封锁协议，并且所持有的所有锁必须在事务提交后方可释放。

与严格两阶段封锁协议相比，强两阶段封锁协议要求共享锁也必须在事务提交之后才能释放。很容易验证在强两阶段封锁协议的条件下，事务可以按照其提交的次序串行化。严格两阶段封锁协议和强两阶段封锁协议在商用数据库系统中被广泛应用。

【例 11.4】　表 11.5 给出了针对例 11.2 对应的遵守严格两阶段封锁协议的调度示例。与表 11.4 相比，表 11.5 中 T_2 释放数据项 A 上的共享锁是在 T_2 事务提交之后进行，即交换表 11.4 的步骤 8 和步骤 9。

表 11.5   遵守强严格两阶段封锁协议的调度示例

步骤	T_1	T_2	锁 表
1	Begin		A：Xlock-Φ；A：Slock-Φ
2		Begin	A：Xlock-Φ；A：Slock-Φ
3	Xlock(A) $R_1(A, 25)$		A：Xlock-T_1；A：Slock-Φ
4	$W_1(A, 75)$		A：Xlock-T_1；A：Slock-Φ
5	Commit		A：Xlock-T_1；A：Slock-Φ
6	Unlock(A)		A：Xlock-Φ；A：Slock-Φ
7		Slock(A) $R_2(A, 75)$	A：Xlock-Φ；A：Slock-T_2
8		Commit	A：Xlock-Φ；A：Slock-T_2
9		Unlock(A)	A：Xlock-Φ；A：Slock-Φ

11.1.3   死锁预防实现技术

死锁等待是指存在一系列事务 $T_1, T_2, \cdots, T_n$，其中 T_1 正在等待 T_2 持有的锁，T_2 正在等待 T_3 持有的锁，$\cdots$，T_{n-1} 正在等待 T_n 持有的锁，而 T_n 正在等待 T_1 持有的锁，因此形成了等待环。等待环中的任一事务都不能得到目标数据项的锁，且不会主动释放已经占有的锁。

【例 11.5】   给定如下银行转账场景：事务 T_1 从账户 A 转出 5 元到账户 B 中，事务 T_2 从账户 B 转出 5 元到账户 A 中，即账户 A 和账户 B 同时相互转 5 元给对方。假设 A 与 B 的初始账户余额分别为 25 元和 5 元。事务 T_1 和事务 T_2 的转账事务如表 11.6 所示。事务 T_1 和事务 T_2 先后开始，之后 T_1 申请并获得数据项 A 上的排他锁(步骤 3)，T_2 申请并获得数据项 B 上的排他锁(步骤 4)；随后，T_1 申请数据项 B 上的排他锁，由于 T_2 持有 B 上的排他锁，T_1 等待；T_2 申请数据项 A 上的排他锁，由于 T_1 持有 A 上的排他锁，T_2 等待；这时，T_1 和 T_2 互相等待对方持有的锁，从而形成了等待环，造成了死锁。

表 11.6   两阶段封锁协议中发生死锁的情况示例

步骤	T_1	T_2	锁 表
1	Begin		A：Xlock-Φ；A：Slock-Φ B：Xlock-Φ；B：Slock-Φ
2		Begin	A：Xlock-Φ；A：Slock-Φ B：Xlock-Φ；B：Slock-Φ
3	Xlock(A) $R_1(A, 25)$		A：Xlock-T_1；A：Slock-Φ B：Xlock-Φ；B：Slock-Φ
4		Xlock(B) $R_2(B, 5)$	A：Xlock-T_1；A：Slock-Φ B：Xlock-T_2；B：Slock-Φ

续表

步骤	T_1	T_2	锁　　表
5	Xlock(B) 等待		A：Xlock-T_1；A：Slock-Φ B：Xlock-T_2；B：Slock-Φ
6		Xlock(A) 等待	A：Xlock-T_1；A：Slock-Φ B：Xlock-T_2；B：Slock-Φ

死锁的处理方式有两类,即死锁预防与死锁消除。本书采用死锁预防的处理方式,关于死锁消除的方法请参考相关资料。死锁预防的核心是消除事务调度过程中可能产生的等待环(即该调度对应的事务优先图中不存在等待环)。在两阶段封锁协议中,常见的死锁预防有 3 种策略：No-Wait、Wait-Die、Wound-Wait。

No-Wait 策略是指当事务 T_i 申请某个数据项 A 上的锁时,此时如果其他事务 T_j 持有 A 上的锁,并且该锁与 T_i 申请的加锁冲突,则 T_i 回滚。No-Wait 策略不会形成事务之间的依赖关系,即对应的事务优先图不会产生边,因此事务优先图不会形成环,也就不会造成死锁。

Wait-Die 策略是指为每个事务分配优先级(通常为每个事务分配一个时间戳,时间戳越小,事务的优先级越高),当一个事务申请加锁并发生冲突操作时,根据事务的优先级确定该事务是等待(Wait)或者回滚(Die)。具体上说,当优先级高的事务 T_i 申请某个数据项 A 上的锁时,此时如果优先级低的事务 T_j 持有 A 上的锁,并且该锁与 T_i 申请的加锁冲突,则 T_i 等待;否则,当优先级低的事务 T_i 申请某个数据项 A 上的锁时,此时如果优先级高的事务 T_j 持有 A 上的锁,并且该锁与 T_i 申请的加锁冲突,则 T_i 回滚。Wait-Die 策略只会形成优先级高的事务依赖优先级低的事务,即优先级低的事务指向优先级高的事务的单向边,因此对应的事务调度不会产生环,也就不会造成死锁。

Wound-Wait 策略是指为每个事务分配优先级(通常为每个事务分配一个时间戳,时间戳越小,事务的优先级越高),当一个事务申请加锁并发生冲突操作时,根据事务的优先级确定是让该事务等待(Wait)还是抢占(Wound)发生冲突的事务。具体上说,当优先级高的事务 T_i 申请某个数据项 A 上的锁时,此时如果优先级低的事务 T_j 持有 A 上的锁,并且该锁与 T_i 申请的加锁冲突,则回滚 T_j 事务(Wound),并让 T_i 持有 A 上的锁;否则,当优先级低的事务 T_i 申请某个数据项 A 上的锁时,此时如果优先级高的事务 T_j 持有 A 上的锁,并且该锁与 T_i 申请的加锁冲突,则 T_i 等待。与 Wait-Die 策略一样,Wound-Wait 策略也只会形成单向的事务依赖边,因此对应的事务调度不会产生环,也就不会造成死锁。

【例 11.6】 基于死锁预防的两阶段封锁协议。在例 11.6 的调度中,如果不实施任何死锁预防或死锁消除策略,则会出现死锁问题。如果实施 No-Wait 策略,事务的执行情况如表 11.7 的第 2 和 3 列所示,在该调度中,T_1 和 T_2 分别持有数据项 A 和 B 的排他锁;而此时 T_1 想要申请数据项 B 的排他锁,与 T_2 持有数据项 B 的排他锁冲突,因此,T_1 回滚并释放其持有数据项 A 的排他锁;之后 T_2 获得了 A 的排他锁,并分别对 B 和 A 进行了修改,最后提交事务和释放锁。如果实施 Wait-Die 策略,事务的执行情况如表 11.7 的第 4 和 5 列所示;事务 T_1 在事务 T_2 之前开始,即 T_1 事务的开

始时间戳小于 T_2 事务的开始时间戳,因此,T_1 的优先级高于 T_2;在该调度中,T_1 和 T_2 分别持有数据项 A 和 B 的排他锁。而此时 T_1 想要申请数据项 B 的排他锁时,由于是优先级高的事务想要申请优先级低的事务持有的锁,T_1 进入等待状态(Wait);而当低优先级事务 T_2 想要申请高优先级事务 T_1 所持有数据项 A 的排他锁时,发生加锁冲突,T_2 回滚(Die)并释放所持有数据项 B 的排他锁;之后 T_1 获得了 B 上的排他锁,并分别对 A 和 B 进行了修改,最后提交事务和释放锁。如果实施 Wound-Wait 策略,事务执行情况如表 11.7 的第 6 和 7 列所示;类似于 Wait-Die 策略,当 T_1 想要申请数据项 B 上的排他锁时,由于是优先级高的事务想要申请优先级低的事务持有的锁,T_1 对 T_2 持有数据项 B 进行抢占(Wound),并让 T_2 回滚;T_2 回滚并释放所持有数据项 B 上的排他锁;T_1 之后的执行情况跟 Wait-Die 策略相同。可以看到,无论是哪种预防策略,都不会形成死锁。此外,事务重启会继续使用原来的时间戳,这样做的好处是,跟其他新事务相比,由于该事务的时间戳较早,因此会有更高的优先级得到调度,从而避免造成事务的"饥饿"现象。

表 11.7   死锁预防策略示例

步骤	基于 No-Wait 的死锁预防		基于 Wait-Die 的死锁预防		基于 Wound-Wait 的死锁预防	
	T_1	T_2	T_1	T_2	T_1	T_2
1	Begin		Begin		Begin	
2		Begin		Begin		Begin
3	Xlock(A) R_1(A, 25)		Xlock(A) R_1(A, 25)		Xlock(A) R_1(A, 25)	
4		Xlock(B) R_2(B, 5)		Xlock(B) R_2(B, 5)		Xlock(B) R_2(B, 5)
5	Xlock(B) Abort		Xlock(B) 等待		Xlock(B) 抢占	Abort
6	Unlock(A)			Xlock(A) Abort		Unlock(B)
7		Xlock(A) R_2(A, 25)	Unlock(B)		R_1(B, 5)	
8		W_2(B, 10)	Xlock(B) R_1(B, 5)		W_1(A, 20)	
9		W_2(A, 20)	W_1(A, 20)		W_1(B, 10)	
10		Commit	W_1(B, 10)		Commit	
11		Unlock(B)	Commit		Unlock(A)	
12		Unlock(A)	Unlock(A)		Unlock(B)	
13			Unlock(B)			

注:Unlock(B)指由于 T_2 持有的数据项 B 的锁被 T_1 抢占,T_2 不需要释放 B 上的锁,但如果 T_2 持有其他数据项上的锁,T_2 回滚之后需要释放其他数据项上的锁。

11.1.4   小结

从"什么时候定序"、"如何定序"、"什么时候检验"以及"检验什么"4 方面,对 2PL

如何遵循"先定序,后检验"思想梳理如下。

- 什么时候定序。事务在运行的过程中,一旦在某个数据项上出现冲突,则进行定序。
- 如何定序。给定两个并发事务 T_1、T_2,假设 T_1 和 T_2 在数据项 A 上存在冲突,且 T_2 的操作在前,T_1 的操作在后,则定序的规则为 $T_2 \rightarrow T_1$,即并发事务 T_1、T_2 等价的可串行化顺序是 $T_2 \rightarrow T_1$。
- 什么时候检验。与"什么时候定序"相同,事务在运行的过程中,一旦在某个数据项上出现冲突,则需要进行检验。
- 检验什么。如果该操作是读操作,则检查读取的数据项上是否存在排他锁,如果持有排他锁的事务与当前事务之间的冲突关系,违背了之前的定序关系,说明发生了死锁,则需要回滚其中的一个事务;如果该操作是写操作,则检查读取的数据项上是否存在排他锁或共享锁,如果持有排他锁或共享锁的事务与当前事务之间的冲突关系,违背了之前的定序关系,说明发生了死锁,则需要回滚其中的一个事务。

11.2　时间戳排序协议

11.2.1　基本实现技术

基于时间戳的并发控制是一种乐观的并发控制方法,它使用时间戳决定事务的串行化执行顺序,不需要在读写数据库对象之前对该对象加锁。

【定义 11.4】　时间戳排序协议给每一个事务分配一个时间戳,调度器按照事务的时间戳顺序对冲突进行处理。

- 若事务的实际执行顺序与时间戳大小顺序相同,则事务正常执行。
- 若事务的实际执行顺序与时间戳大小顺序相反,其中一个事务则需要回滚或者等待,使得这两个事务的实际执行顺序与时间戳大小顺序相符。

该协议的实际实现需要考虑两个问题。

(1) 如何为事务分配时间戳?

(2) 如何检测事务的实际执行顺序与时间戳大小顺序相符?

时间戳分配:对于系统中的每个事务 T,在事务开始时都给它分配一个唯一的、固定的时间戳,记作 $\mathrm{TS}(T)$。时间戳的生成可以采用下面的方式。

(1) 使用系统时钟,事务的时间戳等于该事务开始时系统时钟的值。

(2) 使用逻辑计数器,每生成一个时间戳,该计数器就递增计数。

事务的时间戳决定了可串行化次序,当 $\mathrm{TS}(T_i) < \mathrm{TS}(T_j)$ 时,则系统必须保证事务执行调度等价于事务 T_i 出现在 T_j 之前的串行化调度。

时间戳检测:每个数据项 X 当中维护了两个时间戳以记录上一个事务读写数据项 X 的时间戳。

(1) $W\text{-}\mathrm{TS}(X)$ 表示最后成功执行修改数据项 X(记作 $W(X)$)的事务的时间戳。

(2) $R\text{-}\mathrm{TS}(X)$ 表示最后成功执行读取数据项 X(记作 $R(X)$)的事务的时间戳。

当有的新的事务 T 读写数据项 X 时,就可以根据 $W\text{-}\mathrm{TS}(X)/R\text{-}\mathrm{TS}(X)$ 检测事务

之间的顺序。

（1）读操作要求事务 T 满足 $TS(T) \geqslant W\text{-}TS(X)$，否则 T 回滚。

（2）写操作要求事务 T 满足 $TS(T) \geqslant W\text{-}TS(X)$ 且 $TS(T) \geqslant R\text{-}TS(X)$，否则 T 回滚。

【定理 11.2】   若并发执行的所有事务均遵守时间戳并发控制算法，则对这些事务的调度会严格按照其时间戳的顺序来进行，显然满足可串行化条件。

【例 11.7】   考虑例 11.1 的场景：事务 T_1 从账户 A 转出 5 元到账户 B 中，事务 T_2 从账户 B 转出 5 元到账户 A 中，即账户 A 和账户 B 同时相互转 5 元给对方。假设 A 与 B 的初始账户余额分别为 25 元和 5 元。事务 T_1 和事务 T_2 的转账事务如表 11.8 所示。事务 T_1 和事务 T_2 先后开始，T_1 的时间戳为 1，T_2 时间戳为 2。T_1 首先读取账户 A 和 B，将 $R\text{-}TS(A)$ 和 $R\text{-}TS(B)$ 修改为 1（步骤 3、4）；T_2 其次读取账户 A 和 B，将 $R\text{-}TS(A)$ 和 $R\text{-}TS(B)$ 修改为 2（步骤 5、6）；当 T_1 尝试修改账户 A 的值时，T_1 会发现 $R\text{-}TS(A)$ 大于 T_1 的时间戳 $TS(T_1)$，代表存在一个时间戳靠后的事务 T_2 读取了账户 A，根据时间戳排序 $T_1 \rightarrow T_2$，而此时 T_1 的写操作发生在 T_2 的读操作之后，违反了时间戳排序，因此 T_1 事务回滚（步骤 7）；之后 T_2 修改账户 A 和 B 的值，并提交（步骤 8、9）。

表 11.8   时间戳并发控制算法示例

步骤	T_1	T_2	时间戳信息
1	Begin $TS(T_1)=1$		$R\text{-}TS(A)=0$; $W\text{-}TS(A)=0$ $R\text{-}TS(B)=0$; $W\text{-}TS(B)=0$
2		Begin $TS(T_2)=2$	$R\text{-}TS(A)=0$; $W\text{-}TS(A)=0$ $R\text{-}TS(B)=0$; $W\text{-}TS(B)=0$
3	$R_1(A, 25)$		$R\text{-}TS(A)=1$; $W\text{-}TS(A)=0$ $R\text{-}TS(B)=0$; $W\text{-}TS(B)=0$
4	$R_1(B, 5)$		$R\text{-}TS(A)=1$; $W\text{-}TS(A)=0$ $R\text{-}TS(B)=1$; $W\text{-}TS(B)=0$
5		$R_2(A, 25)$	$R\text{-}TS(A)=2$; $W\text{-}TS(A)=0$ $R\text{-}TS(B)=1$; $W\text{-}TS(B)=0$
6		$R_2(B, 5)$	$R\text{-}TS(A)=2$; $W\text{-}TS(A)=0$ $R\text{-}TS(B)=2$; $W\text{-}TS(B)=0$
7	$W_1(A, 20)$ Abort		$R\text{-}TS(A)=2$; $W\text{-}TS(A)=0$ $R\text{-}TS(B)=2$; $W\text{-}TS(B)=0$
8		$W_2(B, 0)$ $W_2(A, 30)$	$R\text{-}TS(A)=2$; $W\text{-}TS(A)=2$ $R\text{-}TS(B)=2$; $W\text{-}TS(B)=2$
9		Commit	$R\text{-}TS(A)=2$; $W\text{-}TS(A)=2$ $R\text{-}TS(B)=2$; $W\text{-}TS(B)=2$

虽然 T/O 可以确保事务的执行服从可串行化调度，但是 T/O 仍然存在优化空间：托马斯写（Thomas Write）。

【定义 11.5】   托马斯写是基于 T/O 的一条规则，可以概括为忽略过时的写入操作，其具体规则如下。

• 如果 $TS(T) < R\text{-}TS(X)$，则事务 T 被中止并回滚，并且操作被拒绝。

- 如果 $TS(T) < W\text{-}TS(X)$，则不执行事务的写数据操作并继续处理，即忽略掉当前事务 T 的写入。
- 如果条件 1 和条件 2 都不发生，则允许通过事务 T 正常执行写操作并将 $W\text{-}TS(X)$ 设置为 $TS(T)$。

托马斯写的主要思想是如果时间戳较大的事务已经写入数据项的值，则时间戳较小的事务不需要执行其写入操作，因为时间戳较大的事务最终会覆盖它。

【例 11.8】　考虑一个具有 3 个变量（A、B、C）和两个原子操作 $C = A(T_1)$ 和 $C = B(T_2)$ 的场景。T_1 读取数据项 A，并将 A 的值写入 C；T_2 读取数据项 B，并将 B 的值写入 C，T_1 和 T_2 的唯一冲突仅在 C 的写入上。考虑表 11.9 中的事务执行步骤，事务 T_1 的时间戳为 1，T_2 的时间戳为 2，T_1 应该排在 T_2 之前，因此最终只有 T_2 对 C 的修改是可见的。假设 T_2 事务的写入数据操作发生在前（步骤 4、5），此时 T_1 的写入就可以被丢弃，这就是托马斯写规则的主要思想。在步骤 6 的实际实现当中，T_1 通过比较 $TS(T_1)$ 与 $W\text{-}TS(C)$ 的大小，发现 $W\text{-}TS(C)$ 值更大，因此 T_1 写入被丢弃。

表 11.9　托马斯写示例

步骤	T_1	T_2	时间戳信息
1	Begin $TS(T_1)=1$		$R\text{-}TS(A)=0$；$W\text{-}TS(A)=0$ $R\text{-}TS(B)=0$；$W\text{-}TS(B)=0$ $R\text{-}TS(C)=0$；$W\text{-}TS(C)=0$
2		Begin $TS(T_2)=2$	$R\text{-}TS(A)=0$；$W\text{-}TS(A)=0$ $R\text{-}TS(B)=0$；$W\text{-}TS(B)=0$ $R\text{-}TS(C)=0$；$W\text{-}TS(C)=0$
3	$R_1(A)$		$R\text{-}TS(A)=1$；$W\text{-}TS(A)=0$ $R\text{-}TS(B)=0$；$W\text{-}TS(B)=0$ $R\text{-}TS(C)=0$；$W\text{-}TS(C)=0$
4		$R_2(B)$	$R\text{-}TS(A)=1$；$W\text{-}TS(A)=0$ $R\text{-}TS(B)=2$；$W\text{-}TS(B)=0$ $R\text{-}TS(C)=0$；$W\text{-}TS(C)=0$
5		$W_2(C, B)$	$R\text{-}TS(A)=1$；$W\text{-}TS(A)=0$ $R\text{-}TS(B)=2$；$W\text{-}TS(B)=0$ $R\text{-}TS(C)=0$；$W\text{-}TS(C)=2$
6	$W_1(C, A)$		$R\text{-}TS(A)=1$；$W\text{-}TS(A)=0$ $R\text{-}TS(B)=2$；$W\text{-}TS(B)=0$ $R\text{-}TS(C)=0$；$W\text{-}TS(C)=2$
7		Commit	
8	Commit		

然而即使利用了托马斯写规则，T/O 仍然会受到级联回滚问题的影响。

11.2.2　避免级联回滚

给定两个事务 T_1 和 T_2，且 T_1 排在 T_2 之前。T_1 写数据项 A；之后 T_2 立刻读取数据项 A 上的值；在事务 T_1 提交之前，T_2 事务不能提交，并且一旦 T_1 回滚，则 T_2 也需要回滚。

【例 11.9】 考虑例 11.7 的场景：假设事务 T_2 的读取操作 $R_2(A)$ 和 $R_2(B)$ 发生在 T_1 的写入操作之后，T_1 的提交操作之前，那么此时就存在级联回滚的风险。具体地，如表 11.10 所示，事务 T_1 首先读取账户 A 和 B，将 R-TS(A) 和 R-TS(B) 修改为 1（步骤3），并写入账户 A 和 B 的新值（步骤4）；T_2 随即读取到事务 T_1 修改后的账户 A 和 B，将 R-TS(A) 和 R-TS(B) 修改为 2（步骤5）；并写入账户 A 和 B 的新值（步骤 6）；T_2 准备提交，但由于 T_1 尚未提交，T_2 无法先于 T_1 提交。这是因为，一旦 T_2 先于 T_1 提交，而 T_1 之后由于某种原因发生了回滚，则事务 T_2 会发生脏读现象。为此，T_2 必须等待，直到 T_1 提交之后，T_2 才能提交。一旦 T_1 发生回滚，则 T_2 也必须进行级联回滚。

表 11.10 级联回滚示例

步骤	T_1	T_2	时间戳信息
1	Begin TS(T_1)=1		R-TS(A)=0；W-TS(A)=0 R-TS(B)=0；W-TS(B)=0
2		Begin TS(T_2)=2	R-TS(A)=0；W-TS(A)=0 R-TS(B)=0；W-TS(B)=0
3	$R_1(A, 25)$ $R_1(B, 5)$		R-TS(A)=1；W-TS(A)=0 R-TS(B)=1；W-TS(B)=0
4	$W_1(A, 20)$ $W_1(B, 10)$		R-TS(A)=1；W-TS(A)=1 R-TS(B)=1；W-TS(B)=1
5		$R_2(A, 20)$ $R_2(B, 10)$	R-TS(A)=2；W-TS(A)=1 R-TS(B)=2；W-TS(B)=1
6		$W_2(B, 25)$ $W_2(A, 5)$	R-TS(A)=2；W-TS(A)=2 R-TS(B)=2；W-TS(B)=2
7	Abort		R-TS(A)=2；W-TS(A)=2 R-TS(B)=2；W-TS(B)=2
8		Abort	R-TS(A)=2；W-TS(A)=2 R-TS(B)=2；W-TS(B)=2

通过分析级联回滚产生的原因，可以发现，由于事务 T_2 可以读取到事务 T_1 尚未提交的修改，因此发生了级联回滚问题。解决级联回滚问题的一个思路是：将事务 T_2 的读操作延迟到 T_1 提交之后。引入预写操作可以实现这一思路。

【定义 11.6】 预写操作，即在事务写操作时不真正写入数据，而是将要写入的数据暂存下来，在事务提交时再写入数据库。

当一个更新的读事务读取数据时，可能会发现存在一个时间戳更小的预写事务还未提交，为了与时间戳顺序相符，在这种情况下读事务必须要等待。

为此数据项 X 上需要额外维护 5 个元信息。

（1）Min-P-TS，代表当前数据项上所有预写操作的最小时间戳，用来判断读操作是否需要等待。

（2）Min-R-TS，代表当前数据项上所有读操作的最小时间戳，用于判断写入操作是否需要等待。

（3）3 个队列分别记录 3 类处于等待状态的事务：R-reqs，代表数据项上等待的读操作；P-reqs，代表当前数据项上的预写操作；W-reqs，代表当前数据项上等待的提交操作。

【例 11.10】 继续考虑例 11.9 的场景。如表 11.11 所示,在步骤 4 中,事务 T_1 并不会直接更新数据项 A 和 B 的值以及 W-TS(A) 和 W-TS(B),而是将事务 T_1 存入 P-reqs(A) 和 P-reqs(B) 当中(步骤 4);此时 T_2 读取数据项 A 时,就会发现存在一个时间戳更小的预写事务 T_1,因此 T_2 事务等待(步骤 5);当事务 T_1 回滚之后,T_2 重新读取数据项 A 和 B(步骤 7);将 T_2 存入 P-reqs(A) 和 P-reqs(B) 当中(步骤 8);最后事务 T_2 提交,更新数据项 A 和 B 的值以及 W-TS(A) 和 W-TS(B)(步骤 9)。

表 11.11　时间戳并发控制算法示例

步骤	T_1	T_2	时间戳信息
1	Begin TS(T_1)=1		R-TS(A)=0;W-TS(A)=0;P-reqs(A)-Φ R-TS(B)=0;W-TS(B)=0;P-reqs(B)-Φ
2		Begin TS(T_2)=2	R-TS(A)=0;W-TS(A)=0;P-reqs(A)-Φ R-TS(B)=0;W-TS(B)=0;P-reqs(B)-Φ
3	$R_1(A,25)$ $R_1(B,5)$		R-TS(A)=1;W-TS(A)=0;P-reqs(A)-Φ R-TS(B)=1;W-TS(B)=0;P-reqs(B)-Φ
4	$W_1(A,20)$ $W_1(B,10)$		R-TS(A)=1;W-TS(A)=0;P-reqs(A)-T_1 R-TS(B)=1;W-TS(B)=0;P-reqs(B)-T_1
5		$R_2(A,20)$ 等待	R-TS(A)=1;W-TS(A)=0;P-reqs(A)-T_1 R-TS(B)=1;W-TS(B)=0;P-reqs(B)-T_1
6	Abort		R-TS(A)=1;W-TS(A)=0;P-reqs(A)-Φ R-TS(B)=1;W-TS(B)=0;P-reqs(B)-Φ
7		$R_2(A,25)$ $R_2(B,15)$	R-TS(A)=2;W-TS(A)=0;P-reqs(A)-Φ R-TS(B)=2;W-TS(B)=0;P-reqs(B)-Φ
8		$W_2(B,30)$ $W_2(A,0)$	R-TS(A)=2;W-TS(A)=0;P-reqs(A)-T_2 R-TS(B)=2;W-TS(B)=0;P-reqs(B)-T_2
9		Commit	R-TS(A)=2;W-TS(A)=2;P-reqs(A)-Φ R-TS(B)=2;W-TS(B)=2;P-reqs(B)-Φ

11.2.3　小结

从"什么时候定序"、"如何定序"、"什么时候检验"以及"检验什么"4 方面,对 T/O 如何遵循"先定序,后检验"思想梳理如下:

- 什么时候定序。事务开始时。
- 如何定序。事务开始时会被分配一个时间戳,事务之间根据时间戳的大小关系排序,时间戳更小的排在前面。
- 什么时候检验。事务执行过程中,一旦在某个数据项上出现冲突,则需要进行检验。
- 检验什么。如果该操作是读操作,则检查当前事务的时间戳 TS(T) 是否小于 W-TS(X),若小于,则代表当前事务的实际执行顺序与时间戳顺序相反,回滚当前事务;如果该操作是写操作,则检查当前事务的时间戳 TS(T) 是否小于 MAX(W-TS(X),R-TS(X)),若小于,则代表当前事务的实际执行顺序与时间戳顺序相反,回滚当前事务。

11.3　乐观并发控制协议

11.3.1　基本实现技术

【定义 11.7】　按照乐观并发控制协议,一个事务 T 的生命周期包括 3 个阶段。

(1) 执行阶段:在该阶段,事务 T 执行读写操作,并将读取的数据项复制到执行该事务的私有工作区中;T 中所有的写操作也都在私有工作区中进行,写入的数据项并不会真正地写入数据库中。

(2) 验证阶段:当事务准备提交时,确认 T 是否与其他并发事务存在冲突。检查冲突的逻辑将在后续进行重点介绍。

(3) 提交阶段:如果验证确认通过,则把私有工作区的更新数据集写入数据库,否则,回滚该事务并重新执行。对于只读事务,可以忽略该阶段。

在乐观并发控制协议中,每个事务维护了 2 个私有工作区和 3 个时间戳用于验证。

- $RS(T)$:事务 T 的读集,存储了事务 T 读取过的数据项。
- $WS(T)$:事务 T 的写集,存储了事务 T 要写的数据项。
- $S\text{-}TS(T)$:事务 T 开始时间戳,即进入执行阶段的时间。
- $V\text{-}TS(T)$:事务 T 验证时间戳,即进入验证阶段的时间。
- $F\text{-}TS(T)$:事务 T 提交时间戳,即提交的时间。

验证阶段:事务 T_i 的验证主要检查事务 T_i 是否与 T_i 的并发事务 T_j 存在冲突,若存在冲突则回滚 T_i。假设所有事务的验证阶段是串行执行的。在这样的场景下,其检查规则如下,对于每个事务 T_j,T_j 必须满足下面的条件之一。

(1) 如图 11.1 所示,事务 T_j 在事务 T_i 开始时已经完成提交,即 $F\text{-}TS(T_j) <$ $S\text{-}TS(T_i)$;此时 T_j 与 T_i 不存在冲突,无须进行检查。

(2) 如图 11.2 所示,事务 T_j 在事务 T_i 进入验证阶段之前已经完成提交,即 $S\text{-}TS(T_i) < F\text{-}TS(T_j) < V\text{-}TS(T_i)$;此时需要检查 T_i 的读集与 T_j 的写集是否存在交叉,即 $RS(T_i) \bigcap WS(T_j) = \Phi$。

(3) 如图 11.3 所示,事务 T_j 在事务 T_i 进入验证阶段之前已完成执行,但是 T_j 并没有完成提交,即 $V\text{-}TS(T_j) < V\text{-}TS(T_i) < F\text{-}TS(T_j)$;此时需要检查 T_i 的读写集是否与 T_j 的写集存在交叉,即 $RS(T_i) \bigcap WS(T_j) = \Phi$ 且 $WS(T_i) \bigcap WS(T_j) = \Phi$。

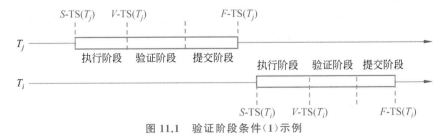

图 11.1　验证阶段条件(1)示例

【定理 11.3】　若并发执行的所有事务均遵守乐观并发控制协议,则对这些事务的

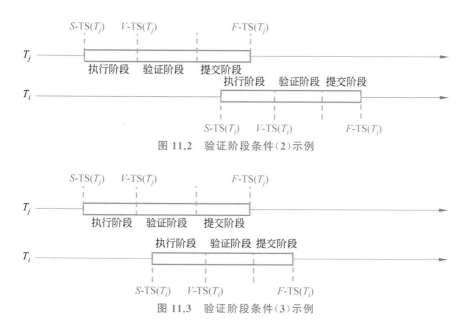

图 11.2　验证阶段条件（2）示例

图 11.3　验证阶段条件（3）示例

任何并发调度策略都是可串行化的。

【例 11.11】　考虑例 11.1 的场景：事务 T_1 从账户 A 转出 5 元到账户 B 中，事务 T_2 从账户 B 转出 5 元到账户 A 中，即账户 A 和账户 B 同时相互转 5 元给对方。假设 A 与 B 的初始账户余额分别为 25 元和 5 元。事务 T_1 和事务 T_2 的转账事务如表 11.12所示。事务 T_1 和 T_2 先后开始并获取到它们的开始时间戳 $S\text{-}TS(T_1)=1$、$S\text{-}TS(T_2)=2$（步骤 1、2）；之后事务 T_1 读取数据项 A 和 B，并将 A 和 B 存储到自己的读集 $RS(T_1)$ 当中（步骤 3）；事务 T_2 读取数据项 A 和 B，并将 A 和 B 存储到自己的读集 $RS(T_2)$ 当中（步骤 4）；事务 T_1 本地执行写操作，将要写的数据和需要修改后的值存入写集 $WS(T_1)$（步骤 5）；事务 T_1 获取到验证时间戳 $V\text{-}TS(T_1)=3$，并进入验证阶段执行验证操作；事务 T_2 的执行时间区间不满足验证操作的任意一个条件，因此 T_1 验证通过（步骤 6）并提交（步骤 7）；之后事务 T_2 执行写操作，将数据项 A 和 B 存入 T_2 的写集（步骤 8）；T_2 进入验证阶段，其并发事务 T_1 满足第 2 个验证条件，即 $S\text{-}TS(T_1)<F\text{-}TS(T_2)<V\text{-}TS(T_1)<V\text{-}TS(T_2)$，$T_2$ 检查自己的读集是否与 T_1 的写集有交集，$RS(T_2)\bigcap WS(T_1)=\{A,B\}$，因此验证失败，$T_2$ 回滚（步骤 9、10）。

表 11.12　乐观并发控制协议示例

步骤	T_1	T_2	事务读写集
1	Begin $S\text{-}TS(T_1)=1$		$RS(T_1)\text{-}\Phi$；$WS(T_1)\text{-}\Phi$ $RS(T_2)\text{-}\Phi$；$WS(T_2)\text{-}\Phi$
2		Begin $S\text{-}TS(T_2)=2$	$RS(T_1)\text{-}\Phi$；$WS(T_1)\text{-}\Phi$ $RS(T_2)\text{-}\Phi$；$WS(T_2)\text{-}\Phi$
3	$R_1(A,25)$ $R_1(B,5)$		$RS(T_1)\text{-}\{A,B\}$；$WS(T_1)\text{-}\Phi$ $RS(T_2)\text{-}\Phi$；$WS(T_2)\text{-}\Phi$
4		$R_2(B,5)$ $R_2(A,25)$	$RS(T_1)\text{-}\{A,B\}$；$WS(T_1)\text{-}\Phi$ $RS(T_2)\text{-}\{A,B\}$；$WS(T_2)\text{-}\Phi$

续表

步骤	T_1	T_2	事务读写集
5	$W_1(A,20)$ $W_1(B,10)$		$RS(T_1)\text{-}\{A,B\}$；$WS(T_1)\text{-}\{A,B\}$ $RS(T_2)\text{-}\{A,B\}$；$WS(T_2)\text{-}\Phi$
6	Validate $V\text{-}TS(T_1)=3$		$RS(T_1)\text{-}\{A,B\}$；$WS(T_1)\text{-}\{A,B\}$ $RS(T_2)\text{-}\{A,B\}$；$WS(T_2)\text{-}\Phi$
7	Commit $F\text{-}TS(T_1)=4$		$RS(T_1)\text{-}\{A,B\}$；$WS(T_1)\text{-}\{A,B\}$ $RS(T_2)\text{-}\{A,B\}$；$WS(T_2)\text{-}\Phi$
8		$W_2(B,0)$ $W_2(A,30)$	$RS(T_1)\text{-}\{A,B\}$；$WS(T_1)\text{-}\{A,B\}$ $RS(T_2)\text{-}\{A,B\}$；$WS(T_2)\text{-}\{A,B\}$
9		Validate $V\text{-}TS(T_2)=5$	$RS(T_1)\text{-}\{A,B\}$；$WS(T_1)\text{-}\{A,B\}$ $RS(T_2)\text{-}\{A,B\}$；$WS(T_2)\text{-}\{A,B\}$
10		Abort	

11.3.2　小结

从"什么时候定序"、"如何定序"、"什么时候检验"以及"检验什么"4 方面,对 OCC 如何遵循"先定序,后检验"思想梳理如下:

- 什么时候定序。事务的验证阶段。
- 如何定序。事务在验证阶段会被分配一个时间戳,事务之间根据验证阶段分配的时间戳的大小关系排序,时间戳更小的排在前面。
- 什么时候检验。在事务的验证阶段,会对事务的读集与其他事务的写集进行判断,检查是否存在冲突。
- 检验什么。在事务的验证阶段,检查事务的读集是否与其并发事务的写集存在交集,若存在则回滚当前事务。

11.4　三级封锁协议

【定义 11.8】　一级封锁协议是指事务 T 修改数据项之前,先加 X 锁,直到事务结束时才释放该锁,无论事务是正常结束(Commit)还是非正常结束(Abort)。

使用一级封锁协议可以防止丢失修改,并保证事务 T 是可恢复的,解决了更新丢失问题。而在本协议中,如果仅仅是读数据而不对其进行修改,是不需要加锁的,所以无法解决脏读、不可重复读等问题。因此该协议只能达到读已提交隔离级别。

如例 11.1 所示,事务 T_1 和事务 T_2 通过对账户 A 和 B 加排他锁(X 锁)就可以避免出现更新丢失异常,保证账户 A 和 B 的最终账户余额是一致的。

现代数据库都至少满足一级封锁协议,这是因为更新丢失是无法接受的错误。所以更新丢失一般只存在于理论讨论中,实际应用中基本不会出现这个问题。

【定义 11.9】　二级封锁协议是指,在一级封锁的基础上,事务 T 在读取 R 之前先加 S 锁,读完成后释放 S。

使用二级封锁协议可以解决丢失修改以及脏读问题,但是由于读数据结束后即可释放 S 锁,仍然无法解决不可重复读的问题。因此该协议可以达到读已提交隔离级别。

【例 11.12】　考虑例 11.2 的场景,假设账户 A 的初始余额为 25 元,事务 T_1 往账户 A 中存入 50 元,事务 T_2 读取账户 A 中的余额,事务 T_1 返回并回滚。事务 T_1 和事务 T_2 如表 11.13 所示。事务 T_1 和事务 T_2 先后开始,T_1 申请并获得数据项 A 上的排他锁(步骤 3),读取并更新 A 的值为 75 元(步骤 4)。之后事务 T_2 申请并获得数据项 A 上的共享锁,此时由于 T_2 的共享锁与 T_1 的排他锁冲突,只能进行等待(步骤 5);当事务 T_1 回滚并释放数据项 A 上的锁后(步骤 6),事务 T_2 成功获取到数据项 A 的共享锁(步骤 7),并读到正确的数据,避免了读取到事务 T_1 写入的脏数据 $A=75$。

表 11.13　二级封锁协议示例

步骤	T_1	T_2	锁　表
1	Begin		A：Xlock-Φ；A：Slock-Φ
2		Begin	A：Xlock-Φ；A：Slock-Φ
3	Xlock(A) $R_1(A, 25)$		A：Xlock-T_1；A：Slock-Φ
4	$W_1(A, 75)$		A：Xlock-T_1；A：Slock-Φ
5		Slock(A) 等待	A：Xlock-T_1；A：Slock-Φ
6	Unlock(A) Abort	等待	A：Xlock-Φ；A：Slock-Φ
7		Slock(A) $R_2(A, 25)$	A：Xlock-Φ；A：Slock-T_2
8		Unlock(A)	A：Xlock-Φ；A：Slock-Φ
9		Commit	A：Xlock-Φ；A：Slock-Φ

【定义 11.10】　三级封锁协议是指,在一级封锁的基础上,事务 T 在读取 R 之前先加 S 锁,事务结束后才将 S 锁释放。

三级封锁协议除了防止丢失修改与读脏数据,还用来解决不可重复读的问题,因此可以达到可重复读隔离级别。

【例 11.13】　继续例 11.12 的场景,假设事务 T_2 连续两次读取账户 A 中的余额,事务 T_1 尝试向账户 A 中转账,如表 11.14 所示。事务 T_2 先开始,获取账户 A 的共享锁,并读取账户 A 中的余额 25 元(步骤 3);此时事务 T_1 尝试获取账户 A 的排他锁,但是由于 T_2 已经获取到了账户 A 的共享锁而失败,进行等待(步骤 4);T_2 第二次读取账户 A 的余额,仍然是 25 元(步骤 5);T_2 释放账户 A 的共享锁并提交(步骤 6、7);T_1 此时才能够成功拿到账户 A 的排他锁,完成对账户 A 的修改操作(步骤 8~10)。在三级封锁协议下,事务 T_2 对账户 A 的重复读取并不会读取到不一致的数据。

表 11.14　三级封锁协议示例

步骤	T_1	T_2	锁　表
1		Begin	A：Xlock-Φ；A：Slock-Φ
2	Begin		A：Xlock-Φ；A：Slock-Φ

续表

步骤	T_1	T_2	锁　　表
3		Slock(A) $R_2(A, 25)$	A：Xlock-Φ；A：Slock-T_2
4	Xlock(A) 等待		A：Xlock-Φ；A：Slock-T_2
5	等待	$R_2(A, 25)$	A：Xlock-Φ；A：Slock-T_2
6	等待	Commit	A：Xlock-Φ；A：Slock-T_2
7	等待	Unlock(A)	A：Xlock-Φ；A：Slock-Φ
8	Xlock(A) $R_1(A, 25)$ $W_1(A, 75)$		A：Xlock-T_1；A：Slock-Φ
9	Commit		A：Xlock-T_1；A：Slock-Φ
10	Unlock(A)		A：Xlock-Φ；A：Slock-Φ

　　上述这三级封锁协议的主要区别在于什么操作需要申请封锁、申请哪种锁,以及什么时候将锁释放。三级封锁协议可以总结为表 11.15,可以看到不同的封锁协议让事务达到不同的一致性级别。封锁协议的级别越高,一致性的程度就越高。

表 11.15　三级封锁协议的主要区别

三级封锁协议级别	X 锁		S 锁		一致性保证		
	操作结束释放	事务结束释放	操作结束释放	事务结束释放	不丢失修改	不读脏数据	可重复读
一级		√			√		
二级		√	√		√	√	
三级		√		√	√	√	√

*11.5　多版本并发控制技术

11.5.1　基本实现技术

　　之前介绍的并发控制机制在处理读写冲突时,必然要延迟或回滚一个事务保证可串行化。比如一个读操作要读取的数据已经被一个写操作修改,之前介绍的并发控制机制只能将读操作回滚。但是如果将读操作要读取的旧值维护起来,该操作就可以通过读取旧值正常执行。这一方法就称为多版本并发控制。

　　【定义 11.11】　多版本并发控制通过保留一个数据项的多个版本实现事务读写操作的隔离。其主要内容包括:

- 事务对数据项 X 的修改并不直接覆盖原始的 X,而是创建一个新版本 X_v。
- 事务对数据项 X 的读取则选择数据项 X 中的一个版本读取,所读的版本往往是该事务启动时数据项 X 最新的版本。

在实际实现当中,事务启动时会分配一个开始时间戳,这个时间戳也被称为快照(Snapshot),每个数据项的版本 X_v 则会维护一个版本创建时间 $W\text{-}TS(X_v)$,只有当事务的快照大于版本创建时间时,该事务才能读取到这个版本。

利用 MVCC 机制,写操作不会阻塞读操作,读操作不会阻塞写操作。这意味着一个事务可以修改一个对象,而其他事务也可以读取旧版本。此外,多版本 DBMS 可以轻松支持时间旅行(Time Travel)查询,即基于数据库在某个时间点的状态进行查询(例如,对 5 小时前的数据库执行查询操作)。

【例 11.14】 继续考虑例 11.13 的场景。MVCC 机制可以保证事务 T_2 的读取不影响事务 T_1 对账户 A 的修改。假设账户 A 目前只存在一个版本 A_0,其值为 25 元,版本创建时间为 0;事务 T_1 和事务 T_2 如表 11.16 所示。事务 T_2 先开始,获取快照时间戳 $Snapshot(T_2)=1$(步骤 1);事务 T_2 读取账户 A 中的余额,因为 $Snapshot(T_2)$ 大于版本 A_0 的创建时间 $W\text{-}TS(A_0)$,T_2 成功读取到了 25 元的账户 A 余额(步骤 3);此时事务 T_1 修改账户 A,写入了一个新版本 A_1,值为 75 元,版本创建时间戳为 3,事务 T_1 提交(步骤 4、5);事务 T_2 重读账户 A,由于其快照时间小于版本 A_1 的创建时间,只能读取到 A_0,所以仍然读取到了 A_0 版本,账户余额为 25 元,满足可重复读的条件。

表 11.16 MVCC 机制示例

步骤	T_1	T_2	锁 表
1		Begin $Snapshot(T_2)=1$	$W\text{-}TS(A_0)\text{-}0$
2	Begin $Snapshot(T_1)=2$		$W\text{-}TS(A_0)\text{-}0$
3		$R_2(A_0, 25)$	$W\text{-}TS(A_0)\text{-}0$
4	$R_1(A_0, 25)$ $W_1(A_1, 75)$		$W\text{-}TS(A_0)\text{-}0$ $W\text{-}TS(A_1)\text{-}3$
5	Commit		$W\text{-}TS(A_0)\text{-}0$ $W\text{-}TS(A_1)\text{-}3$
6		$R_2(A_0, 25)$	$W\text{-}TS(A_0)\text{-}0$ $W\text{-}TS(A_1)\text{-}3$
7		Commit	$W\text{-}TS(A_0)\text{-}0$ $W\text{-}TS(A_1)\text{-}3$

在实际系统设计当中,MVCC 的实现需要考虑 4 个主要部分。

- 并发控制协议:MVCC 往往需要结合其他并发控制协议才能投入使用。
- 版本存储:指如何存储数据项的多个版本,以及事务如何找到对它们可见的版本。
- 垃圾回收:DBMS 需要随着时间的推移从数据库中移除可回收的物理版本。
- 索引管理:是指索引的指针是指向一个数据项的版本链头(指向最新的数据)还是指向数据项的版本链尾(指向最旧的数据),索引的指针指向会影响数据项版本的检索效率。

11.5.2　快照隔离

【定义 11.12】　快照隔离(Snapshot Isolation,SI)是指在事务开始时为其提供数据库的一致快照。然后,事务在该快照上进行操作,和其他事务完全隔离开。对于读操作,事务仅读取快照上的数据即可,因此快照隔离算法对于只读事务来说是理想的,因为只读事务并不需要等待其他事务的写操作也不会回滚;对于写操作,事务在写操作时将需要修改的值存入私有空间,并且只有在事务成功提交后才可对数据库可见。如果两个事务更新相同的对象,则第一个提交事务获胜。

快照隔离下事务的执行分为 3 个阶段。

(1) 执行阶段:系统执行事务 T,读取各数据项的值,并把它们复制到私有工作区中,T 中所有的写操作也都在私有工作区中进行,并不对数据库进行真正的更新。

(2) 验证阶段:当事务准备提交时,检查写操作是否与其他并发事务存在冲突。

(3) 提交阶段:验证通过后,则把私有工作区的更新数据集复制数据库,否则,回滚该事务并重新执行。对于只读事务,可以忽略该阶段。

在实际实现当中,事务启动时会分配一个开始时间戳,这个时间戳也被称为快照,每个数据项上维护一个 X 锁;数据项上的每个版本 X_v 则会维护一个版本创建时间 $\text{W-TS}(X_v)$。当事务 T_i 尝试修改一个数据项时,它首先需要获取这个数据项上的锁。若成功获取这个数据项上的锁,则执行以下步骤。

- 如果这个数据项被其他并发事务更新,即数据项的最新版本与写操作时读取到的最新版本不一致,则回滚 T_i。
- 否则事务 T_i 检查通过可以提交。

如果存在另一个事务 T_j 获取到了这个数据项上的锁,那么 T_i 需要等待 T_j 提交或者回滚,若 T_j 提交成功,则 T_i 回滚;否则 T_i 获取锁并执行以上两个步骤。

11.5.3　写偏序

【定理 11.4】　若并发执行的所有事务均遵守快照隔离算法,由于 MVCC 和快照机制,这些事务不会出现不可重复读数据异常,但是会出现写偏序数据异常。快照隔离算法支持的隔离级别为快照隔离级别。

写偏序指当两个并发事务修改不同的对象时,会导致非可串行化的调度。

【例 11.15】　考虑如下场景,医院向社会承诺,至少有一名医生对外提供服务。但是,如果有大于或等于两个医生在提供服务,则需要停止某个医生的服务。一个事务 T_1 检查医生 A 和 B,若 A 和 B 都提供服务,则中止 A 的服务;另一个事务 T_2 检查医生 A 和 B,若 A 和 B 都提供服务,则中止 B 的服务。假设目前医生 A 和 B 同时对外提供服务(值为 true)。如表 11.17 所示,事务 T_1 和事务 T_2 先后开始。T_1 首先读取医生 A 和 B 的状态,发现 A 和 B 都为 true(步骤 3);T_2 读取医生 A 和 B 的状态,发现 A 和 B 都为 true(步骤 4);T_1 修改医生 A 的状态为 false(步骤 5);T_1 进入验证阶段,不存在另一个事务修改 A,验证通过(步骤 6);T_1 提交,创建新版本 A_1,值为 false(步骤 7);T_2 修改医生 B 的状态为 false(步骤 8);T_2 进入验证阶段,不存在另一个事务修改 B,验证通过(步骤 9);T_2 提交,创建新版本 B_1,值为 false(步骤 10)。到这里,医生 A 和 B 都停止了服务,违背了至少有一名医生对外提供服务的约束。

表 11.17 快照隔离写偏序示例

步骤	T_1	T_2	时间戳信息
1	Begin $TS(T_1)=1$		A：Xlock-Φ；W-$TS(A_0)$-0 B：Xlock-Φ；W-$TS(B_0)$-0
2		Begin $TS(T_2)=2$	A：Xlock-Φ；W-$TS(A_0)$-0 B：Xlock-Φ；W-$TS(B_0)$-0
3	$R_1(A,\text{true})$ $R_1(B,\text{true})$		A：Xlock-Φ；W-$TS(A_0)$-0 B：Xlock-Φ；W-$TS(B_0)$-0
4		$R_2(A,\text{true})$ $R_2(B,\text{true})$	A：Xlock-Φ；W-$TS(A_0)$-0 B：Xlock-Φ；W-$TS(B_0)$-0
5	$W_1(A,\text{false})$		A：Xlock-Φ；W-$TS(A_0)$-0 B：Xlock-Φ；W-$TS(B_0)$-0
6	Validate V-$TS(T_1)=3$		A：Xlock-T_1；W-$TS(A_0)$-0 B：Xlock-Φ；W-$TS(B_0)$-0
7	Commit		A：Xlock-Φ；W-$TS(A_0)$-0；W-$TS(A_1)$-3 B：Xlock-Φ；W-$TS(B_0)$-0
8		$W_2(B,\text{false})$	A：Xlock-Φ；W-$TS(A_0)$-0；W-$TS(A_1)$-3 B：Xlock-Φ；W-$TS(B_0)$-0
9		Validate V-$TS(T_2)=4$	A：Xlock-Φ；W-$TS(A_0)$-0；W-$TS(A_1)$-3 B：Xlock-T_2；W-$TS(B_0)$-0
10		Commit	A：Xlock-Φ；W-$TS(A_0)$-0；W-$TS(A_1)$-3 B：Xlock-Φ；W-$TS(B_0)$-0；W-$TS(B_1)$-4

如上所述，遵循快照隔离的事务调度，仍然可能存在写偏序数据异常，也就无法达到可串行化隔离级别。

MVCC 和快照隔离的主要区别在于，快照隔离通过在验证阶段对写操作加锁并检查数据项的版本，消除了 MVCC 无法解决的脏写问题。MVCC 和快照隔离可以总结为表 11.18，可以看到这两个不同的协议可以消除的异常类型。

表 11.18 MVCC 和快照隔离可以消除的异常类型

协议类型	一致性保证				
	不丢失修改	不读脏数据	可重复读	不幻读	不写偏序
MVCC		√	√	√	
SI	√	√	√	√	

11.5.4 版本管理

版本存储（version storage）又称版本管理，是指 DBMS 如何存储逻辑对象的不同物理版本以及事务如何找到对它们可见的最新版本。DBMS 使用数据项的指针字段为每个逻辑数据项创建一个版本链，这本质上是按时间戳排序的版本链表。DBMS 通过遍历这个版本链表就可以找到对特定事务可见的版本，这些物理版本的存储模式主要有 3 种方案。

（1）追加存储（append-only storage）：所有逻辑数据项的物理版本都存储在同一

个表空间中。不同数据项的不同版本混合存储在表中,每次更新只是将数据项的新版本追加到表中并更新版本链。链可以按最旧到最新(O2N)排序,这需要在查找时遍历整个链表,也可以按最新到最旧(N2O)排序,这个方式则导致每个新版本的写入都需要更新索引指针。

(2) 时间旅行存储(time-travel storage):DBMS 维护一个名为时间旅行表的单独表,用于存储数据项的旧版本。每次更新时,DBMS 将数据项的旧版本复制到时间旅行表中,并使用新数据覆盖主表中的数据项。主表中的数据项指针指向时间旅行表中的过去版本。

(3) 增量存储(delta storage):类似于时间旅行存储,但 DBMS 仅存储增量或数据项之间的更改,称为增量存储段。事务可以通过迭代增量重新创建旧版本。这比时间旅行存储具有更快的写入速度,但读取速度较慢。

垃圾回收(garbage collection)是指 DBMS 需要随着时间的推移从数据库中移除可回收的物理版本。如果没有活动事务可以"查看"该版本,或者该版本是由中止的事务创建的,则该版本可回收。DBMS 中版本的回收机制主要可以分为两种。

(1) 数据项级垃圾回收:DBMS 直接检查数据项以查找旧版本,通过后台清理或者协作清理两种方法可以实现这一点。

- 后台清理:单独的线程定期扫描表格并查找可回收版本。这适用于任何版本存储方案。一个简单的优化是维护"脏页位图",它跟踪自上次扫描以来已修改的页面。这允许线程跳过未更改的页面。
- 协作清理:工作线程在遍历版本链时识别可回收版本。这仅适用于 O2N 链。如果不访问数据,则永远不会清理数据。

(2) 事务级垃圾回收:在事务级垃圾回收中,每个事务负责跟踪自己的旧版本,因此 DBMS 无须扫描数据项。每个事务维护自己的读写集。当事务完成时,垃圾收集器可以使用它识别要回收的数据项。由 DBMS 确定已完成事务创建的所有版本何时为不再可见。

索引管理(index management)是指索引的指针,是指向一个数据项的版本链头(指向最新的数据)还是指向数据项的版本链尾(指向最旧的数据),索引指针指向的选择会影响数据库查询的效率。

在实际系统实现当中,所有主键(pkey)索引始终指向版本链头。DBMS 更新pkey 索引的频率取决于系统在更新数据项时是否创建新版本。如果事务更新索引键(pkey 属性),则将其视为 DELETE+INSERT。管理辅助索引更加复杂,有两种处理方法。

(1) 逻辑指针:DBMS 对每个数据项使用固定标识符,该标识符不会更改。这需要一个额外的间接层,将逻辑 id 映射到数据项的物理位置。然后,对数据项的更新只需更新间接层中的映射。

(2) 物理指针:DBMS 使用版本链头的物理地址。这需要在更新版本链头时更新每个索引。

11.6　本章小结

事务具有 ACID 特性,即原子性、一致性、隔离性和持久性。并发控制技术用来协调多个事务的并发操作,以保证并发事务的隔离性(I)和一致性(D)。可串行化调度是正确的调度,但可串行化调度只有理论指导的意义,在数据库管理系统产品中,并发事务调度,都是按照可串行调度的真子集,即冲突可串行化调度,进行工程实现的。

本章介绍了两阶段封锁协议、时间戳排序协议、乐观并发控制协议,按照"先定序,后检验"的指导思想,梳理了这 3 类方法是如何确保并发事务的调度是冲突可串行化的。读者要紧密围绕"什么时候定序""如何定序""什么时候检验""检验什么"等问题,掌握并发事务调度是如何最终能够有一个全序的保证。此外,读者还需要掌握并发事务调度中可能存在的级联回滚、死锁和活锁的处理方法。

在并发控制实现技术中,并发事务要求的隔离级别越高,系统的性能往往越低。这也是为什么在数据库产品中,系统默认的隔离级别并不是可串行化的,有些甚至连可串行化隔离级别都不支持。读者需要掌握三级封锁协议的实现技术以及其如何确保系统能够达到指定的隔离级别,了解多版本并发控制的基本实现技术及其可能存在的写偏序数据异常。

习题

1. 常用的支持可串行化隔离级别的并发控制协议有哪些？它们是如何实现"先定序,后检验"的调度逻辑的。

2. 两阶段封锁协议中出现死锁的原因是什么？有什么方法可以避免死锁发生？

3. 假设存在 3 个事务 T_1、T_2 和 T_3。这 3 个事务的执行操作如下：

T_1：$R_1(A)W_1(A,A:=A+1)$

T_2：$R_2(B)W_2(A,A:=B\times2)$

T_3：$R_3(A)W_3(B,B:=A+1)$

(1) 假设这 3 个事务按照两阶段封锁协议进行调度,请给出一个不会产生死锁的事务调度序列。

(2) 假设这 3 个事务按照两阶段封锁协议进行调度,请给出一个产生死锁的事务调度序列。

(3) 选择一种避免死锁的方法,说明这种方法如何解决你在第(2)中给出调度序列的死锁问题。

4. 时间戳排序协议有可能会造成级联回滚,请解释级联回滚的含义,并给出避免级联回滚后时间戳排序协议的执行逻辑。

5. 假设有事务 T_1、T_2 和 T_3,存在如下调度序列,$R_1(A,0)R_2(B,0)R_3(A,0)W_3(A,3)W_1(B,1)W_2(A,1)$。

(1) 该调度是可串行化调度吗？

(2) 请分别给出使用两阶段封锁协议、时间戳排序协议时,该调度序列的执行情况。

（3）假设这 3 个事务采用乐观并发控制协议进行调度，且这 3 个事务会在其最后一个操作执行完毕后立刻进入验证阶段，请给出该调度序列的执行情况。

6. 快照隔离能达到可串行化隔离级别吗？如果不能，请给出违背可串行化隔离级别的实例。

实　验

基于数据库原型系统框架 Rucbase（https://gitee.com/DBIIR/rucbase-lab），实现一个支持基于死锁预防的两阶段并发控制协议，要求事务调度达到可串行化隔离级别。考查的知识点包括封锁、两阶段封锁协议、死锁预防等，通过该实验，考查学生使用两阶段封锁协议实现可串行化调度的能力。

第 12 章

故 障 恢 复

数据库管理系统在正常运行的过程中可能会出现故障,这些故障有些是可以提前预知的,有些是不能提前预知的,数据库管理系统的故障恢复子系统可以确保,无论出现哪类故障,都能将数据库中的数据恢复到故障发生前的正确的状态。故障恢复子系统解决的主要问题包括:

(1) 故障发生前,数据库的一致性状态是什么?

(2) 故障发生后,数据库有哪些一致性状态被破坏?

(3) 故障恢复时,如何将被破坏的数据库一致性状态恢复到故障发生前的一致性状态。

本章将围绕这 3 个问题,介绍数据库故障恢复的关键技术。

12.1 故障恢复概述

12.1.1 故障的分类

数据库管理系统可能会发生各种各样的故障,每类故障需要使用不同的方法处理。数据库系统主要会遇到下面 4 类故障:事务故障、系统故障、介质故障和用户错误。

1. 事务故障

事务故障是指事务的运行没有到达预期的终点(Commit 或者显式的 Abort)就被终止,有两种错误可能造成事务执行失败。

(1) 逻辑错误:事务由于某些内部情况而无法继续其正常执行,例如非法输入、溢出、完整性检查未通过或超出资源限制等。

(2) 系统错误:系统进入一种不良状态(例如死锁)导致无法继续其正常执行。

有些事务故障是可预期的,可以通过事务程序本身发现,并且应用程序可以控制让事务回滚,例如转账时发现账面余额不足;有些是非预期的,不能由应用程序处理,恢复子系统自动进行回滚。

事务故障可能使数据库处于不正确状态,恢复子系统要在不影响其他事务运行的情况下,强行回滚该事务,即撤销该事务已经做出的任何对数据库的修改,使得该事务好像根本没有启动一样。这类恢复操作称为事务撤销(UNDO)。

事务故障由系统自动处理,DBA 通常不需要进行干预。

2. 系统故障

系统故障是指造成系统停止运转的任何事件,使得系统要重新启动。例如,特定类型的硬件错误(CPU 故障)、操作系统故障、DBMS 代码错误、系统断电、计算机病毒等导致的系统崩溃。发生系统故障时,内存中数据库缓冲区的信息全部丢失,但存储在外部存储设备上的数据未受影响,所有运行事务都非正常终止。

发生系统故障时,一些尚未完成的事务的结果可能已写入物理数据库,从而造成数据库可能处于不正确的状态。为保证数据一致性,需要清除这些事务对数据库的所有修改。恢复子系统必须在系统重新启动时让所有非正常终止的事务回滚,强行撤销所有未完成事务。

同时,有些已完成的事务可能有一部分甚至全部留在缓冲区,尚未写回到磁盘上的物理数据库中,系统故障使得这些事务对数据库的修改部分或全部丢失,这也会使数据库处于不一致状态,因此应将这些事务已提交的结果重新写入数据库。所以恢复子系统除需要撤销所有未完成的事务外,还需要重做(REDO)所有已提交的事务,以将数据库真正恢复到一致状态。

系统故障通常在系统下次启动时自动恢复。

3. 介质故障

系统故障常称为软故障(soft crash),介质故障称为硬故障(hard crash)。硬故障指外存故障,如磁盘损坏、磁头碰撞、瞬时强磁场干扰、计算机病毒等导致的硬盘数据破坏。这类故障将破坏数据库中部分甚至是全部的数据,造成这些数据丢失,并影响正在存取这部分数据的所有事务。这类故障比前两类故障发生的可能性小得多,但破坏性最大。

介质故障需要借助存储在其他地方的数据备份恢复数据库,通常需要 DBA 进行干预。

4. 用户错误

用户在使用数据库的过程中可能会出现一些误操作,例如误删了表中的数据行、误删除系统中的表、用户提交了错误数据等,这时可以提供一些手段帮助用户找回误操作带来的数据损失。Oracle 的闪回技术可以帮助恢复数据库。

本章以系统故障的恢复为主线,兼顾事务故障和介质故障的介绍。对于用户错误,数据库无法感知用户执行的操作是否与用户本身的意图相符,无法主动检测和处理该类故障,因此本章后续不再对该类故障进行介绍,感兴趣的读者可以查阅 Oracle 闪回的相关资料。

12.1.2　事务读写的访问模式

数据库中的数据,包括记录、索引等,都是按照页面组织的,这些页面存储在非易失性存储器(通常是磁盘)中。为了提高读写数据的效率,记录所在的部分页面会缓存在内存(注意:在内存数据库中,整个数据库中的数据都会缓存在内存中,但已提交事务的修改都会在非易失性存储器做备份,以防止宕机造成数据的丢失)中。

为了方便叙述,对事务读写的对象进行如下说明。

- 数据项（Data Item）。数据项是事务进行读写逻辑的最小操作单元，通常指的
  是数据库中的一条记录。
- 块（Block）。块是存储介质中的定长存储单位，可以存储多个数据项。其中存
  储在非易失性存储器（通常为磁盘）中的块被称为物理块（physical block），临
  时存储在易失性存储器（通常为内存）中的块被称为缓存块（buffer block），内
  存中临时存储这些缓存块的区域被称为缓冲区（buffer）。本书假设一个数据
  项不会跨块存储。不失一般性，给定数据项 x，令 P_x 为 x 在磁盘中对应的物
  理块，令 B_x 为 x 在缓冲区中对应的缓存块。如果 B_x 为空，则说明 P_x 尚未加
  载到缓冲区中。

由于数据库中缓冲区的大小有限，无法将所有的物理块缓存到缓冲区当中。因此
块会在磁盘和内存之间进行频繁换入换出，换入和换出的操作如下。

- Input(A)。当事务读取存储在磁盘中的物理块 A 时，而这个物理块并没有缓
  存在缓冲区中，这个事务首先发出 Input(A)请求将磁盘中的物理块 A 加载到
  缓冲区中。
- Output(A)。当事务对缓存区中的缓存块 A 进行了修改或者由于缓冲区空间
  不够时，数据库系统会发起 Output(A)请求将缓存块 A 写到磁盘中，并替换
  原有的物理块。

一个事务开始执行时，首先会在内存中开辟一个私有空间存储其读写的变量。其
次，对于读变量 x，系统通过 $R(x)$ 为其赋值。

- $R(x)$ 由步骤 1 和步骤 2 构成。

步骤 1：发起 Input(P_x)，将物理块 P_x 加载到缓冲区中（若 P_x 已被加载到缓冲
区中，则忽略步骤 1）。步骤 2：从缓存块 B_x 中读取对应的数据项，对 x 进行赋值。

对于写变量 x，系统调用 $W(x)$ 将 x 写到对应的缓存块 B_x 中。

- $W(x)$ 由步骤 1 和步骤 2 构成。步骤 1：调用 Input(P_x)，将物理块 P_x 加载到
  缓冲区中（若 P_x 已被加载到缓冲区中，则忽略步骤 1）。步骤 2：将 x 写到缓
  存块 B_x 对应的数据项中。值得注意的是：$W(x)$ 操作后不会立即触发
  Output(B_x)，而是异步地执行 Output(B_x)。这样做的好处是，可以避免缓存
  块频繁换入换出，减少 I/O 调用的次数，从而提升系统性能。

接下来，以图 12.1 中的事务 T_1 为例，举例说明事务读写的访问模式。

【例 12.1】 如图 12.1 所示，事务 T_1 的操作序列为 $R_1(x,1)W_1(y,3)C_1$。

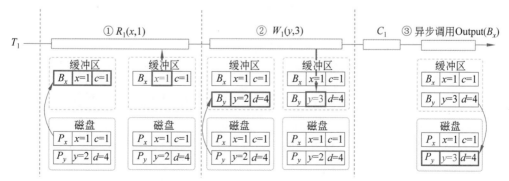

图 12.1　事务读写的访问模式举例（假设读写的数据块不在缓冲区中）

执行 $R_1(x,1)$ 时,由于对应的块 P_x 不在缓冲区中,系统需要调用 $R(x)$ 的步骤 1,即先执行 $\text{Input}(B_x)$ 将块 P_x 加载到缓冲区(对应缓存块 B_x),之后事务 T_1 从缓存块 B_x 中读取数据项并给 x 赋值,读取到 x 的值为 1。Read 操作的执行如图 12.1 中的①所示。

执行 $W_1(y,3)$ 时,由于对应的块 B_y 不在缓冲区中,系统需要调用 $W(y)$ 的步骤 1,即先执行 $\text{Input}(B_y)$ 将块 P_y 加载到缓冲区(对应缓存块 B_y),之后事务 T_1 将缓存块 B_y 中的数据项 y 的值从 2 修改为 3。Write 操作的执行如图 12.1 中的②所示。

事务提交后,数据库系统异步调用 $\text{Output}(B_y)$ 将缓存块 B_y 存入磁盘以保证数据的正确性。异步调用 $\text{Output}(B_y)$ 的执行如图 12.1 中的③所示。

12.1.3　故障下数据一致性的破坏

结合上述场景,给出各类故障下出现的问题。

1. 事务故障

(1) 事务故障发生前,数据库的一致性状态是什么?

事务故障发生前数据库的一致性状态,指的是这个事务的所有操作都未发生时,数据库的一致性状态。

(2) 事务故障发生后,数据库有哪些一致性状态被破坏?

当发生事务故障时,数据库一致性状态被破坏有如下两种情况。

- 事务将修改的数据项写入缓冲区中对应的缓存块,且该缓存块被系统异步写入磁盘的物理块中,导致数据库中存储了脏数据。
- 事务将修改的数据项写入缓冲区中对应的缓存块,导致并发事务读取了该事务写入的脏数据。这一问题是通过并发控制解决的。

【例 12.2】 如图 12.2 所示,事务 T_1 的操作序列为 $R_1(x,1)W_1(x,2)A_1$,事务 T_2 的操作序列为 $R_2(x,2)$。事务 T_1 执行 $R_1(x,1)$ 和 $W_1(x,2)$,并将数据项 x 的新值 2 存入了缓冲区 B_x,如图 12.2 中的①、②所示。事务 T_2 执行 $R_2(x,2)$,读取到了事务 T_1 在缓冲区中写入的新的数据项 x 的值 2,如图 12.2 中的③所示。接下来事务 T_1 因为发生事务故障而回滚,如图 12.2 中的④所示,导致事务 T_2 读取到了一个回滚事务 T_1 写入的脏数据项,出现了数据库的不一致。

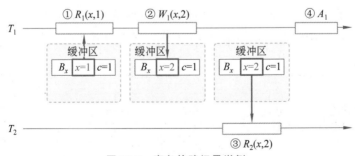

图 12.2　事务故障场景举例

(3) 故障恢复时,如何将被破坏的数据库一致性状态恢复到故障发生前的一致性状态?

对于事务故障,需要保证两点。

- 发生事务故障后,故障事务修改的页面需要被撤销,将未完成事务的修改进行撤销,以恢复到故障发生前的一致性状态。
- 在事务撤销操作完成之前,需要设计合理的并发控制算法,保证没有其他事务能够读取到故障事务写入的脏数据。

以两阶段封锁协议为例,在例 12.2 中,事务 T_1 在执行 $W_1(x,2)$ 之前首先获取数据项 x 的排他锁,当事务 T_2 需要执行 $R_2(x,2)$ 时,也需要获取数据项 x 的共享锁,由于共享锁和排他锁冲突,导致事务 T_2 无法获取到数据项 x 的锁,从而陷入等待,避免读取到脏数据。事务 T_1 只有完成撤销操作之后,才会释放数据项 x 上的锁,从而保证在事务回滚时,不会有其他并发事务读到 x 的值。

2. 系统故障

(1) 系统故障发生前,数据库的一致性状态是什么?

系统故障发生前数据库的一致性状态,指的是系统中未提交事务的所有操作都未发生,且已提交事务的写操作都已经应用在缓冲区和磁盘上时,数据库的一致性状态。

(2) 故障发生后,数据库有哪些一致性状态被破坏?

系统故障发生后,系统需要重启,导致缓冲区中的所有数据丢失,所有运行事务都被中止,可能导致以下一致性状态的破坏。

- 未提交事务的写:故障发生时,未提交事务的执行被中断,而这些事务中可能有一些事务的写已经写入缓冲区甚至磁盘,导致数据库中存储了不一致的数据。
- 已提交事务的写:已提交事务写入的数据可能部分或全部留在缓冲区中,系统故障导致缓冲区中的数据丢失,而这些数据尚未来得及写到磁盘。

【**例 12.3**】 如图 12.3 所示,事务 T_1 的操作序列为 $W_1(x,2)W_1(y,3)C_1$。执行 $W_1(x,2)$ 时,由于对应的块 P_x 不在缓冲区中,系统需要调用 $R(x)$ 的步骤 1,即先执行 $\text{Input}(B_x)$ 将块 P_x 加载到缓冲区(对应缓存块 B_x),之后事务 T_1 将缓存块 B_x 中的数据项 x 的值从 1 修改为 2,如图 12.3 中的①所示。

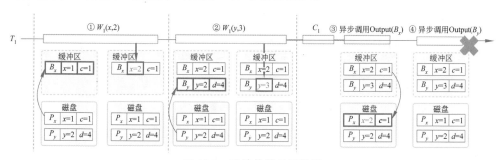

图 12.3 系统故障场景举例

执行 $W_1(y,3)$ 时,由于对应的块 B_y 不在缓冲区中,系统需要调用 $W(y)$ 的步骤 1,即先执行 $\text{Input}(B_y)$ 将块 P_y 加载到缓冲区(对应缓存块 B_y),之后事务 T_1 将缓存块 B_y 中的数据项 y 的值从 2 修改为 3,如图 12.3 中的②所示。

事务 T_1 提交以后,数据库系统异步调用 $\text{Output}(B_x)$ 将缓存块 B_x 存入磁盘,如图 12.3 中的③所示。之后继续调用 $\text{Output}(B_y)$ 将缓存块 B_y 存入磁盘,但是此时发生了系统故障,缓冲区丢失,而此时 B_y 存入磁盘失败而且对数据项 y 的修改也随着缓冲区的崩溃而丢失,数据库中出现了数据不一致性的情况,如图 12.3 中的④所示。

(3) 故障恢复时,如何将被破坏的数据库一致性状态恢复到故障发生前的一致性状态?

对于系统故障,主要需要保证两点。

- 对于未提交事务持久化到磁盘中的修改,系统需要撤销这些事务的修改。
- 对于已提交事务尚未持久化到磁盘中的修改,系统需要重做这些事务的修改。

3. 介质故障

(1) 介质故障发生前,数据库的一致性状态是什么?

介质故障发生前数据库的一致性状态,指的是系统中未提交事务的所有操作都未发生,且已提交事务的写操作都已经应用在缓冲区和磁盘上时,数据库的一致性状态。而且这个一致性状态的数据需要保持完整。

(2) 介质故障发生后,数据库有哪些一致性状态被破坏?

介质故障发生时,除了系统故障发生后的一致性被破坏之外,数据库中的数据还有可能丢失。具体地说:

- 未提交事务的写:故障发生时,未提交事务的执行被中断,而这些事务中可能有一些事务的写已经写入缓冲区甚至磁盘,导致数据库中存储了不一致的数据。
- 已提交事务的写:已提交事务写入的数据可能部分或全部留在缓冲区中,系统故障导致缓冲区中的数据丢失,而这些数据尚未来得及写到磁盘;已写入磁盘中的数据,因为磁盘的损坏而丢失,从而破坏了数据库的一致性。

【例 12.4】　继续考虑例 12.3。假设事务 T_1 提交后,磁盘发生故障,导致数据项 y 所在的物理块 P_y 丢失,使得事务 T_1 对数据项 x 和 y 的修改只在数据库中保留了一部分,出现了数据不一致的问题,如图 12.4 所示。

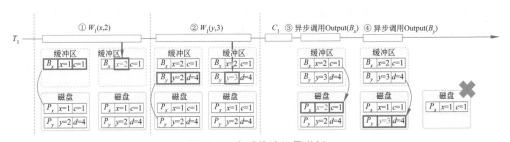

图 12.4　介质故障场景举例

(3) 故障恢复时,如何将被破坏的数据库一致性状态恢复到故障发生前的一致性状态?

对于介质故障,通常需要 DBA 进行干预。恢复数据库的一致性状态通常需要借助存储在其他地方的数据备份,具体步骤可能包括:

- 使用数据备份恢复,将备份数据还原到数据库中,以恢复数据库的内容。
- 执行事务日志的重做,将事务日志中记录的已提交事务的操作重新应用到数据库中,确保数据库的一致性。

12.2 恢复的基本实现技术

12.2.1 日志文件

日志文件是用于记录事务对数据库的更新操作的文件。日志文件在数据库恢复中起着非常重要的作用,可以用于进行事务故障恢复和系统故障恢复,并协助后备副本进行介质故障恢复。

日志文件的内容由日志记录(log record)组成,通过记录事务操作以满足出现故障时对事务的重作和撤销的需求。日志记录包括:

- 各个事务的开始(Begin Transaction)标记,例如:$<T_i, \text{Start}>$。
- 各个事务的结束(Commit 或 Abort)标记,例如:$<T_i, \text{Commit}>$ 或 $<T_i, \text{Abort}>$。
- 各个事务的所有更新操作。

事务的更新操作需要记录的可能内容包括:

- 事务标识(标明是哪个事务)。
- 操作的类型(插入、删除或修改)。
- 操作对象(记录内部标识)。
- 更新前数据的旧值(对插入操作而言,此项为空值)。
- 更新后数据的新值(对删除操作而言,此项为空值)。

根据不同数据库系统采用的日志类型的不同,事务的更新操作需要记录的内容也有所不同。日志主要有 3 种类型:物理日志(physical logging)、逻辑日志(logical logging)和物理逻辑日志(physiological logging)。

物理日志记录数据库中物理数据页面的变化,即记录的操作对象是数据页面,包括对应的偏移量和操作长度,并记录事务在该数据页面上的更新前后的值。逻辑日志不记录对物理上的数据页面的操作,而是记录对逻辑上的表和记录的操作。逻辑日志记录更新的计算逻辑,因此可以直接记为事务的 SQL 语句。物理逻辑日志试图结合物理日志和逻辑日志,一方面它记录的操作对象是数据页面,另一方面它记录的是更新的计算逻辑。

【例 12.5】 事务 T_1 的 SQL 语句是:UPDATE table1 SET value=value+1 WHERE id=x or id=y。图 12.5 展示了该事务对物理页面的更新,其中 id 为 x 的 value 存储在物理页面 100 上,偏移量为 213,id 为 y 的 value 存储在物理页面 101 上,偏移量为 179,value 属性定长为 1。图 12.6 展示了该事务逻辑上对数据表的更新。

在该例子中,3 种日志分别可以写作:

物理日志:$<T_1, <100,213,1>,1,2>$,$<T_1, <179,6,1>,2,3>$。

逻辑日志:$<T_1, x \text{ and } y, \text{value}=\text{value}+1>$。

物理逻辑日志:$<T_1, <100,213,1>, \text{value}=\text{value}+1>$,$<T_1, <179,6,1>, \text{value}=\text{value}+1>$。

注意:上述例子只是给出了日志记录的一种组织形式,不同的数据库对日志记录的设计有所不同。物理日志的 $<T_i, X_j, V_1, V_2>$ 形式的记录被称为更新日志记录

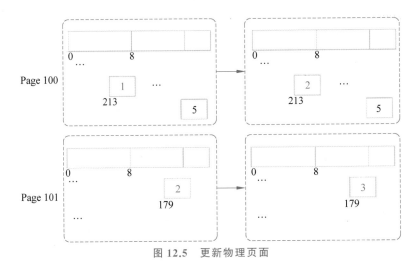

图 12.5   更新物理页面

table1	
id	value
x	1
y	2
z	5

table1	
id	value
x	2
y	3
z	5

图 12.6   更新数据表

(update log record),在后续会用这种日志记录说明数据库系统的恢复方法。

物理日志和逻辑日志各有优劣。从日志数据量的角度来说,如果同一操作涉及多个数据页面上的修改,物理日志就需要多条日志记录,而逻辑日志只需要一条日志记录,逻辑日志数据量更小,更适合进行传播。从日志重放的角度来说:一方面,逻辑日志并不直接映射到物理页面上,导致恢复需要更长的执行时间;另一方面,物理日志在访问不同物理页面时可以并行执行,而逻辑日志为了确保正确一般只能串行执行。基于这样的特点,通常重做日志使用物理日志,撤销日志使用逻辑日志。

12.2.2   WAL 日志

考虑以下 3 个问题:

(1) 日志什么时候通过刷写进行持久化?

(2) 在未持久化的日志的情况下如何保证数据库的一致性?

(3) 如何保证日志的顺序和事务的执行顺序相同?

在数据库系统中,日志文件也以块作为存储单位。日志记录在创建时会先写入内存的日志缓冲区中,随后以块为单位刷写到磁盘上。由于单条日志记录的大小一般远小于物理块的大小,日志文件的每条日志记录并不会实时地刷写到磁盘上,而是与一些日志记录一起刷写,从而减小数据写入磁盘的开销。

由于日志记录并没有立即被写入磁盘做持久化,当系统崩溃时,这些未被持久化的日志记录会丢失。为了保证事务的原子性和持久性,数据库系统必须遵循预写式日志(Write-Ahead Logging,WAL)机制,该机制包括下面 3 项内容。

(1) 数据页面的每个修改都应该生成日志记录,并且在数据页面刷到磁盘之前,其对应的日志记录必须先刷到持久化的日志设备上。

(2) 在事务的提交日志刷到磁盘之前,所有与该事务相关的日志都应该被刷到磁盘(数据库的日志记录的顺序严格按并发事务执行的时间顺序)。

(3) 事务在进入提交阶段前必须先将提交日志刷到磁盘上。

从预写式日志的内容可以看出事务提交的时候,对应的日志必须刷到磁盘上,即使系统出错,也可以通过日志的重做操作完成事务的操作,这就保证了事务的持久性,数据页面写到数据库中之前也必须把其对应的日志刷到磁盘上,保证了如果事务回滚,则可以通过日志的撤销操作回滚掉执行一半的事务操作,从而保证了事务的原子性。

根据预写式日志的规定,可以得到日志记录被刷到磁盘上的日志文件中的 3 种情况。

(1) 缓冲区的日志大小达到一定的阈值,将缓冲区刷入磁盘。

(2) 数据缓冲区中的数据页面刷入磁盘时,对应的日志记录也要刷入磁盘。

(3) 事务提交时,该事务以及与该事务相关的日志都要刷入磁盘。

为了实现预写式日志这一机制,数据库系统需要引入日志序列号(Log Sequence Number,LSN)。每条日志记录都有一个日志序列号(LSN),LSN 是在增长的日志地址空间中的日志记录第一个字节的地址,它是一个单调递增的数值,标识了每条记录的位置。当数据库页面被修改,生成一条日志记录时,该页面头上会记录该 LSN 的值,系统使用 LSN 跟踪每个数据库页面的状态。

事务在正常执行 DML 时,通常的步骤如下。

(1) 在数据库缓冲区中找到需要操作的数据项所对应的页面,如果在数据缓冲区中没找到,则从磁盘读取到数据缓冲区。在缓冲区上加门闩锁,进行事务操作。

(2) 生成日志记录,写到日志缓冲区中,日志缓冲区上也有门闩锁保护,并发执行的事务日志串行写到日志缓冲区,形成串行日志。

(3) 把日志记录的 LSN 写到数据页面头上。

(4) 释放门闩锁。

注意:门闩锁一定持续到日志写完后才能释放,从而保证数据库的日志记录的顺序严格按并发事务执行的时间顺序。

12.2.3 备份

数据备份是数据库恢复中采用的基本技术。备份即数据库管理员定期地将整个数据库复制到磁带、磁盘或其他存储介质上保存起来的过程。这些备用的数据称为后备副本(backup)。

当数据库遭到破坏后可以将后备副本重新装入,但重装后备副本只能将数据库恢复到备份时的状态,要想恢复到故障发生时的状态,必须重新运行自备份以后的所有更新事务。例如,在图 12.7 中系统在 T_a 时刻停止运行事务,进行数据库备份,在 T_b 时刻备份完毕,得到 T_b 时刻的数据库一致性副本。系统运行到 T_f 时刻发生故障。为恢复数据库,首先由数据库管理员重装数据库后备副本,将数据库恢复至 T_b 时刻的状态,然后重新运行自 T_b 时刻至 T_f 时刻的所有更新事务,这样就将数据库恢复到故障发生前的一致状态。

数据库的备份可以分为逻辑备份和物理备份。

逻辑备份是指将数据库中用户定义的对象按一定的格式存储,以便故障恢复或数

图 12.7　备份和恢复

据转移。从概念上讲,逻辑备份就是将数据库中的数据查询出来,按照一定的格式组装成备份文件,因此,逻辑备份工具通常运行在客户端,因数据可以远程传送,不会直接操作数据库数据文件和日志文件。逻辑备份的缺点是进行备份需要花费大量的时间,从备份数据中恢复数据库可能需要更长的时间,特别是针对大型数据库的全库备份。

物理备份是指直接备份数据库的物理文件,包括数据文件、日志文件和控制文件等。从概念上讲,物理备份相当于操作系统中的文件复制,因此,物理备份通常运行在服务器端。物理备份可以在相对较短的时间内备份和恢复大型数据库,因此在实际系统中,物理备份是一个非常重要且实用的功能。

表 12.1 给出了逻辑备份和物理备份的区别。

表 12.1　逻辑备份和物理备份的区别

比 较 项 目	备 份 类 别	
	逻 辑 备 份	物 理 备 份
备份粒度	多粒度,可以是库级、模式级、表级等	只能是库级
备份内容	模式定义或数据	所有物理文件
备份状态	联机	联机或脱机
备份数据位置	客户端	服务器端
备份种类	无增量备份	有增量备份
恢复的限制	可以在不同版本间恢复	只能在同一版本恢复

在做逻辑备份时需要注意数据库对象之间的依赖关系,逻辑备份是使用 SQL 语句实现,使用逻辑备份进行数据库还原时,也是使用 SQL 语句,SQL 语句之间是有逻辑依赖关系的,例如,视图是在表上创建的,在使用逻辑备份进行数据库还原时,通常先还原表,再还原视图。

在做物理备份时,需要注意联机的物理备份不是一个数据一致性的副本,在使用该备份进行数据库恢复时必须与日志配合才能恢复到数据库的一个一致的状态。

物理备份又可分为静态备份和动态备份。

静态备份是在系统中无运行事务时进行的备份操作,即备份操作开始的时刻数据库处于一致性状态,而备份期间不允许(或不存在)对数据库的任何存取、修改活动。显然,备份得到的一定是一个数据一致性的副本。

静态备份简单,但备份必须等待正运行的用户事务结束才能进行。同样,新的事务必须等待备份结束才能执行。显然,这会降低数据库的可用性。

动态备份是指备份期间允许对数据库进行存取或修改,即备份和用户事务可以并发执行。

　　动态备份可以克服静态备份的缺点,它不用等待正在运行的用户事务结束,也不会影响新事务的运行。但是,备份结束时后备副本上的数据并不能保证正确有效。例如,在备份期间的某个时刻 T_c,系统把数据 $A=100$ 备份到磁带上,而在下一时刻 T_d,某一事务将 A 改为 200。备份结束后,后备副本上的 A 已是过时的数据了。

　　为此,必须把备份期间各事务对数据库的修改活动(日志文件)一起备份。这样,后备副本加上日志文件就能把数据库恢复到某一时刻的正确状态。

　　备份还可以分为全量备份和增量备份两种方式。全量备份是指每次备份全部数据库,增量备份则指每次只备份上一次备份后更新过的数据。从恢复角度看,使用全量备份得到的后备副本进行恢复一般说来会更方便些。但如果数据库很大,事务处理又十分频繁,则增量备份方式更实用更有效。

　　从恢复方便角度看,应经常进行数据转储,制作后备副本。但备份又是十分耗费时间和资源的,不能频繁进行。DBA 应该根据数据库使用情况确定适当的备份周期和备份方法。例如,每天晚上进行增量备份、每周进行一次全量备份、每月进行一次脱机全量备份,对重要数据定期进行逻辑备份,作为补充。

12.3　恢复的基本原理

　　数据库恢复是指在数据库发生故障或数据丢失时,通过一系列的操作将数据库恢复到之前的某个时间点或状态,以保证数据库的可用性和一致性。数据库系统故障主要有事务故障、系统故障和介质故障,对于不同类型的故障,恢复策略和方法各不相同。

12.3.1　事务故障的恢复

　　事务故障是指事务的运行没有到达预期的终点(Commit 或者显式的 Abort)就被终止,从而导致数据库的一致性状态受到破坏。

　　在事务执行之前,数据库的一致性状态应该是符合事务隔离级别要求的,是具备 ACID 特性、数据完整性和遵守业务规则的,并且保证数据的正确性和完整性。

　　发生事务故障后,如 12.1.3 节所述,数据库的一致性状态被破坏有如下两种情况。第一,事务故障可能会导致数据的正确性和完整性受到破坏,例如插入了无效的数据或更新了错误的数据。第二,数据库的一致性会受到破坏,例如一个事务执行了更新操作并提交了更改,但在提交后发生故障,可能会导致其他事务读取了不一致的数据。该问题需要设计合理的并发控制算法解决。

　　事务故障的恢复策略为:采用日志文件撤销此事务已对数据库进行的修改,即回滚到事务之前的一致性状态。事务 T_i 回滚的具体做法如下。

　　(1)通过反向扫描日志文件,查找出发生故障的事务的所有更新操作,包括插入、删除、修改等操作。

　　(2)对于每一条形如 $<T_i,X_j,V_1,V_2>$ 的日志记录,执行反操作,即对已插入的新记录进行删除操作,对已删除的记录进行插入操作,将修改的数据恢复为旧值,即将

V_1 写回数据项 X_j 中。在执行该操作时,会往日志中写入特殊的只读日志记录$<T_i,$ $X_j,V_1>$,称为补偿日志记录(Compensation Log Record,CLR)。

(3) 逐个扫描该事务已经执行的所有更新操作,重复执行第 2 步操作,直到扫描到该事务的开始标记,即$<T_i,\text{Start}>$,则停止从后往前扫描,并往日志中写入日志记录$<T_i,\text{Abort}>$,表示事务故障恢复完成。

如图 12.2 所示,事务 T_1 执行 $R_1(x,1)$ 和 $W_1(x,2)$,需要修改 x 的值为 2,事务 T_2 执行 $R_2(x,2)$,读取 x 的值。事务 T_1 因为发生事务故障而回滚,执行过程如图 12.8 所示。反向扫描日志文件,查找形如$<T_i,X_j,V_1,V_2>$的日志记录,执行反操作,将 V_1 写回数据项 X_j 中。在该过程中,查找到$<T_1,X,1,2>$,并将$<T_1,X,1>$写入日志记录,直到扫描到该事务的开始标记$<T_1,\text{Start}>$,则停止从后往前扫描,并向日志中写入日志记录$<T_1,\text{Abort}>$。为了保证数据的一致性,可以采用合理的并发控制算法如两阶段封锁协议,使事务 T_2 无法获取到数据项 x 的锁,从而陷入等待,避免读到脏数据。

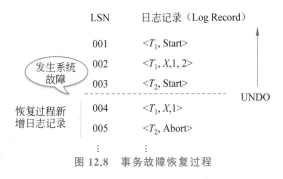

图 12.8　事务故障恢复过程

12.3.2　系统故障的恢复

数据库系统故障是指由于某种原因,造成系统停止运转,致使所有正在运行的事务都以非正常方式终止,要求系统重新启动。这些故障可能由多种原因引起,如硬件故障、软件故障、断电等。

在数据库系统发生故障时,通常会导致内存中数据库缓冲区的内容全部丢失,虽然存储在外部存储设备上的数据库并未破坏,但其内容不可靠。此时,需要进行数据库的恢复操作,以将数据库恢复到故障之前的一致性状态。根据故障情况不同,数据库的恢复操作可以分为撤销未完成事务和重做已提交事务两种类型。

类型一:由于一些未完成事务对数据库的更新已写入数据库,这样在系统重新启动后,需要撤销所有未完成的事务,清除这些事务对数据库造成的修改(这类事务在日志文件中只有$<T_i,\text{Start}>$标记,而无$<T_i,\text{Commit}>$标记)。

类型二:由于一些已提交的事务对数据库的更新结果还保留在缓冲区中,尚未将结果写到磁盘上,使数据库处于不一致状态,因此需要进行重做将这些事务已提交的结果重新写入数据库中(这类事务在日志文件中既有$<T_i,\text{Start}>$标记,也有$<T_i,$ $\text{Commit}>$标记)。

系统故障恢复的具体做法如下。

(1) 正向扫描日志文件,查找所有尚未提交的事务,并将其记入撤销队列

（UNDO-LIST）。同时，查找已提交的事务，并将其记入重做队列（REDO-LIST）。

（2）对于撤销队列中的每个事务，需要执行撤销处理操作。做法同 12.3.1 节中事务故障的撤销执行策略。

（3）对于重做队列中的每个事务，需要按照事务的提交结果重新执行操作，将数据库恢复到最近可用状态。进行重做的方法是：正向扫描日志，按照日志文件中所记录的操作内容$<T_i,X_j,V_1,V_2>$或$<T_i,X_j,V_2>$，重新执行操作，将 V_2 写回 X_j 数据项。

【例 12.6】 下面修改例 12.3 说明系统故障恢复过程。如图 12.9 所示，事务 T_1 的操作序列为 $W_1(x,2)$。执行 $W_1(x,2)$ 时，由于对应的块 P_x 不在缓冲区中，系统需要调用 $R(x)$ 的步骤 1，即先执行 $\text{Input}(B_x)$ 将块 P_x 加载到缓冲区（对应缓存块 B_x），之后事务 T_1 将缓存块 B_x 中的数据项 x 的值从 1 修改为 2。事务 T_2 的操作序列为 $W_2(y,3)C_2$，由于对应的块 B_y 不在缓冲区中，同样需要执行 $\text{Input}(B_y)$ 将块 P_y 加载到缓冲区（对应缓存块 B_y），之后事务 T_2 将缓存块 B_y 中的数据项 y 的值从 2 修改为 3。

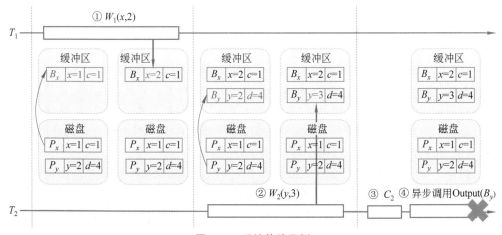

图 12.9　系统故障示例

事务 T_2 提交以后，数据库系统异步调用 $\text{Output}(B_y)$ 将缓存块 B_y 存入磁盘，但是此时发生了系统故障，缓冲区丢失。此时 T_1 未完成提交，但已将更新写入数据库；T_2 已提交，但对数据库的更新结果还保留在缓冲区中，尚未将结果写到磁盘上，使数据库处于不一致状态。在系统重启后，需要进行数据库的恢复操作，以将数据库恢复到故障之前的一致性状态。根据系统故障恢复执行算法，恢复流程如图 12.10 所示。

正向扫描日志文件，查找到事务 T_1 并将其记入撤销队列，查找到 T_2 并将其记入重做队列。对于事务 T_1，查找到$<T_1,X,1,2>$，并将$<T_1,X,1>$写入日志记录，直到扫描到该事务的开始标记$<T_1,\text{Start}>$，停止扫描并将$<T_1,\text{Abort}>$写入日志中。对于事务 T_2，需正向扫描日志，按照日志文件中所记录的操作内容$<T_2,Y,2,3>$重新执行，将数据项 Y 更新为 3 并提交，之后继续调用 $\text{Output}(B_y)$ 将缓存块 B_y 存入磁盘。

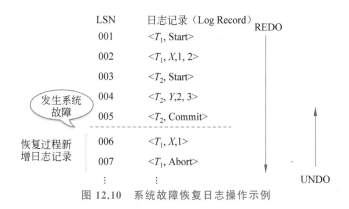

图 12.10   系统故障恢复日志操作示例

需要注意的是：在故障发生前已经运行完毕的事务有些是正常结束的，有些是异常结束的，无须全部撤销或重做。因此，数据库管理员需要根据情况判断哪些事务需要进行恢复操作。通常采用设立检查点的方法判断事务是否正常结束。需要周期性地建立检查点，保存数据库状态，具体步骤如下。

（1）将仍保留在日志缓冲区中的内容写到日志文件中。

（2）在日志文件中写入一个"检查点记录"。

（3）将当前数据库缓冲区中的内容写到数据库中。

（4）把日志文件中检查点记录的地址写到"重新启动文件"中。

每个"检查点记录"包含所有活动事务的一览表和每个事务最近日志记录的地址。在重新启动时，恢复管理程序会从"重新启动文件"中获取"检查点记录"的地址，并通过日志往回查找，以决定哪些事务需要撤销、哪些需要重做。利用检查点信息能够及时、有效、正确地完成恢复工作。具体步骤如下。

（1）在"重新启动文件"中找到最后一个检查点在日志文件中的地址。由该地址，可以获取所有检查点记录时刻所有正在执行的事务清单 ACTIVE-LIST，并建立两个事务队列撤销队列和重做队列，将 ACTIVE-LIST 全部放入撤销队列，而重做队列暂时为空。

（2）从检查点开始扫描各个事务，如果发现有新开始的事务 T_i，则将 T_i 放入撤销队列。如果发现有已经提交的事务 T_j，则将 T_j 从撤销队列移到重做队列。

（3）对于所有在撤销队列中的事务，需要执行撤销处理操作，将事务所做的修改全部撤销。对于所有在重做队列中的事务，需要执行重做处理操作，按照事务的提交结果重新执行操作，以将数据库恢复到最近可用状态。

12.3.3   介质故障的恢复

数据库介质故障是指数据库所在的硬件设备出现故障，例如硬盘损坏、控制器故障等，这些故障导致磁盘上的物理数据和日志文件被破坏。这类故障比事务故障和系统故障发生的可能性要小，但这是最严重的一类故障。为了保证数据库的可用性和一致性，需要对数据库介质故障进行恢复，恢复方法是装入发生介质故障前最新的数据库后备副本，然后利用日志文件重做该副本后所运行的所有事务，如图 12.11 所示。具体做法如下。

（1）装入最新的数据库后备副本，使数据库恢复到最近一次备份时的一致性状态。对于静态转储的数据库副本,重装后就是一致性状态。对于动态转储的数据库副本,还需要同时装入备份开始时刻的日志文件副本,并利用恢复系统故障的方法(即重做＋撤销),才能将数据库恢复到一致性状态。

(2) 装入相应的日志文件副本(备份结束时刻的日志文件副本),并重做已完成的事务。具体操作包括扫描日志文件,找出故障发生时已提交的事务的标识,将其记入重做队列;然后正向扫描日志文件,对重做队列中的所有事务进行重做处理,即将日志记录中"更新后的值"写入数据库。

经过上述操作,数据库可以恢复至故障前某一时刻的一致状态。需要注意的是:介质故障的恢复需要 DBA 介入,但 DBA 只需要重装最新备份的数据库副本和有关的日志文件副本,然后执行系统提供的恢复命令即可。具体的恢复操作由数据库管理系统完成。

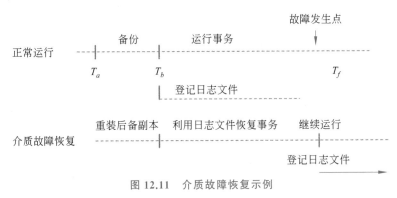

图 12.11　介质故障恢复示例

12.4　ARIES 算法

为了保证系统运行时的性能,数据库系统通常采用 Steal/No-Force 的缓冲区管理策略,这种策略可能使得系统在故障发生时处于不一致的状态,部分未提交事务的写可能已经被写入磁盘中,而部分已提交事务的写还没有被刷入磁盘中。为了将故障发生后的系统从上述不一致性状态恢复到一致性状态,ARIES 算法[①]使用 WAL 策略记录系统运行时事务的所有操作。发生故障后,ARIES 算法在重启系统时将重做所有已提交事务的操作,并回滚所有未提交事务的操作,保证事务的持久性和原子性。同时,为了提高系统运行和恢复的效率,ARIES 算法对传统的检查点进行了优化,提出了模糊检查点策略。模糊检查点策略允许在不阻塞事务执行的前提下异步创建检查点,保证了系统运行时性能,同时模糊检查点维护了已经落盘的数据,避免恢复时不必要的重做操作,从而保证了系统恢复的性能。

12.4.1　系统正常运行时的日志记录

系统正常运行时,每个事务都会进行一系列读写操作,每个写操作都有对应的日

---

① MOHAN C, HADERLE D, LINDSAY B, et al. ARIES: A transaction recovery method supporting fine-granularity locking and partial rollbacks using write-ahead logging[J]. ACM Transactions on Database Systems (TODS), 1992, 17(1): 94-162.

志记录写到日志缓冲区。事务提交时,会在日志缓冲区中写入<Commit>日志记录,日志缓冲区中直到该<Commit>记录之前的日志刷入外存磁盘,这个动作完成,事务才算真正提交。当事务写入缓冲区中的数据项全部刷入磁盘后,事务在日志缓冲区中写入<TXN-END>的日志记录,代表该事务的写操作已经全部可持久化,<TXN-END>日志记录不强制刷入磁盘。

当事务由于各种原因需要全部或部分回滚时,系统需要撤销该事务所做的操作。ARIES 算法以补偿日志记录(CLR)的形式记录下正常运行或系统重启过程中事务回滚所做的更新。图 12.12 给出了一个事务部分回滚的日志记录示例。在该示例中,当执行完 3 个动作后,事务进行部分回滚,撤销了动作 2 和 3,写入补偿日志 3′ 和 2′,然后继续执行动作 4 和 5。ARIES 算法中的 CLR 只能进行重做操作,不需要进行撤销操作。

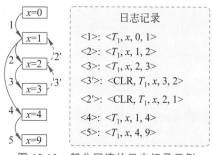

图 12.12　部分回滚的日志记录示例

为了提升恢复时系统的性能,ARIES 算法在日志记录中添加了一些额外的指针,在事务的写操作对应的日志记录中记录一个 PrevLSN,指向该事务中上一条日志记录,在 CLR 中记录一个 UndoNxtLSN 指针,UndoNxtLSN 指针指向该事务中下一条需要撤销的日志记录,即该撤销日志记录对应写操作的日志记录中的 PrevLSN 指针。如图 12.13 中的日志记录 3′,它是日志记录 3 的 CLR,指向日志记录 2(日志记录 3 的前驱)。因此,CLR 使得系统可以绕开已经执行过撤销操作的日志记录,从而提升恢复的性能。在图 12.13 中,系统在撤销动作 2 和 3 后宕机,则系统重新启动后,根据日志只需要撤销动作 1 即可。

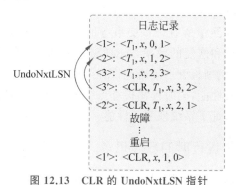

图 12.13　CLR 的 UndoNxtLSN 指针

12.4.2　WAL 算法的实现

为了保证事务的原子性和持久性,系统需要在故障后重做已提交事务未可持久化的写操作,撤销未提交事务已经可持久化的写操作,ARIES 算法中通过 WAL 策略保证所有写操作被刷入磁盘之前,该写操作对应的日志记录已经刷入磁盘,从而保证事务的原子性和持久性。

为了保证数据页面刷入磁盘之前,该数据页面对应写操作产生的日志记录已经刷入磁盘,ARIES 算法引入了 pageLSN 和 flushedLSN。pageLSN 负责跟踪页面的状态,当一个事务要对数据页面进行更新时,需要生成一条写操作的日志记录,并使用该日志记录的 LSN 更新页面的 pageLSN,也就是说,页面的 pageLSN 反映了最后更新该页面的日志记录。flushedLSN 维护哪些日志记录已经被刷入磁盘中,系统把日志缓冲区中的日志记录刷入磁盘后,需要使用最后一条刷入磁盘的日志记录的 LSN 更新 flushedLSN,换言之,所有 LSN 小于或等于 flushedLSN 的日志记录都已经被写入磁盘中。当缓冲区要将某个数据页面写入磁盘时,首先需要判断该页面的 pageLSN 是否小于或等于 flushedLSN,只有满足该条件,数据页面才能被刷入磁盘,这样保证了日志记录在数据之前被刷入磁盘。如图 12.14 所示,系统中 flushedLSN 为 $<2>$,代表 LSN 小于或等于 $<2>$ 的日志记录已经刷入磁盘中,此时系统异步调用了 $Output(B_x)$ 将缓冲页面 B_x 存入磁盘,由于 $pageLSN(B_x) \leq flushedLSN$,因此写磁盘操作可以成功。之后系统继续调用 $Output(B_y)$ 把缓冲页面 B_y 写入磁盘,但 $pageLSN(B_y) > flushedLSN$,因此该写操作不被允许。

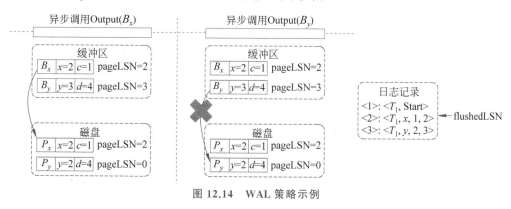

图 12.14　WAL 策略示例

为了保证事务提交之前,事务相关的日志已经被刷入磁盘,AIRES 算法在事务提交之前,向系统中写入 $<T_i, Commit>$ 日志记录,并将该事务的所有日志都刷入磁盘中,才能完成事务的提交。

12.4.3　模糊检查点

数据库中引入检查点机制提升恢复性能,但系统运行时创建检查点需要阻塞所有正在运行的事务,影响了系统运行时性能。为了同时保证恢复性能与系统运行时性能,ARIES 算法提出了模糊检查点机制。

当系统创建模糊检查点时,首先向日志缓冲区中写入 $<Checkpoint, Begin>$ 的日志记录,代表开始创建模糊检查点。在创建模糊检查点的过程中,系统会将所有没有正在被修改的数据页面刷入磁盘中,对于正在被修改的数据页面,事务可以继续进行该数据页上的写操作,且该数据页面不需要被刷入磁盘,但需要把该数据页面加入到脏页面表(Dirty Page Table,DPT)中。系统不需要等待所有事务都提交再创建模糊检查点,对于创建模糊检查点时未提交的事务,需要记录在活跃事务表(Active Transaction Table,ATT)中。如图 12.15 所示,系统创建模糊检查点时事务 T_2 还未提交,数据页面 B_y 正在被 T_2 修改,因此系统需要将数据页面 B_x 刷入磁盘,并将 B_y 对应的物理页面加入脏页面表中,将 T_2 加入活跃事务表中。当完成模糊检查点的创建之后,系统会写入一条<Checkpoint,End>的日志记录,代表模糊检查点创建完成,并将<Checkpoint,End>之前的日志记录全部刷入磁盘中。

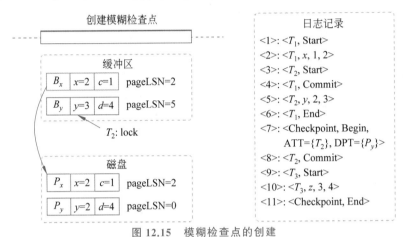

图 12.15　模糊检查点的创建

如图 12.15 所示,在创建模糊检查点的过程中,系统不会阻塞正在运行的事务,也不会停止接收新的事务,因此减少了创建模糊检查点对系统运行时性能的影响。系统中使用 MasterRecord 字段维护最近一次成功创建的模糊检查点在日志文件中的位置,即该模糊检查点的<Checkpoint,Begin>日志记录的 LSN,在系统进行恢复时,会从 MasterRecord 指向的日志位置开始进行故障恢复,提升了系统的恢复性能。

12.4.4　系统故障恢复

当系统故障后再次重启时,需要根据日志记录重做所有已经提交但是未刷入磁盘的写操作,并撤销未提交的写操作,从而将系统恢复到数据一致性状态并保证事务的原子性和持久性。ARIES 算法的系统故障恢复分为 3 个阶段。

(1)分析阶段:分析阶段需要从 MasterRecord 指向的模糊检查点日志开始,顺序扫描所有的日志记录直到文件末尾,并恢复出活跃事务表和脏页面表,决定哪些操作需要重做,哪些操作需要撤销。

(2)重做阶段:根据分析阶段得出的脏页面表,找到最早需要重做的日志记录,从该日志记录开始,重做每一条日志记录对应的操作,将数据库恢复到故障前的状态。

(3)撤销阶段:根据活跃事务表,回滚在故障发生时所有未完成的事务。

故障恢复的第一个阶段是分析阶段。系统根据控制文件的 MasterRecord 获取最近一个创建成功的模糊检查点开始时刻的 LSN,根据该日志记录初始化活跃事务表和脏页面表,然后从该日志记录开始顺序正向读取日志记录,直到日志文件结束。对于每条日志记录,如果该日志记录所涉及的事务不在活跃事务表中,则将该事务插入活跃事务表中,如果是事务结束<TXN,End>的日志记录,则代表该事务的所有写操作已经完全落盘,则将该事务从活跃事务表中删除。在完成分析后,活跃事务表中的所有事务代表有可能需要在撤销阶段回滚的事务。同时,在遍历日志记录的过程中,还需要维护脏页面表,对于每个写操作涉及的数据页面,如果该数据页面不在脏页面表中,则需要将该数据页面加入脏页面表。在完成分析后,脏页面表中的页面代表可能没有被刷入磁盘的脏页面,修改这些页面的操作需要在重做阶段进行重做。

在完成分析后,系统根据脏页面表分析得出重做阶段的起始日志记录。系统需要读取脏页面表中所有页面的 recLSN 字段,recLSN 字段代表第一条使该页面成为脏页面的日志记录,即将该数据页面读取到内存后,第一个修改该数据页面的操作产生的日志记录 LSN。在进行重做之前,系统会读取脏页面表中所有页面的 recLSN,并选择最小的 recLSN 作为重做阶段的起始日志记录,然后从该日志记录开始,顺序读取每条日志记录,直到日志文件末尾,对于读取到的每条日志记录,系统会读取该日志记录涉及的数据页面的 pageLSN,如果该数据页面的 pageLSN 小于日志记录的 LSN,代表该日志记录的写操作还没有被刷入磁盘中,需要重做该操作,否则不需要重做。

系统故障恢复的第三个阶段是撤销阶段。该阶段对分析阶段输出的活跃事务表中的所有事务进行撤销操作。系统会读取活跃事务表中所有未提交的事务,并通过日志记录的 PrevLSN 字段从后向前依次撤销事务的所有写操作。

ARIES 算法使用 CLR 应对系统故障恢复过程中再次发生故障的情况。如果在分析阶段和重做阶段发生故障,则重启系统后直接进行故障恢复即可,如果在撤销阶段发生了故障,系统需要记录哪些操作已经撤销了,避免重复的撤销。为了解决上述问题,ARIES 算法要求在撤销阶段,对每条日志进行撤销时都要生成一条 CLR,并将该 CLR 的 UndoNxtLSN 设置为该日志记录的 PrevLSN 字段的值。当系统在撤销阶段发生故障重启后,再次进行恢复时,在完成分析和重做,进入撤销阶段后,对于每个需要撤销的事务,如果该事务没有 CLR,则从后向前按序依次撤销事务的操作,如果该事务有 CLR,则从最后一条 CLR 的 UndoNxtLSN 字段指向的日志记录开始撤销。

以下举例说明 ARIES 算法系统故障恢复的流程。如图 12.13 所示,系统在进行恢复时,MasterRecord 字段指向了最近一次创建的模糊检查点的开始日志<7>,系统首先进入分析阶段,从 MasterRecord 指向的<6>日志开始,初始化活跃事务表为 $\{T_2\}$,初始化脏页面表为 $\{P_y\}$,然后顺序向后遍历所有的日志记录。当读取到日志记录<8>时,将活跃事务表中 T_2 的状态置为 C,代表该事务已经提交;读取到日志记录<9>时,将 T_3 加入活跃事务表中,并设 T_3 状态为 U,代表该事务未提交;接下来读取日志记录<10>,并将 P_z 放入脏页面表中,读取日志记录<12>后需要将 P_a 放入脏页面表中,最终完成分析后的脏页面表和活跃事务表的内容如图 12.16 所示,脏页面表中除了记录脏页面之外,还记录了该页面的 recLSN,活跃事务表中除了记录活跃事务之外,还记录了该事务的提交状态。

在进行重做之前,首先需要扫描分析阶段得出的脏页面表,选取脏页面表中最小的 recLSN 作为重做的起点,如图 12.16 所示,最小的 recLSN 为 5,因此重做的起始日志记录为<5>。系统从起始日志记录开始,顺序依次读取每条日志记录,并对每个写操作进行重做。读取到<5>日志记录时,首先判断该日志记录涉及页面的 pageLSN 为 0,小于当前日志记录的 LSN,因此需要重做该操作,将 y 从 2 改为 3,读取到下一条操作记录<10>时,判断日志记录涉及页面的 pageLSN 为 10,等于当前日志记录

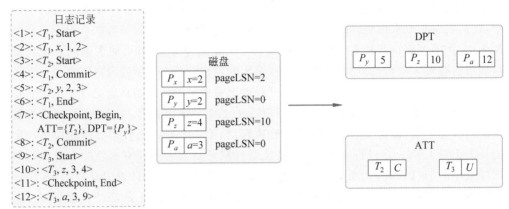

图 12.16　ARIES 算法系统故障恢复示例

的 LSN，说明该操作已经落盘，不需要进行重做；同样，对于日志记录＜12＞，系统需要重做该操作。

在完成重做后，系统进入撤销阶段，系统需要遍历活跃事务表中所有状态为 U 的事务，这些事务为故障发生时未提交的事务，需要被回滚，如图 12.16 所示，需要被回滚的事务为 T_3。系统读取该事务的最后一条日志记录＜12＞，发现该日志记录涉及页面的 pageLSN 小于日志记录的 LSN，则该操作需要回滚，并通过该日志记录的 PrevLSN 字段找到事务的上一条日志记录＜10＞，并撤销该操作，同时产生一条 CLR 写在日志缓冲区内，然后继续通过 PrevLSN 字段读取到日志记录＜9＞，为 T_3 的开始记录，代表 T_3 回滚完成，此时系统恢复到了一致性状态，完成了系统的故障恢复。

12.5　本章小结

作为三大基础软件之一，数据库管理系统需要服务于千行百业，特别是关键行业核心业务。例如在银行、证券等行业，要求在各类故障下，数据库管理系统均能保证数据不丢失。数据库的故障恢复技术，本质上就是为了保证各类故障下，数据库管理系统至少不丢失数据，同时也不会让数据出错。数据库的故障恢复技术能够保证事务的原子性、一致性和持久性。

在本章中，读者需要掌握数据库管理系统中事务读写的访问模式。了解数据库管理系统中可能出现的各类故障，围绕"故障发生前，数据库的一致性状态是什么""故障发生后，数据库有哪些一致性状态被破坏？""故障恢复时，如何将被破坏的数据库一致性状态恢复到故障发生前的一致性状态？"这 3 个基本问题进行学习。结合恢复的基本实现技术和上述 3 个基本问题，掌握恢复的基本实现原理和 ARIES 算法的实现技术。

习题

1. 简述数据库管理系统中故障的分类。

2. 简述数据库管理系统中各类故障如何破坏数据库系统的一致性。

3. 事务 T_1 的 SQL 语句为 INSERT INTO table1 VALUES (99, 'xiaoming')，其中该记录插入在物理页面 10 上，偏移量为 90，表 table1 的属性包含一个 int 字段和一

个定长的 char(8)字符串字段,分别写出该 SQL 语句对应的物理日志、逻辑日志和物理逻辑日志。

4. 简述 WAL 策略的核心内容,以及数据库系统中如何实现 WAL 策略。

5. 查看表 12.2 所示日志记录。

表 12.2　习题 5 日志记录

序　号	日　志
1	$<T_1$，Start$>$
2	$<T_1$，A，1，10$>$
3	$<T_2$，Start$>$
4	$<T_2$，B，9，10$>$
5	$<T_1$，C，10，11$>$
6	$<T_1$，Commit$>$
7	$<T_2$，C，11，13$>$
8	$<T_3$，Start$>$
9	$<T_3$，A，10，11$>$
10	$<T_2$，Abort$>$
11	$<T_3$，B，10，7$>$
12	$<T_4$，Start$>$
13	$<T_3$，Commit$>$
14	$<T_4$，C，13，17$>$

当执行完 14 后,系统发生故障,如何将被破坏的数据库一致性状态恢复到故障发生前的一致性状态? 写出具体的恢复流程,及恢复后 A、B、C 的值。

6. 查看表 12.3 所示日志记录。

表 12.3　习题 6 日志记录

序　号	日　志
1	$<T_1$，Start$>$
2	$<T_1$，A，1，10$>$
3	$<T_2$，Start$>$
4	$<T_2$，B，9，10$>$
5	$<T_1$，C，10，11$>$
6	$<T_1$，Commit$>$
7	$<T_2$，C，11，13$>$
8	$<T_1$，End$>$
9	$<T_3$，Start$>$

续表

序 号	日 志
10	$<$Checkpoint，Begin，$\{$ATT$=T_2$，$T_3\}$，DPT$=\{P_B$，$P_C\}>$
11	$<T_3$，A，10，11$>$
12	$<T_2$，Abort$>$
13	$<T_3$，B，10，7$>$
14	$<$Checkpoint，End$>$
15	$<T_3$，Commit$>$
16	$<T_4$，C，13，17$>$

系统在 14 后发生故障，如何使用 ARIES 算法对系统进行故障恢复？ 写出具体的恢复流程。

实验

基于数据库原型系统框架 Rucbase(https://gitee.com/DBIIR/rucbase-lab)，实现 ARIES 算法，要求在系统发生事务故障和系统故障后能够重启并恢复到故障发生前的一致性状态。考查的知识点包括重做/撤销日志、WAL 策略、模糊检查点、ARIES 算法等，通过该实验，考查学生使用 ARIES 算法实现数据库系统故障恢复的能力。

参 考 文 献

［1］ 王珊,杜小勇,陈红. 数据库系统概论[M]. 6 版. 北京:高等教育出版社,2023.

［2］ SILBERSCHATZ A,KORTH H F,SUDARSHAN S. 数据库系统概念[M]. 杨冬青,唐世谓,译. 7 版. 北京:机械工业出版社,2021.

［3］ GARCIA-MOLINA H, ULLMAN J D. 数据库系统实现[M]. 杨冬青,吴愈青,包小源, 等译. 2 版. 北京:机械工业出版社,2010.

［4］ 李国良,周敏奇. OpenGauss 数据库核心技术[M]. 北京:清华大学出版社,2020.

［5］ 李飞飞,周烜,蔡鹏等. 云原生数据库原理与实践[M]. 北京:电子工业出版社,2022.

［6］ 张延松,王珊. 内存数据库技术与实现[M]. 北京:高等教育出版社,2016.

［7］ 中国计算机学会数据库专业委员会. "十四五"数据库发展趋势与挑战[R]. 北京:中国计算机学会数据库专委会,2022.

［8］ 中国计算机学会数据库专业委员会. 中国数据库四十年[M]. 北京:清华大学出版社,2017.

［9］ CHAUDHURI S, SHIM K. Including group-by in query optimization[C]. In: Proc. of the International Conference on Very Large Date Bases. San Francisco: Margan kaufmann Publishers Inc., 1994:354-366.

［10］ YAN W P, LARSON P A. Eager aggregation and lazy aggregation[C]. In: Proc. of the International Conference on Very Large Date Bases. San Francisco: Margan kaufmann Publishers Inc., 1995:345-357.

［11］ CHENG J, GRYZ Q, KOO F, et al. Implementation of two semantic query optimization techniques in DB2 universal database[C]. In: Proc. of the International Conference on Very Large Date Bases. San Francisco: Margan kaufmann Publishers Inc., 1999:687-698.

［12］ GRAEFE G, MCKENNA W J. The Volcano optimizer generator: Extensibility and efficient search[C]. In: Proc. of International Conference on Data Engineering, IEEE, 1993:209-238.

［13］ HAAS L M, FREYTAG J C, LEHMAN G M, et al. Extensible query processing in starburst[J]. ACM SIGMOD Record, 1989:377-388.

［14］ BERENSON H, BERNSTEIN P, GRAY J, et al. A critique of ANSI SQL isolation levels [C]. In: Proc. of International Conference on Manage ent of Data, ACM, 1995:1-10.

［15］ 赵泓尧,赵展浩,杨皖晴,等. 内存数据库并发控制算法的实验研究[J]. 软件学报,2022,33(3):867-890.